高职高专"十三五"规划教材

流体输送与传热技术

第二版

王壮坤　主编　张立新　主审

化学工业出版社
·北京·

《流体输送与传热技术（第二版）》重点介绍了化工生产中流体输送及传热技术的应用、生产原理、典型设备的结构、操作及使用维护方法，内容包括：绪论、流体流动、流体输送机械、传热及非均相物系分离。采用项目化教学模式，通过工程实例，用工作任务引领专业知识，使学生在完成任务的过程中掌握知识和技能。每个项目包括若干个任务，每个任务包括教学目标、相关知识、技能训练、知识拓展、学习评价及自测练习几部分。使学生明确学习目的、学习内容及应达到的要求和能力，发挥学生主体作用，促进学生自主学习，开阔学生视野。

《流体输送与传热技术（第二版）》可作为高等职业教育化工类专业或制药、生物、环境等专业的教材和相关企业高技能人才的培训教材，也可供从事化工生产和管理的工程技术人员参考。

图书在版编目（CIP）数据

流体输送与传热技术/王壮坤主编.—2版.北京：
化学工业出版社，2017.8（2020.1重印）
ISBN 978-7-122-30171-0

Ⅰ.①流…　Ⅱ.①王…　Ⅲ.①流体输送-化工过程-
教材②传热-化工过程-教材　Ⅳ.①TQ02

中国版本图书馆 CIP 数据核字（2017）第 165382 号

责任编辑：刘心怡　窦　臻　　　　　　　　装帧设计：张　辉
责任校对：王　静

出版发行：化学工业出版社（北京市东城区青年湖南街13号　邮政编码100011）
印　　刷：北京京华铭诚工贸有限公司
装　　订：三河市振勇印装有限公司
787mm×1092mm　1/16　印张17¾　字数435千字　2020年1月北京第2版第2次印刷

购书咨询：010-64518888　　　　　　售后服务：010-64518899
网　　址：http://www.cip.com.cn
凡购买本书，如有缺损质量问题，本社销售中心负责调换。

定　　价：40.00元

前言

《流体输送及传热技术》教材是为化工类专业学生掌握化工单元操作方面的知识和技能而编写的，自 2009 年出版以来，已连续多次印刷，受到化工高职院校师生和工程技术人员的普遍好评。近年来，由于高职教育教学改革不断深入，化工生产技术也有了新的进展，国家和行业的相关标准亦有更新，为适应发展变化的需要，第二版对原教材内容进行了修改、更新和完善。

本次修订的主要内容如下。

1. 增加了非均相物系分离的内容，满足学生对化工单元操作知识的学习。删除了一些验证性实验，如柏努利方程实验、雷诺实验、流体阻力实验等。

2. 每个任务增加了自测练习和学习评价，以便师生把握学习内容及应达到的要求和能力。

3. 对内容结构做了部分调整，充分体现任务引领、行动导向的项目化课程思想。如将项目 1 中"管子的连接和阀门的安装及使用"并入到"管路的安装和布置"中；将项目 3 中的"化工生产中的保温"并入到"热传导"中。

4. 按国家和行业颁布的最新标准，更新了相关内容。

本书绪论、项目 1 中任务 1 到任务 5 由辽宁石化职业技术学院王壮坤编写；项目 1 中任务 6 由辽宁石化职业技术学院卢中民编写；项目 2、附录由辽宁石化职业技术学院尤景红、鞠凡编写；项目 3 由辽宁石化职业技术学院王壮坤、张梦露、曹阳编写；项目 4 由天津现代职业技术学院齐菲编写。全书由王壮坤主编并统稿，由辽宁石化职业技术学院张立新教授主审。

本书在编写过程中得到了化学工业出版社的大力支持，也得到了东方仿真公司的友好支持，抚顺石化公司技术人员赵京福提出了宝贵意见和建议，在此表示衷心的感谢。

由于编者的水平有限，难免存在不妥之处，敬请应用此书的同仁及读者指正，以使本教材日臻完善。

编　者
2017 年 5 月

第一版前言

　　《流体输送与传热技术》是根据高等职业教育以服务为宗旨、以就业为导向、走"工学结合"之路，培养生产、建设、管理、服务一线的高等技术应用型人才的需要而编写的。 本书内容以国家职业资格标准为统领，与职业培训相互渗透、相互贯通，突出高职教育特色，采用项目教学法，体现工学结合教学模式，能较好地满足实际教学需要。

　　本书针对职业资格标准对知识、能力、素质结构的要求，明确流体输送及换热技术的教学内容，把理论与实践有机结合起来，实现技术实践知识与技术理论知识的统一。 教材内容不是以经验、解释或理论研究为主，而是以实现生产化工产品的过程为目的。 采用项目教学的方式进行知识的传授，打破知识的学科体系，按照"工作任务完成"的需要来组织教学内容，通过完成工作任务的过程来学习相关知识，实现理论与实践一体化，全面实现在校学习与企业实践的无缝对接。

　　教材选择工程实例来具体实施工作任务的教学，通过仿真训练、现场教学、实际操作等手段，使学生体验整个工作过程，强调工程操作和训练。 通过项目引出工作任务，把流体输送及换热技术的基础知识、基本原理、设备结构、操作、控制方法分解到各个工作任务中。

　　本书从体例上力求灵活与多样化，便于学生自主学习。 每个项目都设有"教学目标"、"工作任务"、"理论知识"、"实践操作"、"知识拓展"及"学习评价"，使学生明确学习目的、内容、重点、学习方式及应达到的要求和能力，模块后附有"自测练习"，体现以学生自主学习为核心，注重启发引导，以利于开阔学生视野、提高应用能力。

　　本书可作为高等职业教育石油化工、应用化工、有机化工、无机化工、高分子化工、轻化工、制药、生物等专业的教材，也可供从事化工生产和管理的工程技术人员参考。

本书共分三个模块，由王壮坤主编并统稿。其中模块一的项目一至项目五、模块三由王壮坤编写；模块一的项目六、项目七由卢中民编写；模块二、附录由尤景红编写；锦州石化公司高级工程师杜宏建对本书的编写给予了帮助，提出了一些宝贵意见和建议。全书由周波教授主审。

限于编者的水平和经验，书中不妥之处，敬请读者批评指正。

编　者

2009 年 6 月

目录

绪　　论

 学习要求

☞了解化工生产过程；
☞了解化工单元操作的分类、特点及在化工生产中的作用；
☞了解本课程的性质、内容及任务。

一、化工生产过程

化学工业是指以工业规模对原料进行加工，经过化学和物理方法处理，制成产品的工业。化工生产过程是对原料进行物理和化学加工，最终获得产品的过程。一种产品从原料到产品的生产过程中，往往需要几个、十几个甚至几十个加工过程。

化学工业产品种类繁多，如燃料油、塑料、乙烯、合成橡胶、合成纤维、化肥、酸、碱、农药、医药和化妆品等，每种产品的生产过程都有各自的工艺特点，加工过程形态各异。纷杂众多的化工生产过程，都是由化学反应过程和若干物理加工过程有机组合而成的。其中化学反应是化工生产的核心，因为没有化学反应就不会有新物质生成。物理加工过程的作用是为化学反应准备适宜的反应条件及将反应产物分离提纯而获得最终产品。

下面以乙烯和尿素的生产为例，分析化工生产过程，乙烯和尿素的生产过程如图 0-1 所示。

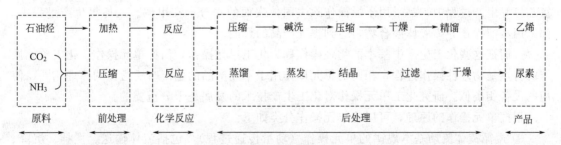

图 0-1　乙烯和尿素的生产过程

为了实现化工生产，在进行化学反应之前，须先对生产原料进行一系列的处理。我们把

1

化学反应之前对原料进行的处理过程叫作前处理（或预处理）。前处理过程包括原料的制备过程，使原料达到纯度的要求；还有为使化学反应过程得以经济有效的进行，给原料提供适当的温度、压强等。例如，乙烯生产中石油烃的加热是为了给石油烃裂解反应提供必要的温度条件；尿素生产中的压缩是为了给尿素合成反应提供必要的压力条件。

原料在化学反应器中进行化学反应过程，如乙烯生产中的化学反应为石油烃的裂解反应，在裂解炉内进行；尿素生产中的化学反应为尿素合成反应，在合成塔中进行。

在原料发生化学反应之后，还要对反应产物做进一步的处理，对反应产物进行分离、精制等各种处理，以获得符合质量标准的最终产品，在必要的情况下，未反应完的原料还必须循环利用。我们把这些在反应之后进行的一系列处理叫作后处理或产品分离和加工。如乙烯生产中的压缩、碱洗、干燥和精馏，尿素生产中的蒸馏、蒸发、结晶、过滤、干燥等，都属于后处理过程。

一般来说，化工生产过程大体上可分为前处理、化学反应和后处理三部分。前处理和后处理过程主要是物理操作，因此，化工生产过程是若干个物理过程与化学反应过程的组合。

化工生产的原料为煤、石油、天然气、化学矿、空气和水等天然资源及农林业副产品等。由于原料、产品的多样性及生产过程的复杂性，形成了数以万计的化工生产工艺。化学工业的产品涉及国民经济的各个部门，其产品与技术推动了世界经济的发展和人类社会的进步，提高了人们的生活质量与健康水平。化工生产的主要特点是原料来源丰富，生产路线多，技术含量高，经常涉及有毒、有害、易燃、易爆的物料，需要高温、高压、低温、低压等条件。因此，化学工业也带来了生态、环境及社会安全等问题。在 21 世纪，化工生产必须不断采用新的工艺、新的技术，提高对原料的利用率，消除或减少对环境的污染，实现绿色化工生产。

二、化工单元操作

前已述及，一个化工产品的生产过程包括物理过程和化学反应过程，除化学反应过程外，前、后处理过程是化工生产所不可缺少的。因此对化工生产来说，研究物理变化规律与研究化学变化规律同样重要。经过长期的实践和研究，人们发现，尽管化工产品千差万别，生产工艺多种多样，但生产这些产品所包含的物理过程并不是很多。例如，化工生产中所涉及的物料，大多数是气体和液体，输送液体时一般都是使用泵输送，输送气体时使用风机输送；为了产生高压气体需要压缩操作；为了使物料达到一定的温度往往需要给物料加热或冷却；在合成氨、硝酸、硫酸等生产过程中，都是采用吸收操作分离气体混合物；在尿素、聚氯乙烯等生产过程中，都采用干燥操作除去固体表面的水分；在甲醇、乙烯等生产过程中，都采用蒸馏操作分离液体混合物，达到提纯产品的目的。

人们把这些化工生产中基本的物理操作称为化工单元操作，简称单元操作。化工单元操作的特点是物理性操作过程，相同的单元操作用于不同产品的生产时所遵循的原理相同，使用的设备相类似。研究化工单元操作对化工生产技术的发展是十分重要的。

根据单元操作的原理，可以将单元操作分类如下：

① 遵循流体流动基本规律的单元操作（动量传递过程），包括流体输送、搅拌、沉降、过滤等；

② 遵循热量传递基本规律的单元操作（热量传递过程），包括加热、冷却、蒸发、冷凝等；

③ 遵循质量传递基本规律的单元操作（质量传递过程），包括蒸馏、吸收、干燥、膜分离、萃取、结晶等。

另外，还有热力过程的操作（如冷冻），机械过程的操作（如固体输送和粉碎等）。

随着对单元操作研究的不断深入，人们逐渐发现单元操作之间存在着共性，从本质上讲，所有的单元操作都可以分解为动量传递、热量传递、质量传递这三种传递过程或它们的结合。上述的前三类单元操作可分别用动量、传热、质量传递的理论进行研究。三种传递现象中存在着类似的规律和内在的联系，可以使用相类似的数学模型进行描述，并可归纳为速率问题进行综合研究。"三传理论"的建立，是单元操作在理论上的进一步发展和深化，联系各种单元操作的一条主线。

三、本课程的性质、内容和任务

本课程是一门技术性、工程性和应用性都很强的专业基础课程，是化工类专业学生的必修课，是培养学生工程技术观念与化工实践技能的重要课程。

它以化工生产过程为对象，主要研究化工单元操作规律在化工生产中的应用，使学生熟练掌握常见的流体输送及传热技术的基本知识及基本技能，学会用工程观点分析、解决实际生产中的问题，为学生学习后续课程及将来从事化工生产、技术、管理和服务工作作准备，为提高职业能力打下基础。

本课程的内容为流体流动及应用技术、流体输送机械操作技术、非均相物系分离技术、传热操作技术。每个单元操作又包括过程和设备两个方面。

本课程的任务是学习相关单元操作的基本原理和规律；熟悉掌握单元操作的设备结构、主要性能、工作原理；培养单元操作过程的计算能力、设备选型及设计能力，能在工程实践中运用所学知识去分析和解决实际问题；学会典型设备的操作及简单的事故处理；培养规范操作意识、安全生产意识、质量意识和环境保护意识。

项目 1
流体流动及应用技术

流体包括液体和气体，其特征是具有流动性。液体的体积随压力和温度的变化很小，所以一般将液体称为不可压缩性流体；气体具有明显的热膨胀性和可压缩性，称为可压缩流体。

化工生产中所处理的物料大多为流体，由于工艺的要求，常常需要把流体从一个设备输送至另一个设备，从一个车间输送至另一个车间；此外，化工生产中的传热、传质以及化学反应大多数是在流体流动中进行的，与流体的流动型态密切相关。因此流体流动在化工生产中占有非常重要的地位，是化工过程中最为普遍的单元操作之一，对于保证生产的进行、强化设备的操作及决定产品的成本有巨大的作用。

研究流体流动主要解决以下问题。

1. 流体的输送

在流体输送过程中，需要选择适宜的流动速率，以确定输送管路的直径；需要选择适宜的管材、管件及阀门，合理地布置和设计管路；需要估算阻力，确定容器间的位置高度、流体的压力及输送机械所需功率等。

2. 压力、液位和流量的测量

对设备和管道内的压力、液位及流量等参数进行测量，以便控制生产过程，合理选用和安装测量仪表。

3. 为强化设备提供适宜的操作条件

流体的流动型态直接影响流体的流动和输送，并对传热、传质和化学反应等有着显著的影响。研究流体流动的规律对寻找设备的强化途径具有重要意义。

任务 1　流体输送系统的认识

 教学目标

能力目标：

1. 认识各类流体输送阀门、管件；

2. 认识流体输送机械；

3. 认识仪表及调节控制装置；

4. 能识读流体输送系统的工艺流程图；

5. 能进行液体输送的操作。

知识目标：

1. 了解流体流动在化工生产中的应用；

2. 了解化工管路的分类、构成及标准，了解各种材质管子的特点、规格及选用原则；

3. 掌握各种管件的作用、类型；

4. 掌握各种阀门的作用、结构、工作原理、特点，了解其型号及标识；

5. 掌握流体输送系统的构成及液体的输送方式；

6. 了解流体输送机械的用途、分类。

 相关知识

一、流体输送案例

1. 液体输送

化工生产中，在满足工艺要求的前提下，考虑经济性，液体输送可以从生产实际出发，采取不同的输送方式。

（1）输送机械送料　输送机械送料是借助液体输送机械（泵）对液体做功，实现液体输送的。如图 1-1 所示，在甲醇回收装置中，使用进料泵将原料液送入预热器加热，然后进入脱甲醇塔中回收甲醇。

由于泵的类型多，扬程和流量适应范围广、易于调节，因此该方法是最常见的液体输送方法。

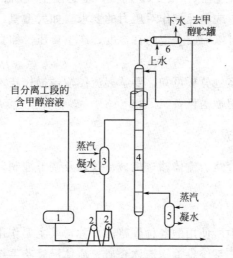

图 1-1　甲醇回收流程

1—原料贮槽；2—进料泵；3—预热器；4—脱甲醇塔；5—再沸器；6—冷凝器

（2）高位槽送料　高位槽送料是利用化工生产中各容器、设备之间的位差，实现液体从高位设备向低位设备输送的操作。在工艺要求特别稳定的场合，常常设置高位槽，以避免输送机械带来的波动。如图 1-1 所示，脱甲醇塔的回流就是靠高位的塔顶冷凝器来维持的。高位槽送液时，高位槽的高度由输送任务所要求的流量确定。

（3）压缩空气送料　压缩空气送料是向贮槽中通入压缩空气，在压力作用下，将贮槽中液体输送至指定设备的操作，图1-2所示为用压缩空气输送硫酸至高位槽装置。此法只能间歇操作，流量小且不易调节，化工生产中常用于输送具有腐蚀性和易燃易爆的流体。压缩空气送料时，空气的压力必须满足输送任务对升扬高度和流量的要求。

（4）真空抽料　真空抽料是指通过真空系统造成的负压来实现液体从一个设备输送到另一个设备的操作。图1-3所示为真空抽送烧碱至高位槽装置。真空抽料需要抽真空系统，流量调节不方便，主要用于间歇操作，连续操作时设备的真空度必须满足输送任务的流量和工艺条件对压力的要求。

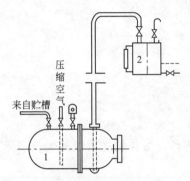

图1-2　用压缩空气输送硫酸至高位槽

1—加压硫酸槽；2—高位槽

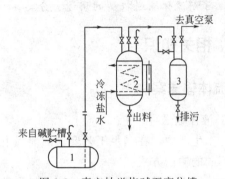

图1-3　真空抽送烧碱至高位槽

1—烧碱中间槽；2—烧碱高位槽；3—真空汽包

2．气体输送与压缩

化工生产中气体的输送与压缩通常采用输送机械。使用风机，可以实现气体的输送。如图1-4所示，生产聚氯乙烯过程中用鼓风机将空气输送至空气加热器中。采用压缩机可以产生高压气体，满足化学反应或单元操作对压力的要求，如大型氨厂用压缩机将原料气压缩至10～27MPa。使用真空泵可以形成一定的真空度，产生负压，如真空抽料、石油的常减压蒸馏等过程中的抽真空系统。

通过对以上流体输送案例分析可知，要掌握流体输送操作技术，必须能够合理安排流体输送过程、正确选择和使用输送设备。

二、流体输送系统的构成

流体输送系统由化工管路、流体输送机械、仪表及调节控制装置构成。

（一）化工管路

1．化工管路的作用

化工管路是化工生产中所使用的各种管路的总称，其主要作用是按照工艺流程连接各设备和机器，构成完整的工艺系统，输送流体介质。流体沿管路系统从一个设备输送到另一个设备，或者从一个车间输送到另一个车间，因此化工管路是整个化工生产装置中不可缺少的重要组成部分。

随着科学技术的进步，化工生产日益朝着大型化、连续化和自动化方向发展，管路在整个工厂投资中的比重日趋增多。据统计，目前一个现代化工厂中的管路费用约占工厂总投资的1/3。

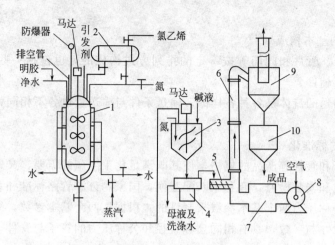

图 1-4 悬浮聚合法生产聚氯乙烯流程

1—聚合釜；2—氯乙烯贮槽；3—碱洗槽；4—离心机；5—螺旋输送机；

6—气流干燥管；7—空气加热器；8—鼓风机；9—旋风分离器；10—干料贮斗

2. 管路的分类

化工管路按是否分出支管来分类，可分为简单管路和复杂管路。

（1）简单管路 凡无分支的管路称为简单管路。简单管路又可根据管路系统中的管径有无变化分为单一管路与串联管路。单一管路是指直径不变、无分支的管路，如图 1-5(a) 所示；对于虽无分支但管径有变化的管路，可视为由若干单一管路串联而成，故又称为串联管路，如图 1-5(b) 所示。

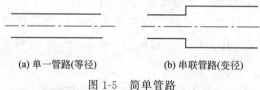

(a) 单一管路(等径) (b) 串联管路(变径)

图 1-5 简单管路

（2）复杂管路 有分支的管路称为复杂管路。复杂管路实际上是由若干简单管路按一定方式连接而成的，根据其连接方式不同，可分为分支管路和并联管路两种。分支管路中，分支与总管之间不闭合形如树权，故其管路系统又称为树状管网，如图 1-6(a) 所示；并联管路（又称环状管网）中，分支与总管之间成闭合态势，如同电学上的并联电路，如图 1-6(b) 所示。

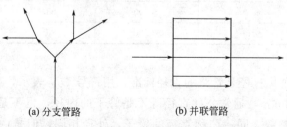

(a) 分支管路 (b) 并联管路

图 1-6 复杂管路

对于重要管路系统，如全厂或大型车间的动力管线（包括蒸汽、煤气、上水及其他循环管道等），一般均应按并联管路铺设，以有利于提高能量的综合利用、减少因局部故障所造成的影响。

3. 化工管路的基本构成

管路是由管子、管件和阀门等按一定的排列方式构成的，也包括一些附属于管路的管架、管卡、管撑等辅件。

由于生产中输送的流体是各种各样的，输送条件与输送量也各不相同，因此，管路也必然是各不相同的。

4. 化工管路的标准化

为了简化管子和管件等产品的规格，使其既满足化工生产的需要，又适应批量生产的要求，方便设计制造和安装检修，有利于匹配互换，国家制订了管路标准和系列。管路标准是根据公称直径和公称压力两个基本参数来制订的。根据这两个基本参数，统一规定了管子和管件的主要结构尺寸与参数，具有相同公称直径和公称压力的管子与管件，可相互配合和互换使用。

（1）公称压力　公称压力是管路的压力标准，用符号 PN 表示，单位为MPa。如 PN 4.0，表示公称压力为 4MPa。通常公称压力大于或等于实际工作的最大压力。除了公称压力，管路的压力标准还有试验压力和工作压力。

试验压力是为了水压强度试验或严密性试验而规定的压力，用 p_s 表示。例如 p_s 150 表示试验压力为 15.0MPa。通常，试验压力 $p_s = 1.5PN$，特殊情况可以根据经验公式计算。工作压力是为了保证管路正常工作而根据被输送介质的工作温度所规定的最大压力，为了强调相应的温度，常在 p 的右下角标注介质最高工作温度（℃）除以 10 后所得的整数。例如 p_{45} 1.8atm（atm：压强单位，1atm $= 101325$Pa，下略）表示在 450℃ 下，工作压力是 1.8atm。显然工作压力随着介质工作温度的提高而降低。

一般来说，管路工作温度在 4～120℃ 范围内，公称压力是指最高允许工作压力，但当温度高于 120℃ 时，允许工作压力低于公称压力。常用管子、管件的公称压力和最大工作压力见表 1-1 和表 1-2。

表 1-1　管子、管件的公称压力

公称压力 PN/MPa				
0.05	1.00	6.30	28.00	100.00
0.10	1.60	10.00	32.00	125.00
0.25	2.00	15.00	42.00	160.00
0.40	2.50	16.00	50.00	200.00
0.60	4.00	20.00	63.00	250.00
0.80	5.00	25.00	80.00	335.00

注：摘自 GB 1048—2005。

（2）公称直径　公称直径是管路的直径标准，用符号 DN 表示，如 DN300 表示管子或管件的公称直径为 300mm。通常公称直径既不是管子的内径，也不是管子的外径，而是与管子的内径相接近的整数。同一公称直径的管子，外径相同，但是内径则因壁厚不同而不同。我国的公称直径在 1～4000mm 之间分为 51 个等级，15mm、20mm、25mm、32mm、40mm、50mm、65mm、80mm、100mm、125mm、150mm、200mm、250mm、300mm、350mm、400mm、500mm、600mm、800mm、1000mm 这 20 种规格是管道工程中最常用的，管子、管件的公称直径参见表 1-3。

表 1-2　碳钢管子、管件的公称压力和不同温度下的最大工作压力

公称压力 /MPa	试验压力 （用低于 100℃的水） /MPa	介质工作温度/℃						
		200	250	300	350	400	425	450
		最大工作压力/MPa						
		p_{20}	p_{25}	p_{30}	p_{35}	p_{40}	p_{42}	p_{45}
0.10	0.20	0.10	0.10	0.10	0.07	0.06	0.06	0.05
0.25	0.40	0.25	0.23	0.20	0.18	0.16	0.14	0.11
0.40	0.60	0.40	0.37	0.33	0.29	0.26	0.23	0.13
0.60	0.90	0.60	0.55	0.50	0.44	0.38	0.35	0.27
1.00	1.50	1.00	0.92	0.82	0.73	0.64	0.58	0.43
1.60	2.40	1.60	1.50	1.30	1.20	1.00	0.90	0.70
2.50	3.80	2.50	2.30	2.00	1.80	1.60	1.40	1.10
4.00	6.00	4.00	3.70	3.30	3.00	2.80	2.30	1.80
6.30	9.60	6.30	5.90	5.20	4.70	4.20	3.70	2.90
10.00	15.00	10.00	—	8.20	7.20	6.40	5.80	4.30
16.00	24.00	16.00	14.70	13.10	11.70	10.20	9.30	7.20
20.00	30.00	20.00	18.40	16.40	14.60	12.80	11.60	9.00
25.00	35.00	25.00	23.00	20.50	18.20	16.00	14.50	11.20
32.00	43.00	32.00	29.40	26.20	23.40	20.50	18.50	14.40
40.00	52.00	40.00	36.80	32.80	29.20	25.60	23.20	18.00
50.00	62.50	50.00	46.00	41.00	36.50	32.00	29.00	22.50

表 1-3　管子、管件的公称直径

公称直径 DN/mm																	
1	4	8	20	40	80	150	225	350	500	800	1100	1400	1800	2400	3000	3600
2	5	10	25	50	100	175	250	400	600	900	1200	1500	2000	2600	3200	3800
3	6	15	32	65	125	200	300	450	700	1000	1300	1600	2200	2800	3400	4000

注：摘自 GB 1047—2005。

5. 化工管材

（1）化工管材的分类　化工生产中使用的管子按管材不同可分为金属管、非金属管和复合管，其中金属管占绝大部分。复合管指的是金属与非金属两种材料复合得到的管子，最常见的形式是衬里。

管子的规格通常用"ϕ 外径×壁厚"来表示，如 $\phi38mm×2.5mm$ 表示此管子的外径是 38mm，壁厚是 2.5mm。但也有些管子是用内径来表示其规格的，使用时要注意。管子的长度主要有 3m、4m 和 6m，有些可达 9m、12m，但以 6m 长的管子最为普遍。

常见金属管的种类、特点及用途见表 1-4。

表 1-4　常见金属管的种类、特点及用途

名称		特点	用途	备注
钢管	有缝钢管	用低碳钢焊接而成的钢管,又称为焊接管。易于加工制造、价格低。主要有水管和煤气管,因为有焊缝而不适宜在 0.8MPa(表压)以上的压力条件下使用。其极限工作温度为 448K	目前主要用于输送水、蒸汽、煤气、腐蚀性低的液体和压缩空气等,不得输送有爆炸性及有毒性的介质	规格参见附录
	无缝钢管	无缝钢管是用棒料钢材经穿孔热轧或冷拔制成的,它没有接缝。用于制造无缝钢管的材料主要有普通碳钢、优质碳钢、低合金钢、不锈钢和耐热铬钢等。无缝钢管的特点是质地均匀、强度高、管壁薄,少数特殊用途的无缝钢管的壁厚也可以很厚。其极限工作温度为 708K	无缝钢管能用于在各种压力和温度下输送流体,广泛用于输送高压、有毒、易燃易爆和强腐蚀性流体等	规格参见附录
铸铁管	普通铸铁管	由上等灰铸铁铸造而成,价廉而耐腐蚀,但强度低,气密性也差,性脆不宜焊接及弯曲加工。75mm 和 100mm 两种管长度为 3m,其余均为 4m	一般作为埋在地下的供水总管、煤气管及下水管等,也可以用来输送碱液及浓硫酸等,不能用于输送有压、有毒、爆炸性气体和高温液体	规格习惯上用 φ 内径×壁厚表示,参见附录
	硅铁管	分为高硅铁管(含硅 14% 以上)和抗氯硅铁管(含硅和钼)。硅铁管抗腐蚀性强,硬度高,性脆,机械强度低于铸铁,只能在 0.25MPa(表压)以下使用	高硅铁管能抗硫酸、硝酸和 573K 以下盐酸等强酸腐蚀。抗氯硅铁管能抗各种浓度和温度盐酸腐蚀	
有色金属管	铜管与黄铜管	由紫铜或黄铜制成。导热性好,延展性好,易于弯曲成型。当操作温度高于 523K 时,不宜在高压下使用	适用于制造换热器的管子;用于油压系统、润滑系统来输送有压液体;铜管还适用于低温管路,黄铜管在海水管路中也被广泛使用	
	铅管	铅管因抗腐蚀性好,能抗硫酸及 10% 以下的盐酸,其最高工作温度为 413K。由于铅管机械强度差、性软而笨重、导热能力小,目前渐被合金管及塑料管所取代	主要用于硫酸及稀盐酸的输送,但不适用于浓盐酸、硝酸和乙酸的输送	规格常用 φ 内径×壁厚表示
	铝管	铝管也有较好的耐酸性,其耐酸性主要由其纯度决定,但耐碱性差。当温度超过 433K 时,不宜在较高的压力下使用	铝管广泛用于输送浓硫酸、浓硝酸、甲酸和醋酸等。小直径铝管可以代替铜管来输送有压流体	

非金属管常用的有陶瓷管、水泥管、玻璃管、塑料管及橡胶管等,见表 1-5。

(2)管子的选用原则　应根据所输送物料的性质(如腐蚀性、易燃性、易爆性等)和操作条件(如温度、压力等)来选择管材及公称压力,根据输送介质的流量及流速确定管子的直径,据此确定管子的公称直径,选择管子、管件的规格。

6.管件

管件是用来连接管子、改变管路方向或直径、接出支路和封闭管路的管路附件的总称。化工生产中的管件类型很多,有水、煤气钢管件,铸铁管件,塑料管件,耐酸陶瓷管件和电焊钢管件等,除电焊钢管件,均已经标准化。

(1)水、煤气钢管件　水、煤气钢管件采用钢材制成,也可用锻铸铁制造,适用于要求相对较高的场合,石油化工系统大多采用钢制管件。此类管件种类很多,见表 1-6。

表 1-5 常见的非金属管

名称	特点
陶瓷管	耐腐蚀,除氢氟酸外,对其他物料均是耐腐蚀的,但性脆、机械强度低、不耐压、不耐温度剧变。因此,工业生产上主要用于输送压力小于 0.2MPa、温度低于 423K 的腐蚀性流体。主要规格有 $DN50$、$DN100$、$DN150$、$DN200$、$DN250$、$DN300$ 等
水泥管	水泥管主要用作下水道的排污水管,一般作无压流体输送。无筋水泥管内径范围在 100～900mm,有筋水泥管内径范围在 100～1500mm。水泥管的规格均以 ϕ 内径×壁厚表示
玻璃管	用于工业生产中的玻璃管主要是由硼玻璃和石英玻璃制成的。玻璃管具有透明、耐腐蚀、易清洗、阻力小和价格低的优点。缺点是性脆、热稳定性差和不耐力,但玻璃管对氢氟酸、热浓磷酸和热碱外的绝大多数物料均具有良好的耐腐蚀性。常用在一些检测或实验性的工作中
塑料管	以树脂为原料经加工制成的管子,主要有聚乙烯管、聚丙烯管、聚氯乙烯管、酚醛塑料管、ABS 塑料管和聚四氟乙烯管等。塑料管的共同特点是抗腐蚀性强、质量轻、易于加工,有的塑料管还能任意弯曲和加工成各种形状。但都有强度低、不耐压和耐热性差的缺点。塑料管种类繁多,用途越来越广,很多场合原来用的金属管逐渐被塑料管所代替

表 1-6 水、煤气钢管常用管件

种类	用途	种类	用途
内螺纹管接头	俗称"内牙管、管箍、束节、管接头、死接头"等。用以连接两段公称直径相同的管子	等径弯头	俗称"弯头、肘管"等。用以改变管路方向和连接两段公称直径相同的管子,它可分 45°和 90°两种
外螺纹管接头	俗称"外牙管、外螺纹短接、外丝扣、外接头、双头丝对管"等。用于连接两个公称直径相同的具有内螺纹的管件	异径弯头	俗称"大小弯头"。用以改变管路方向和连接两段公称直径不同的管子
活管接头	俗称"活接头"、"由壬"等。用以连接两段公称直径相同的管子	等径三通	俗称"T 形管"。用于接出支管,改变管路方向和连接三段公称直径相同的管子
异径管	俗称"大小头"。可以连接两段公称直径不相同的管子	异径三通	俗称"中小天"。可以由管中接出支管,改变管路方向和连接三段公称直径不相同的管子
内外螺纹管接头	俗称"内外牙管、补心"等。用以连接一个公称直径较大的内螺纹的管件和一段公称直径较小的管子	等径四通	俗称"十字管"。可以连接四段公称直径相同的管子

11

种类	用途	种类	用途
异径四通	俗称"大小十字管"。用以连接四段具有两种公称直径的管子	管帽	俗称"闷头"。用以封闭管路
处方堵头	俗称"管塞、丝堵、堵头"等。用以封闭管路	锁紧螺母	俗称"背帽、根母"等。它与内牙管联用,可以看得到的可拆接头

（2）铸铁管件 铸铁管件按材质可分为普通灰铸铁、高硅铸铁和抗氯硅铸铁管件,相关信息可以从有关手册中查取。图 1-7 所示为普通铸铁管件,主要有弯头、三通、四通和异径管等,使用时主要采用承插式连接、法兰连接和混合连接等。

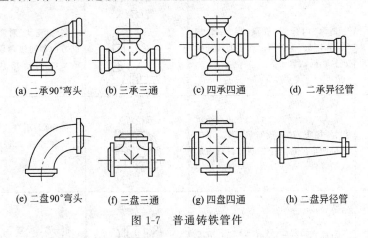

(a) 二承90°弯头　(b) 三承三通　(c) 四承四通　(d) 二承异径管

(e) 二盘90°弯头　(f) 三盘三通　(g) 四盘四通　(h) 二盘异径管

图 1-7　普通铸铁管件

（3）塑料管件 塑料管件的材料与管子的材料一致。酚醛塑料管件、ABS 塑料管件已经标准化;聚氯乙烯塑料管件则由短管弯曲及焊制而成。塑料管件除采用其他管件的连接方法外,还常采用胶黏剂黏接。

（4）耐酸陶瓷管件 耐酸陶瓷管件主要有弯头、三通、四通和异径管等,相关信息可以从有关手册中查取。主要采用承插式连接和法兰连接。

（5）电焊钢管件 电焊钢管件可用无缝钢管冲压,也可用钢板焊制而成,主要有弯头、三通和异径管等。当管路直径较小、介质压力较大时采用无缝管件,大直径压力不高的管路多用焊制管件。管件与管子的连接方式为焊接,常用于不需经常拆装的场合。

7. 阀门

阀门是一种通用机械产品,是用来开启、关闭管路和调节流量及控制安全的机械装置。工业生产中,通过阀门可以启闭管路、调节流量、调节系统压力、调节流体流动方向,从而确保工艺条件的实现与安全生产。

（1）阀门的类型 阀门的种类很多,常用的有以下类型,见表 1-7。

表 1-7　常见阀门

名称	特点及用途
闸阀	主要部件为一闸板,通过闸板的升降以启闭管路,见图 1-8。这种阀门全开时流体阻力小,全闭时较严密。多用于大直径管路上作启闭阀,在小直径管路中也有用作调节阀的。不宜用于含有固体颗粒或物料易于沉积的流体,以免引起密封面的磨损和影响闸板的闭合
截止阀	启闭件为阀瓣,由阀杆带动,沿阀座轴线做升降运动,流体自下而上通过阀座,流体阻力较大,但密闭性与调节性能较好,见图 1-9。用于蒸汽、水、空气和真空管路,也可用于各种物料管路中,但不宜用于黏度大且含有易沉淀颗粒的介质。由于大量应用于蒸汽管路,所以有"气阀"之称。截止阀安装时注意介质流向,应"下进上出"
球阀	阀芯呈球状,中间为一与管内径相近的连通孔,绕垂直于通路的轴线转动,见图 1-10。结构简单,启闭迅速,操作方便,体积小,流体阻力小,缺点是高温时启闭困难,易磨损。适用于低温高压及黏度大的介质,但不宜用于调节流量
蝶阀	启闭件为蝶板,绕固定轴转动,见图 1-11。结构简单,体积小,操作简便、迅速,安装空间小。近十几年来,蝶阀制造技术发展迅速,其密封性及安全可靠性均已达到较高水平,因此,广泛应用于给水、油品及燃气管路
旋塞阀	其主要部分为一可转动的圆锥形旋塞,中间有孔,旋转至 90° 即可全关或全开,见图 1-12。结构简单,操作简便、迅速,流体阻力小。缺点是温度变化大时容易卡死,不能用于高压。可用于输送带有悬浮颗粒的介质
止回阀	止回阀是一种根据阀前、后的压力差自动启闭的阀门,其作用是使介质只作一定方向的流动,它分为升降式和旋启式两种,如图 1-13 所示的为升降式止回阀。安装时应注意介质的流向与安装方向。止回阀一般适用于清洁介质,常用在泵的进口管路和蒸汽管路的给水管路上
安全阀	是为了管道设备的安全保险而设置的截断装置,它能根据工作压力而自动启闭,从而将管道设备的压力控制在某一数值以下,从而保证其安全。主要用在蒸汽锅炉及高压设备上
减压阀	是为了降低管道设备的压力,并维持出口压力稳定的机械装置。常用在高压设备上,如高压钢瓶的出口都要接减压阀
疏水阀	能自动间歇排除冷凝液,并自动阻止蒸汽排出的机械装置。用于蒸汽管道

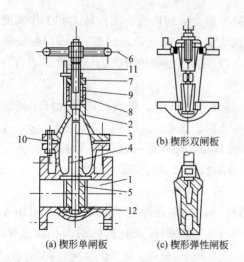

(a) 楔形单闸板　　(c) 楔形弹性闸板
(b) 楔形双闸板

图 1-8　闸阀结构示意图
1—阀体;2—阀盖;3—阀杆;4—阀杆螺母;5—闸板;
6—手轮;7—压盖;8—填料;9—填料箱;
10—垫片;11—指示器;12—密封圈

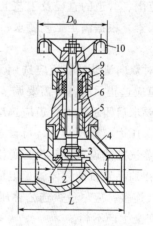

图 1-9　截止阀结构示意图
1—阀座;2—阀盘;3—铁丝圈;4—阀体;
5—阀盖;6—阀杆;7—填料;
8—填料压盖螺母;9—填料压盖;10—手轮

13

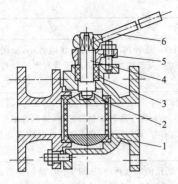

图 1-10　球阀结构示意图

1—阀体；2—球体；3—填料；4—阀杆；
5—阀盖；6—手柄

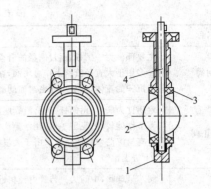

图 1-11　蝶阀结构示意图

1—阀体；2—蝶板；3—密封圈；4—阀杆

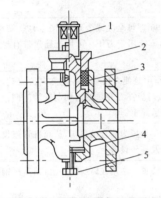

图 1-12　旋塞阀结构示意图

1—旋塞；2—压环；3—填料；4—阀体；5—退塞螺栓

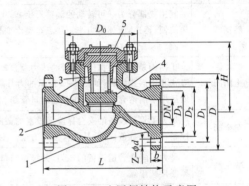

图 1-13　止回阀结构示意图

1—阀体；2—阀座；3—导向套筒；4—阀瓣；5—阀盖

（2）阀门的选用原则　阀门类型很多，选用时应考虑介质的性质、工作压力和工作温度及变化范围、管道的直径及工艺上的特殊要求（节流、减压、放空及止回等）、阀门的安装位置等因素，根据满足工艺要求、安全可靠、经济合理、操作与维护方便的原则选择适当的阀门。

① 对双向流动的管道应选用无方向性的阀门，如闸阀、球阀、蝶阀；对只允许单向流动的管道应选止回阀，对需要调节流量的场合多选截止阀。

② 要求启闭迅速的管道应选球阀或蝶阀；要求密封性好的管道应选闸阀或球阀。

③ 对压力容器及管道，可设置安全阀，对各种高压气瓶出口应安装减压阀。

④ 蒸汽加热设备及蒸汽管道上应设置疏水阀。

⑤ 在油品及石油气体管道上应多选法兰连接的阀门，公称直径小于 25mm 的管道中才使用螺纹连接；应尽量少选公称压力小于 1.0MPa 和 1.6MPa 的铸铁材料的闸阀和截止阀，否则对安全生产不利。

（二）流体输送机械

1. 流体输送机械的作用

为流体补加机械能的机械称为流体输送机械，是化工生产过程中最为常见的单元操作设备，在生产系统中的作用主要有以下两个方面。

（1）为流体提供动力，以满足输送要求　在生产过程中，往往需要按工艺的要求，将流体从一个设备输送至另一个设备，从一个工序输送到另一个工序，从低处送往高处，从低压设备送往高压设备。这就必须使用各种流体输送机械从外部对流体做功，以增加流体的机械能，从而满足流体的输送要求。

（2）为工艺过程创造必要的压力条件　根据化工生产的特点，某些过程必须在高压条件下进行（如合成氨生产系统等），某些过程则必须在真空状态下进行（如常减压蒸馏系统等）。而高压或真空状态往往是通过流体输送机械（如压缩机、真空泵等）来实现的。

2．流体输送机械分类

化工生产中被输送流体的物性和操作条件有很大的差异，有时甚至会涉及多相流体的输送。为满足不同的输送需要，需要不同结构和特性的流体输送机械。流体输送机械根据工作原理的不同通常分为四类，即离心式、往复式、旋转式及流体作用式；按照输送流体的不同分为液体输送机械和气体输送机械。由于气体和液体性质不同，气体具有可压缩性，因此液体输送机械和气体输送机械的结构不尽相同。通常将液体输送机械称为泵，气体输送机械称为风机或压缩机。

图1-14、图1-15为常见的流体输送机械。

图1-14　离心泵　　　　　　　　　　图1-15　离心鼓风机

（三）仪表及调节控制装置

化工生产对各工艺变量有一定的控制要求。有些工艺变量对产品的数量和质量起着决定性的作用。例如，反应器的温度、压力应恒定，否则反应将发生变化。有些工艺变量虽不直接影响产品的数量和质量，然而保持其平稳却是使生产获得良好控制的前提。例如，利用压缩空气进行液体输送时，如果压缩空气压力控制不好，很难将液体流量控制住。

为了有效地进行生产操作和自动调节，需要对工艺生产中各种参数进行测量。流体流动及输送过程的控制主要是通过控制流量、压力、液位、温度等参数实现的。因此，在生产中应用的测量仪表种类很多，根据所测量的参数不同，可以分为压力仪表、流量仪表、液位仪表、温度仪表等；根据指示形式不同，可分为就地指示式仪表和远传式仪表；根据结构原理不同，又可分为多种形式。

为了实现控制要求，可以人工控制，也可以自动控制。自动控制是在人工控制的基础上发展起来的，使用自动控制装置来代替人的观察、判断、决策和操作。

先进控制策略在化工生产过程的推广应用，能够有效提高生产过程的平稳性和产品质量的合格率，对降低生产成本、节能减排降耗、提升企业的经济效益具有重要意义。

技能训练

流体输送操作

1. 训练要求

① 认识各种管件、阀门；

② 认识装置设备、仪表及调节控制装置；

③ 识读流体输送系统的工艺流程图，标出物料的流向，查摸现场装置流程；

④ 掌握工业液体输送的方式。

2. 实训装置

流体输送装置如图 1-16 所示。

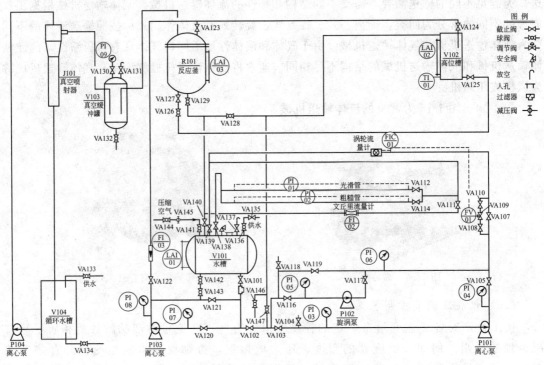

图 1-16　流体输送装置带控制点的工艺流程图

本装置中物料流向有四种方式。

（1）被输送介质存储在水槽 V101 中，经离心泵 P103 输送至反应釜 R101，再由反应釜返回水槽。

（2）被输送介质存储在水槽 V101 中，经离心泵 P103 输送至高位槽 V102，再由高位槽依靠重力输送至反应釜 R101，然后由反应釜返回水槽。

（3）被输送介质存储在水槽 V101 中，经离心泵 P101（或旋涡泵 P102）和涡轮流量计 FIC01，再返回水槽。

（4）反应釜 R101 中产生真空，介质直接由水槽 V101 输送到反应釜。

3. 生产控制指标

（1）操作压力　真空缓冲罐操作真空度不小于－0.1MPa，压力输送操作压力不大于 0.1MPa。

（2）温度控制　高位槽温度为常温，各电机温升小于等于65℃。

（3）液位控制　高位槽液位小于等于2/3，反应釜液位小于等于2/3。

4. 安全生产技术

按规定穿戴劳防用品：进入实训装置场所必须穿戴劳防用品，在指定区域正确戴上安全帽。

（1）动设备操作安全注意事项

① 检查冷却水系统是否正常。

② 确认工艺管线、工艺条件正常。

③ 启动电机前先盘车，正常才能通电。通电时应立即查看电机是否启动；若启动异常，应立即断电，避免电机烧毁。

④ 启动电机后看其工艺参数是否正常。

⑤ 观察有无过大噪声、振动及松动的螺栓。

⑥ 观察有无泄漏。

⑦ 电机运转时不允许接触转动件。

（2）静设备操作安全注意事项

① 操作过程中注意防止静电产生。

② 装置内的静设备在需清理或检修时应按安全作业规定进行。

③ 容器应严格按规定的装料系数装料。

（3）安全技术　进行实训之前必须了解室内总电源开关与分电源开关的位置，以便出现用电事故时及时切断电源；在启动仪表柜电源前，必须清楚每个开关的作用。

设备配有温度、液位等测量仪表，对相关设备的工作进行集中监视，出现异常时应及时处理。

不能使用有缺陷的梯子，登梯前必须确保梯子支撑稳固，面向梯子上下并双手扶梯。

5. 实训操作步骤

（1）开车前的准备工作

① 检查公用工程是否处于正常供应状态。

② 检查流程中各阀门是否处于正常开车状态。

关闭阀门：VA101、VA102、VA103、VA104、VA105、VA107、VA111、VA112、VA114、VA116、VA117、VA118、VA119、VA120、VA121、VA122、VA123、VA124、VA125、VA126、VA127、VA128、VA129、VA132、VA134、VA135、VA136、VA138、VA139、VA140、VA141、VA142、VA143、VA144、VA145、VA146、VA147。

全开阀门：VA108、VA110、VA131、VA137。

③ 设备上电，检查各仪表状态是否正常，动设备试车。

④ 了解本实训所用水和压缩空气的来源。

⑤ 按照要求制定操作方案。

（2）流体输送

① 离心泵输送流体

a. 打开阀门VA101、VA120和VA121，再关闭VA121，启动离心泵P103。

b. 打开阀门VA123，调节离心泵出口阀门VA122，观察流量FI03以及反应釜的液位（LAI03）的变化。

c. 当LAI03达到一定值后，关闭离心泵，打开阀门VA129和VA140，将反应釜内流体放回水槽 V101。

    d. 将各阀门恢复开车前的状态。

    ② 压缩空气输送流体

    a. 打开阀门 VA101、VA102 和 VA147，关闭阀门 VA137。

    b. 打开阀门 VA141 和 VA144，调节减压阀 VA145，将流体输送到高位槽 V102，同时观察减压阀压力示数和高位槽液位（LAI02）的变化。

    c. 当 LAI02 达到一定值时，关闭阀门 VA145、VA141 和 VA144。

    d. 将各阀门恢复开车前的状态。

    ③ 重力输送流体

    a. 依次打开阀门 VA125、VA126 和 VA127，观察高位槽液位（LAI02）与反应釜液位（LAI03）的变化。

    b. 当 LAI03 达到一定值后，关闭阀门 VA125、VA126 和 VA127，将反应釜内流体放回水槽 V101。

    c. 将各阀门恢复开车前的状态。

    ④ 真空抽送流体

    a. 打开阀门 VA101、VA121、VA122 和 VA123，关闭阀门 VA131。

    b. 启动离心泵 P104，观察真空缓冲罐的压力（PI09）和反应釜液位（LAI03）的变化。

    c. 当 LAI03 达到一定值时，关闭离心泵，打开阀门 VA131。

    d. 打开阀门 VA129 和 VA140，将流体放回水槽 V101。

    e. 将各阀门恢复开车前的状态。

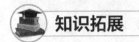 **知识拓展**

一、化工管路的分类

    （1）按管路的用途分类   化工管路按管路的用途可分为工艺管路和辅助管路，见表 1-8。

表 1-8　管路按用途分类

类型	作用	举例
工艺管路	生产的主要管路	原料管路、半成品及产品管路
辅助管路	辅助生产的管路	燃料系统、蒸汽及冷凝水系统、冷却水系统、排污系统、供风系统等

    （2）按管路中介质压力的高低分类   化工管路按管路中介质压力的高低可分为超高压管、高压管、中压管、低压管及真空管，见表 1-9。

    （3）按输送介质的温度分类   化工管路按输送介质的温度可分为低温管、常温管、中温管及高温管，见表 1-10。

    （4）按输送介质的种类分类   化工管路按输送介质的种类可分为水管、蒸汽管、气体管、油管以及输送酸、碱、盐等腐蚀性介质的管路。

    （5）按管路的材质分类   化工管路按管路的材质可分为金属管、非金属管和复合管。

表 1-9 管路按介质压力分类

类型	设计压力 p/MPa
超高压管	$p \geqslant 100$
高压管	$16 \leqslant p < 100$
中压管	$1.6 \leqslant p < 10$
低压管	$0 \leqslant p < 1.6$
真空管	$p < 0$

表 1-10 管路按介质温度分类

类型	工作温度 $t/℃$
低温管	$t \leqslant -40$
常温管	$-40 \leqslant t \leqslant 120$
中温管	$120 < t \leqslant 450$
高温管	$t > 450$

（6）按照石油化工管路分类 炼油、石油化工管路输送的介质一般都是易燃、可燃性介质，有些物料属于剧毒介质，这类管道一旦发生泄漏或损坏，后果十分严重。按照《石油化工剧毒、易燃、可燃介质管道施工及验收规范》（SHJ501），根据输送介质的温度、闪点、爆炸下限、毒性及管道的设计压力，将石油化工管路分为 A、B、C 三级，石油化工管路分类见表 1-11。

表 1-11 石油化工管路分类

类型	适用范围
A 级管路	①输送剧毒介质 ②设计压力 $p \geqslant 10MPa$、输送易燃、可燃介质
B 级管路	①输送闪点低于 28℃的易燃介质 ②输送爆炸下限低于 10%的介质 ③操作温度高于或等于介质自燃点的 C 级管路
C 级管路	①输送闪点 28~60℃的易燃、可燃介质 ②输送爆炸下限高于或等于 10%的介质

二、阀门的型号及标识

1. 阀门的型号

为了便于选用和识别，阀门已经实现了标准化，进行了统一的编号。阀门的型号由七部分组成，其形式如下：

$X_1 X_2 X_3 X_4 X_5 - X_6 X_7$

$X_1 \sim X_7$ 为数字或字母，其含义见表 1-12、表 1-13。

X_6 为公称压力数值，是阀件在基准温度下能够承受的最大工作压力。

如有一阀门的铭牌上标明其型号为 Z941T-1.0K，说明该阀为闸阀，电动，法兰连接，明杆锲式单闸板，阀座密封面材料为铜合金，公称压力为 1.0MPa，阀体材料为可锻铸铁。

表 1-12　阀门型式代号

阀门类型（X₁）	代号	阀门类型（X₁）	代号
闸阀	Z	球阀	Q
截止阀	J	蝶阀	D
节流阀	L	隔膜阀	G
旋塞阀	X	减压阀	Y
止回阀	H	疏水阀	S
安全阀	A		
传动类型（X₂）	代号	传动类型（X₂）	代号
电磁场	0	锥齿轮	5
电磁-液动	1	气动	6
电-液动	2	液动	7
涡轮	3	气-液动	8
直齿圆柱齿轮	4	电动	9
连接形式（X₃）	代号	连接形式（X₃）	代号
内螺纹	1		
外螺纹	2	对夹	7
法兰	4	卡箍	8
焊接	6	卡套	9
密封面或衬里材料（X₅）	代号	密封面或衬里材料（X₅）	代号
铜合金	T	渗氮钢	D
橡胶	X	硬质合金	Y
尼龙塑料	N	衬胶	J
氟塑料	F	衬铅	Q
锡基轴承合金	B	搪瓷	C
合金钢	H	渗硼钢	P
阀体材料（X₇）	代号	阀体材料（X₇）	代号
灰铸铁	Z	铬钼合金钢	I
可锻铸铁	K	铬镍不锈耐酸钢	P
球墨铸铁	Q	铬镍钼不锈耐酸钢	R
铜、铜合金	T	铬钼钒合金钢	V
碳素钢	C		

表 1-13　阀门结构型式（X₄）代号

类　型			结　构　型　式		代　号
截止阀和节流阀			直通式		1
			角式		4
			直流式		5
	平衡		直通式		6
			角式		7
闸阀	明杆	楔式	弹性闸阀		0
			刚性	单闸板	1
				双闸板	2
		平行式		单闸板	3
				双闸板	4
	暗杆楔式			单闸板	5
				双闸板	6

续表

类型	结构型式			代号
球阀	浮动	直通式		1
		L形	三通式	4
		T形		5
	固定	直通式		7
蝶阀	杠杆式			0
	垂直板式			1
	斜板式			3
隔膜阀	层脊式			1
	截止式			3
	闸板式			7
止回阀和底阀	升降	直通式		1
		立式		2
	旋启	单瓣式		4
		多瓣式		5
		双瓣式		6
旋塞阀	填料	直通式		3
		T形三通式		4
		四通式		5
	油封	直通式		7
		T形三通式		8
安全阀	弹簧	封闭	带散热片 全启式	0
			微启式	1
			全启式	2
		不封闭	带扳手 全启式	4
			双弹簧微启式	3
			微启式	7
			全启式	8
		带控制机构	微启式	5
			全启式	6
	脉冲式			9
减压阀	薄膜式			1
	弹簧薄膜式			2
	活塞式			3
	波纹管式			4
	杠杆式			5
疏水阀	浮球式			1
	钟形浮子式			5
	脉冲式			8
	热动力式			9

2. 阀门的标识

为了识别和辨认方便，通常在阀体上铸造、打印出阀门的名称、型号、公称压力、公称直径、介质流向、开启刻度或表示开启的箭头、制造厂家及出厂时间等文字或符号，并在阀门的非加工面涂上表示阀体材料的油漆，在手轮或自动阀的阀盖上涂上表示密封面材料的油漆。根据阀门上的铭牌和标志及颜色，可识别出阀门的类别、结构型式及适用情况等。阀门标识的含义及阀体材料涂色规定见表 1-14 和表 1-15。

表 1-14　阀门标识的含义

标志形式	阀门的规格及特性					
	阀门规格				阀门形式	介质流动方向
	公称直径/mm	公称压力/MPa	工作压力/MPa	介质温度/℃		
$\dfrac{PN4.0}{50} \rightarrow$	50	4.0			直通式	介质进口与出口的流动方向在同一或相平行的中心线上
$\dfrac{P_{51}10}{100} \rightarrow$	100		10	510		
$\dfrac{PN4.0}{50}$	50	4.0			直角式 介质进口与出口的流动方向成90°角	介质作用在关闭件下
$\dfrac{P_{51}10}{100}$	100		10	510		
$\dfrac{PN4.0}{50}$	50	4.0				介质作用在关闭件上
$\dfrac{P_{51}10}{100}$	100		10	510		
$\dfrac{PN1.6}{50}$	50	1.6			三通式	介质具有几个流动方向
$\dfrac{P_{51}10}{100}$	100		10	510		

表 1-15　阀体材料涂色规定

阀体材料	涂漆颜色	阀体材料	涂漆颜色
灰铸铁、可锻铸铁	红色	耐酸钢或不锈钢	浅蓝色
球墨铸铁	黄色	合金钢	淡紫色
碳素钢	铝白色		

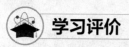 **学习评价**

流体输送系统的认识			
工作任务	考核内容		考核要点
认识各种流体输送方式	基础知识		液体输送方式、各自特点、应用场合
	能力训练		举出生产和生活实例
认识流体输送系统	基础知识		流体输送系统的构成； 化工管路的构成及标准； 各种材质管子的特点、规格及选用； 管件的作用及类型； 阀门的作用、类型、结构、特点； 流体输送机械作用、分类
	现场考核		认识简单管路及并联、分支管路； 识读流体输送系统的工艺流程图； 认识压力、温度、液位、流量仪表及调节控制装置； 指出各阀门的类型，能识读其型号及标识； 指出各管件的类型，能识读其规格
流体输送操作	现场考核	准备工作	穿戴劳保用品，准备工具
		操作程序 开车前准备	设备上电，检查各仪表状态是否正常； 检查泵运转情况，是否上量正常； 检查水和压缩空气是否处于正常供应状态； 检查流程中各阀门是否处于正常开车状态
		离心泵输送流体	操作步骤正确； 正确操作离心泵； 认识流量测量仪表，正确读出流量； 能根据液位计读数，调节流量，控制反应釜达到一定的液位； 操作结束各阀门恢复开车前的状态
		压缩空气输送流体	操作步骤正确； 认识压力表，正确读出压力； 正确使用减压阀； 控制高位槽达到一定的液位； 操作结束各阀门恢复开车前的状态
		重力输送流体	操作步骤正确； 操作结束各阀门恢复开车前的状态
		真空抽送流体	操作步骤正确； 认识真空表，正确读出真空度； 认识抽真空系统的构成； 操作结束各阀门恢复开车前的状态
		安全及其他	按国家法规或企业规定； 在规定时间内完成操作

 自测练习

一、选择题

1. 应用最广泛的自动泄压阀门是（　　）。

A. 安全阀　　　　　B. 爆破片　　　　　C. 单向阀　　　　　D. 自动阀

2. 下列不属于常用管道组成件的是（　　）。

A. 三通　　　　　B. 弯头　　　　　C. 异径管　　　　　D. 回弯头

3. 只允许流体向一个方向流动的阀门是（　　）。

A. 调节阀　　　　　B. 蝶阀　　　　　C. 闸阀　　　　　D. 止回阀

4. 下列管件中常用以堵截管路的是（　　）。

A. 90°弯头　　　　　B. 盲板　　　　　C. 三通　　　　　D. 45°弯头

5. 规格为 $\phi108mm \times 4.0mm$ 的无缝钢管，其内径是（　　）。

A. 100mm　　　　　B. 104mm　　　　　C. 108mm　　　　　D. 112mm

6. 能用于输送含有悬浮物质流体的是（　　）。

A. 旋塞阀　　　　　B. 截止阀　　　　　C. 节流阀　　　　　D. 闸阀

7. 管件中连接管路支管的部件称为（　　）。

A. 弯头　　　　　B. 三通或四通　　　　　C. 丝堵　　　　　D. 活接头

8. 下列四种阀门，通常情况下最适合流量调节的阀门是（　　）。

A. 截止阀　　　　　B. 闸阀　　　　　C. 考克阀　　　　　D. 蝶阀

9. 下列阀门中，（　　）是自动作用阀。

A. 截止阀　　　　　B. 节流阀　　　　　C. 闸阀　　　　　D. 止回阀

10. 管子的公称直径是指（　　）。

A. 内径　　　　　　　　　　　B. 外径

C. 平均直径　　　　　　　　　D. 设计、制造的标准直径

11. 利用阀杆升降带动与之相连的圆形阀盘，改变阀盘与阀座间的距离达到控制启闭的阀门是（　　）。

A. 闸阀　　　　　B. 截止阀　　　　　C. 蝶阀　　　　　D. 旋塞阀

12. 要切断而不需要流量调节的地方，为减小管道阻力一般选用（　　）。

A. 截止阀　　　　　B. 针型阀　　　　　C. 闸阀　　　　　D. 止回阀

13. 安装在管路中的阀门，（　　）。

A. 需考虑流体方向　　　　　　　B. 不必考虑流体方向

C. 不必考虑操作时的方便　　　　D. 不必考虑维修时的方便

二、判断题

（　　）1. 管路按是否有支管可分为简单管路和复杂管路。

（　　）2. 公称直径相同的管子内径相同。

（　　）3. 旋塞阀属于手动阀门，主要起开启或关闭作用。

（　　）4. 闸阀具有流体阻力小、启闭迅速、易于调节流量等优点。

（　　）5. 止回阀的安装可以不考虑工艺介质的流向。

（　　）6. 管件是管路中的重要零件，起着连接管子、改变方向、接出支管和封闭管路

的作用。

（ ）7. 截止阀安装方向应遵守"低进高出"的原则。

任务2　流体的压力及液位测量

 **教学目标**

能力目标：

1. 能根据流体静力学的基本原理，进行流体的压力、液位测量及液封高度计算；

2. 能正确使用比重计、压力计及液位计；

3. 能使用物理化学手册查取流体的密度，进行混合物密度的计算。

知识目标：

1. 掌握流体密度的基本概念、影响因素、单位及求取方法；

2. 掌握流体压强的基本概念、表示方法及单位；

3. 掌握流体静力学基本方程及应用；

4. 了解常见的压力计、液位计的结构及特点。

 相关知识

一、流体的密度

1. 流体的密度、相对密度及比容

（1）密度　单位体积流体所具有的质量称为流体的密度，其表达式为：

$$\rho = \frac{m}{V} \tag{1-1}$$

式中　ρ——流体的密度，kg/m^3；

m——流体的质量，kg；

V——流体的体积，m^3。

（2）相对密度　某液体的密度 ρ 与标准大气压下 4℃ 时纯水密度 $\rho_{水}$ 的比值，称为液体的相对密度，无量纲，以 s 表示，即：

$$s = \frac{\rho}{\rho_{水}} = \frac{\rho}{1000} \tag{1-2}$$

（3）比容　描述气体的密度时有时使用比容。单位质量流体所具有的体积，称为流体的比容，用 υ 表示，单位为 m^3/kg，即：

$$\upsilon = \frac{1}{\rho} \tag{1-3}$$

显然，比容与密度互为倒数。

2. 密度的影响因素及查取方法

流体的密度与温度和压力有关。流体的密度通常可以从有关的物理化学手册中查取，某些常见气体和液体的密度可参见本书附录。

（1）液体密度　压力对液体的密度影响很小（极高压力除外），一般可以忽略，所以一般将液体称为不可压缩流体。对大多数液体而言，温度升高，其密度下降。如在常压下，4℃时水的密度为$1000kg/m^3$，而20℃时水的密度为$998.2kg/m^3$。因此，在选用密度数据时，要注明该液体所处的温度。

（2）气体密度　气体具有明显的可压缩性及热膨胀性，称为可压缩流体。气体压力升高、温度降低，其密度随之升高，因此气体的密度必须标明其状态。从手册中查得的气体密度往往是某一指定条件下的数值，使用时要将查得的密度值换算成操作条件下的密度。

在工程计算中，当压力不太高、温度不太低时，可把气体（或气体混合物）按理想气体处理。若已知气体在标准状况下（$T_0 = 273.15K$，$p_0 = 101.325kPa$）密度ρ_0，则在温度T和压力p下气体的密度ρ为：

$$\rho = \rho_0 \frac{T_0}{T} \frac{p}{p_0} \tag{1-4}$$

3. 密度的计算

（1）气体密度计算　由理想气体状态方程可导出密度计算式为：

$$\rho = \frac{pM}{RT} \tag{1-5}$$

式中　ρ——气体在压力p、温度T时的密度，kg/m^3；

p——气体的压力，kPa；

M——气体的摩尔质量，$kg/kmol$；

R——通用气体常数，$R = 8.314kJ/(kmol \cdot K)$；

T——气体的温度，K。

气体混合物的密度在计算时，将式（1-5）中的M用气体混合物的平均摩尔质量M_m代替。平均摩尔质量M_m由下式计算：

$$M_m = M_1 y_1 + M_2 y_2 + \cdots + M_i y_i + \cdots + M_n y_n = \sum_{i=1}^{n} M_i y_i \tag{1-6}$$

式中　M_1，$M_2 \cdots M_i \cdots M_n$——气体混合物中各组分的摩尔质量，$kg/kmol$；

y_1，$y_2 \cdots y_i \cdots y_n$——混合物中各组分的摩尔分数。

【例 1-1】　求合成氨生产中合成塔进口气体的密度。已知气体的组成为：25%的N_2和72%的H_2，3%的NH_3（均为体积分数），操作压力为$10MPa$，操作温度为400℃。

解　已知$M_1 = 28kg/kmol$，$M_2 = 2kg/kmol$，$M_3 = 17kg/kmol$

$y_1 = 0.25$，$y_2 = 0.72$，$y_3 = 0.03$

$M_m = M_1 y_1 + M_2 y_2 + M_3 y_3 = 28 \times 0.25 + 2 \times 0.72 + 17 \times 0.03 = 8.95 (kg/kmol)$

则　　$\rho_m = \dfrac{pM_m}{RT} = \dfrac{10 \times 10^3 \times 8.95}{8.314 \times 673} = 16 (kg/m^3)$

（2）混合液密度计算　在工程计算中，对于液体混合物，当混合前后的体积变化不大时，其密度可由下式计算，即：

$$\frac{1}{\rho_m} = \frac{x_{w1}}{\rho_1} + \frac{x_{w2}}{\rho_2} + \cdots + \frac{x_{wi}}{\rho_i} + \cdots + \frac{x_{wn}}{\rho_n} = \sum_{i=1}^{n} \frac{x_{wi}}{\rho_i} \tag{1-7}$$

式中　ρ_m——液体混合物的密度，kg/m^3；

ρ_1，$\rho_2 \cdots \rho_i \cdots \rho_n$——液体混合物的各组分密度，$kg/m^3$；

x_{w1}，x_{w2}···x_{wi}···x_{wn}——混合物中各组分的质量分数。

【例 1-2】 已知乙醇水溶液中各组分的质量分数为乙醇是 0.7，水是 0.3。试求该溶液在 293K 时的密度。

解 已知 $x_{w1}=0.7$，$x_{w2}=0.3$；查本书附录得 293K 时乙醇的密度 $\rho_1=789\text{kg/m}^3$，水的密度 $\rho_2=998.2\text{kg/m}^3$。

$$\frac{1}{\rho_m}=\frac{x_{w1}}{\rho_1}+\frac{x_{w2}}{\rho_2}=\frac{0.7}{789}+\frac{0.3}{998.2}=0.001187$$

所以
$$\rho_m=841.9\text{kg/m}^3$$

即该混合液在 293K 时的密度为 841.9kg/m^3。

4. 密度的测定

液体混合物的密度通常由实验测定，如比重瓶法、韦式天平法、波美比重计法等，其中前两种方法多用于实验室的精确测量，第三种方法用于快速测量，在工业生产中广泛使用。

图 1-17 所示为石油比重计及其读数方法。

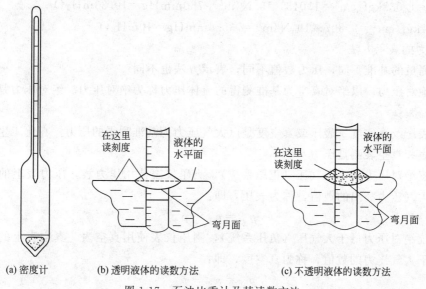

(a) 密度计　　　(b) 透明液体的读数方法　　　(c) 不透明液体的读数方法

图 1-17　石油比重计及其读数方法

比重计是用来测定溶液相对密度（旧称比重）的仪器。它是一支中空的玻璃浮柱，上部有刻度线，下部为一重锤，内装铅粒，根据溶液相对密度的不同而选用相适应的比重计。通常将比重计分为两种，一种是测量相对密度大于 1 的液体，称作重表，另一种是测量相对密度小于 1 的液体，称作轻表。

液体相对密度测定时，将欲测液体注入大量筒中，然后将清洁干燥的比重计慢慢放入液体中，为了避免比重计在液体中上下浮动和左右摇摆与量筒壁接触以致打破，故在浸入时，应该用手扶住比重计的上端，并让它浮在液面上，待比重计不再摇动且不与器壁相碰时，即可读数，读数时视线要与凹面最低处在同一水平面上。用完比重计洗净，擦干，放回原盒内。

二、流体的压强

1. 流体压强的定义及特点

(1) 定义　流体垂直作用在单位面积上的力，称为流体的压强，也称静压强，实际生产中常称其为压力，其定义式为：

$$p = \frac{F}{A}$$（1-8）

式中　p ——流体的压力，Pa；

　　　F ——垂直作用于面积 A 上的力，N；

　　　A ——流体的作用面积，m^2。

（2）特点　流体压力的方向总是和所作用的面垂直，并指向所考虑的那部分流体的内部，且静止流体内部任何一点处的流体压力，在各个方向都是相等的。

2. 压力的单位

（1）单位　压力的单位除 Pa 外，习惯上还常采用标准大气压（atm）、工程大气压（at）或间接以液柱高度来表示（如 mH_2O 或 mmHg 等）。这些单位在工程应用和手册文献中经常出现，因此要能够进行这些压力单位之间的换算。

（2）单位换算

$1atm = 1.033kgf/cm^2 = 1.013 \times 10^5 N/m^2 = 760mmHg = 10.33mH_2O$

$1at = 1kgf/cm^2 = 9.807 \times 10^4 N/m^2 = 735.6mmHg = 10mH_2O$

3. 压力的表示方法

压力测量的基准不同，压力数值不同，表示方法也不同。

（1）绝对压力　以绝对真空为基准测得的流体压力称为绝对压力。绝对压力是流体的真实压力。

（2）表压及真空度　表压或真空度是以大气压力为基准测得的压力。在化工生产中，常采用压力表和真空表测量压力。

若系统绝对压力高于大气压（正压系统），测压仪表使用压力表，压力表上的读数是绝对压力比大气压力高出的数值，称为表压，即：

$$p_表 = p_绝 - p_大$$（1-9）

若系统绝对压力低于大气压（负压系统），测压仪表使用真空表，真空表上的读数是绝对压力低于大气压力的数值，称为真空度，即：

$$p_真 = p_大 - p_绝$$（1-10）

显然，真空度为表压的负值，并且设备内流体的真空度越高，它的绝对压力就越低。

（3）注意

① 为了避免相互混淆，当压力以表压或真空度表示时，应用括号注明，如未注明，则视为绝对压力；

② 压力计算时基准要一致；

③ 大气压力以当时、当地气压表的读数为准。

【例 1-3】 为测量某离心泵进出口的压力差，在其进口处安装一个真空表，读数为 7kPa，在出口处安装一个压力表，其读数为 82.5kPa，试求此离心泵进出口的压力差。

　解　$\Delta p = p_{出口} - p_{进口}$

　　　　　$= (p_大 + p_表) - (p_大 - p_真)$

　　　　　$= p_表 + p_真$

　　　　　$= 82.5 + 7$

　　　　　$= 89.5(kPa)$

三、静力学方程

（1）静力学基本方程　静力学基本方程是用于描述静止流体内部压力沿高度变化的数学表达式。

（2）静力学基本方程式的导出　对于不可压缩流体，图 1-18 所示的容器中盛有密度为 ρ 的静止液体。现于液体内部取一个底面积为 dA 的垂直液柱，以容器底为基准水平面，则液柱的上、下端面与基准水平面的垂直距离分别为 z_1 和 z_2。

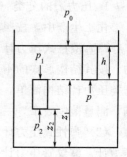

图 1-18　静力学方程的推导

在垂直方向上作用于液柱上的力有：

① 作用于上端面的力 F_1，方向向下；

② 作用于下端面的力 F_2，方向向上；

③ 液柱所受的重力 F_g，方向向下。

取向上的作用力为正值，则　$F_1 = -p_1 dA$

$$F_2 = p_2 dA$$

$$F_g = -\rho g dA (z_1 - z_2)$$

液柱处于静止状态时，在垂直方向各力的代数和应为零，即：

$$p_2 dA - p_1 dA - \rho g dA (z_1 - z_2) = 0$$

整理可得：

$$p_2 = p_1 + \rho g (z_1 - z_2) \tag{1-11}$$

若将液柱的上端面取在容器的液面上，设液面上方的压力为 p_0，液柱上下端面距离为 h，作用于下端面的压力为 p，则上式可整理为：

$$p = p_0 + \rho g h \tag{1-12}$$

式（1-11）和式（1-12）均称为流体静力学基本方程式，表明了在重力作用下静止液体内部压力的变化规律。

（3）讨论

① 当液面上方的压力 p_0 一定时，静止液体内部任一点压力 p 的大小与液体本身的密度 ρ 和该点距液面的深度 h 有关。距液面的深度 h 越深，其压力 p 越大。

② 等压面。在静止的、连续的同一液体内，处于同一水平面上各点压力都相等。通常将压力相等的水平面称为等压面。

③ 巴斯葛定理。当液面上方的压力 p_0 变化时，液体内部各点的压力 p 也发生相应的变化。

④ $\dfrac{p - p_0}{\rho g} = h$

该式说明压力或压力差的大小可以用一定高度的液体柱来表示。液柱高度与其 ρ 有关，如 $mmHg$、mH_2O，因此必须注明是何种液体。

⑤ 流体静力学基本方程式也适用于气体，但在实际应用中，这种变化可以忽略，即在静止气相系统中，压力可认为处处相同。

（4）流体静力学方程的应用　工业生产中，应用流体静力学方程可以测量流体的压力、容器的液位及计算液封高度等。

四、压力测量

化工生产中，为了监视和控制工艺过程，必须实时测量流体的压力，测量压力的仪表很多。

1. 压力表的分类

化工生产中，按照其转换原理的不同，压力表大致可分为四大类。

（1）液柱式压力计 它是根据流体静力学原理，将被测压力转换成液柱高度进行测量的。按其结构形式的不同，有 U 形管压力计、单管压力计、双液柱微差计和斜管压力计等。这类压力计结构简单、使用方便，但其精度受指示液的毛细管作用、密度及视差等因素的影响，测量范围较窄，一般用来测量较低压力或真空度。

（2）弹性式压力计 它是将被测压力转换成弹性元件变形的位移进行测量的，如弹簧管压力计、波纹管压力计及膜片压力计等。

（3）电气式压力计 它是通过机械和电气元件将被测压力转换成电量（如电压、电流、频率等）来进行测量的仪表，如电容式、电阻式、电感式、单晶硅谐振式、应变片式和霍尔片式等压力计。

（4）活塞式压力计 它是根据水压机液体传递压力的原理，将被测压力转换成活塞上所加平衡砝码的质量来进行测量的。它的测量精度很高，允许误差可小到 $0.02\% \sim 0.05\%$，但结构较复杂，价格较贵，一般作为标准型压力测量仪器，来检验其他类型的压力计。

2. 液柱式压力计

（1）正 U 形管压差计

① 结构。正 U 形管压差计是液柱式测压计中常用的一种，其结构如图 1-19（a）所示。它是一个两端开口的垂直 U 形玻璃管，中间配有读数标尺，管内装有液体作为指示液。要求指示液与被测流体不互溶，不起化学反应，而且其密度要大于被测流体的密度。通常采用的指示液有着色水、四氯化碳及水银等。

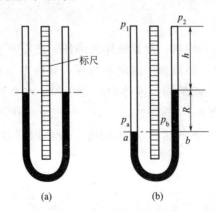

图 1-19 正 U 形管压差计

若 U 形管内的指示液上方和大气相通，即两支管内指示液液面的压力相等，由于 U 形管下面连通，所以两支管内指示液液面在同一水平面上。

② 测量公式。如图 1-19（b）所示，若在 U 形玻璃管内装有密度为 ρ_A 的指示液 A（一般指示液装入量约为 U 形管总高的一半），U 形管两端口与被测流体 B 的测压点相连接，连接管内与指示液液面上方均充满流体 B，a、b 点取在同一水平面上。

若 $p_1 > p_2$，则左管内指示液液面下降，右管内指示液液面上升，直至在标尺上显示出读数 R。R 值的大小随压力差（$p_1 - p_2$）的变化而变化，当（$p_1 - p_2$）为一定值时，R 值也为定值，即处于相对静止状态。因为 a、b 两点都在连通着的同一种静止流体内，并且在同一水平面上，所以这两点的压力相等，即 $p_a = p_b$。根据流体静力学基本方程式，可得：

$$p_a = p_1 + \rho_B g(h + R)$$
$$p_b = p_2 + \rho_B g h + \rho_A g R$$

因为　　　　　　　　　　$p_a = p_b$

整理得：

$$p_1 - p_2 = (\rho_A - \rho_B)gR \tag{1-13}$$

说明：从上式可以看出，$p_1 - p_2$ 只与读数 R、ρ_A 及 ρ_B 有关，而 U 管的粗细、长短对所测结果并无影响。当压力差一定时，$\rho_A - \rho_B$ 越小，R 值越大，读数误差越小，有利于提高测量精确度，所以，为提高正 U 形管压差计的测量精度，应尽可能选择与被测流体的密度相差较小的指示剂。

若被测流体为气体，因为气体的密度要比液体的密度小得多，所以：

$$\rho_A - \rho_B \approx \rho_A$$

式（1-13）简化为：

$$p_1 - p_2 \approx \rho_A g R \tag{1-14}$$

③ 测量表压（或真空度）。正 U 形管压差计也可用来测量流体的表压。若 U 形管的一端通大气，另一端与设备或管道的某一截面相连，如图 1-20 所示，测量值反应的是设备或管道内的绝对压力与大气压力之差，也就是表压，即 $p_表 = (\rho_A - \rho_B)gR$。

如将正 U 形管压差计的一端通大气，另一端与负压部分接通，如图 1-21 所示，则可测得设备或管道内的真空度。

图 1-20　测量表压　　　　　　　　　　　　图 1-21　测量真空度

【例 1-4】　水在 293K 时流经某管道，在导管两端相距 20m 处装有两个测压孔，如在 U 形管压差计上水银柱读数为 5cm，试求水通过这一段管道时的压力差。

解　已知 $\rho_{Hg} = 13600 kg/m^3$，$R = 5cm$；从附录查得 $\rho_{H_2O} = 998.2 kg/m^3$

则　$p_1 - p_2 = (\rho_{Hg} - \rho_{H_2O})gR$

$= (13600 - 998.2) \times 9.807 \times 0.05$

$= 6.18 \times 10^3 (N/m^2)$

即水通过这一管段时的压力差为 $6.18 \times 10^3 N/m^2$。

（2）其他液柱式压差计

① 倒 U 形管压差计，如图 1-22 所示。

② 双液柱微差计，如图 1-23 所示。

③ 斜管压差计，如图 1-24 所示。

④ 单管压差计，如图 1-25 所示。

上述液柱式压差计的测量公式及适用场合可查阅相关资料。

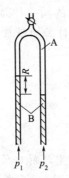

图 1-22 倒 U 形管压差计

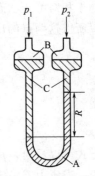

图 1-23 双液柱微差计

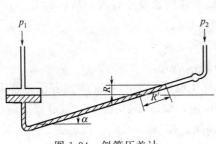

图 1-24 斜管压差计

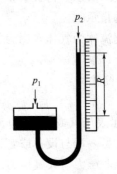

图 1-25 单管压差计

3. 压力控制

这里介绍一下调节阀组压力控制系统。在生产中，总是希望某一设备或某一工业系统保持恒定的压力，工程中常用的调节阀组压力控制系统如图 1-26 所示。当工业系统中因某种条件变化而使器内压力偏离设定值时，该调节系统将适时地调整调节阀的开度，使器内压力维持恒定。此控制方案适用于由于某种原因（如加热）而使系统压力上升的场合。若系统压力降低，则应由外部介质（如氮气或压缩空气）向反应器内进行补充以维持压力恒定。

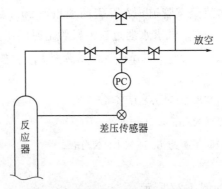

图 1-26 调节阀组压力控制系统

由于工业生产过程情况复杂，因此控制方案、被控对象的选择应根据实际情况而定。用调节阀组控制压力的优点是易得到稳定的压力，精度较高。但调节阀组的价格昂贵，安装复杂。

五、液位测量

在工业生产中为了了解各种贮槽或计量槽等容器内的物料贮存量，或需要控制设备内的液位，都要使用液位计进行液位的测量。液位测量对于化工生产，特别是安全生产具有重要的作用。

1. 液位计的分类

液位计的种类很多，按其工作原理主要有下列几种类型。

（1）直读式液位计　这类仪表主要有玻璃管液位计和磁翻板液位计，主要用于液位的就地指示。

（2）差压式液位计　它又可分为压力式液位仪表和差压式液位仪表，利用液柱或物料堆积对某定点产生压力的原理来工作。测量敞口溶液的液位，可选用压力仪表；测量密闭溶液的液位，可选用压差仪表。

（3）浮力式液位计　这类仪表利用浮子高度随液位变化而改变或液体对浸沉于液体中浮子的浮力随液位高度而变化的原理工作。它可分为浮子式和浮筒式。

对于大型贮槽清洁液体液面的连续测量和容积计量，以及各类贮槽清洁液体液面和界面的液位测量，可选用浮子式仪表。对于测量范围较小的清洁液体的液位连续测量可选用浮筒式仪表。对于真空对象、易汽化液体也可选用浮筒式液位仪表。

此外还有电磁式液位仪表、核辐射式液位仪表、激光式液位仪表、声波式液位仪表等。

2. 流体静力学液位测量装置

（1）近距离测量　图 1-27(a) 所示的是最简单的液位测量方法，它是工厂中常见的一些常压容器或贮罐所使用的玻璃管液位计，这种液位计是运用静止液体连通器内同一水平面上各点压力相等的原理来操作的。它是于容器底部器壁及液面上方器壁处各开一小孔，两孔间用玻璃管相连。玻璃管内所示的液面高度即为容器内的液面高度。

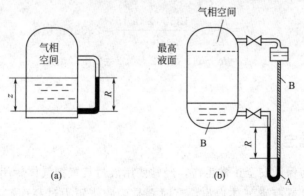

图 1-27　液位的测量

图 1-27(b) 是利用液柱压差计来测量液位的，在 U 形管底部装入指示液 A，左端与被测液体 B 的容器底部相连（$\rho_A > \rho_B$），右端上方接一扩大室（称平衡室），与容器液面上方的气相支管（称气相平衡管）相连，平衡室中装入一定量的液体 B，使其在扩大室内的液面高度维持在容器液面允许的最高位置。测量时，根据压差计中读数 R 就可计算出容器内相

应的液位高度。显然容器内达到最高允许液位时，压差计读数 R 应为零，随着容器内液位的降低，读数 R 将随之增加。

（2）远距离测量　图 1-28 是一种用来进行远距离测量液位的装置。压缩氮气经调节阀 1 以极小的流速通入，以至氮气在鼓泡观察器 2 内仅有气泡慢慢地逸出，因而气体在通过吹气管 4 内的流动阻力可以忽略不计，吹气管出口处的压力 p_a 近似等于 U 形管压差计 b 处的压力 p_b，即 $p_a = p_b$，设指示液密度为 ρ_b，被测流体密度为 ρ，则：

$$\rho gh = \rho_b gR$$

所以：

$$h = \frac{\rho_b}{\rho}R \tag{1-15}$$

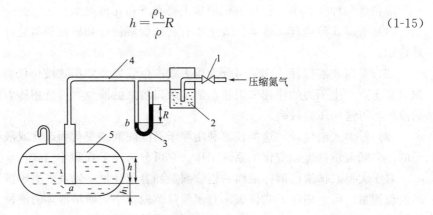

图 1-28　远距离测量液位
1—调节阀；2—鼓泡观察器；3—U 形管压差计；4—吹气管；5—贮槽

【例 1-5】　如图 1-28 所示的液位计，U 形管压差计中的指示液为水银，读数 $R = 150\text{mm}$，贮槽内装的是 293K 的邻二甲苯，其密度为 880kg/m^3，贮罐上方与大气相通，出气管距贮槽底部高 $h_1 = 0.2\text{m}$。试求该贮槽内的液位高度。

解　设贮槽的液位高为 z，则 $z = h + h_1$，水银的密度为 13600kg/m^3

据式（1-15），可得：

$$h = \frac{\rho_b}{\rho}R = \frac{13600 \times 0.15}{880} = 2.32(\text{m})$$

故　　　　　　　　$z = h + h_1 = 2.32 + 0.2 = 2.52(\text{m})$

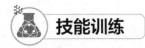

一、液封高度的确定

在工业生产中为保证安全正常生产，经常使用液封装置把气体封闭在设备或管道中，以防止气体泄漏、倒流或有毒气体逸出，有时则是为防止压力过高而起泄压作用，以保护设备。由于通常使用的液体为水，因此液封常被称为水封或安全水封。

液封装置是根据流体静力学原理设计的，如图 1-29 所示。从气体主管道上引出一根垂直支管，插到充满水的液封槽内，插入口以上的液面高度 h 应足以保证在正常操作压力下气体不会由支管逸出。当由于某种不正常原因，系统内气体压力突然升高时，气体可由此处冲破液封泄出并卸压，以保证设备和管道的安全。另外，这种水封还有排除气体管中冷凝液的作用。液封高度根据静力学方程计算如下：

$$h = \frac{p_\text{表}}{\rho_\text{L} g} \qquad (1-16)$$

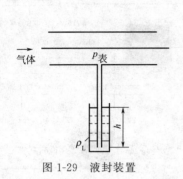

图 1-29　液封装置

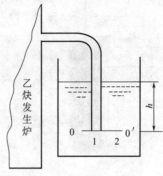

图 1-30　例 1-6 附图

【例 1-6】 如图 1-30 所示，为了控制设备内的压力不超过 80mmHg（表压），在设备外装有安全水封装置，其作用是当炉内压力超过规定值时，气体从水封管排出，求此炉的安全水封应插入水槽内水面以下的深度。

解　安全操作时，水封槽水面的高度保持 h m，计算液封管插入槽内水面下的深度应按炉内允许的最高压力。

如图 1-30 所示，过液封管口作基准水平面 0-0′，在其上取 1、2 两点，则：

$$p_{1\text{表}} = \frac{80}{760} \times 1.013 \times 10^5 \,\text{N/m}^2$$

$$p_{2\text{表}} = \rho_\text{水} gh$$

因为　　　　　　　　　$p_{1\text{表}} = p_{2\text{表}}$，代入数据

$$\frac{80}{760} \times 1.013 \times 10^5 = 1000 \times 9.807h$$

解得　　　　　　　　　　　$h = 1.09\text{m}$

为了安全起见，实际安装时管子插入深度应略小于 1.09m。

二、液位控制仿真操作

1. 训练要求
① 掌握液位控制的基本原理；
② 学会液位控制系统的开停车方法；
③ 了解简单控制系统、复杂控制系统（分程控制、串级控制、比值控制系统）的构成。

2. 工艺流程

如图 1-31、图 1-32 所示，系统外来的 8atm 的原料液，通过调节阀 FIC101 向缓冲罐 V101 充液，其压力由调节阀 PIC101 分程控制，缓冲罐压力高于分程点（5.0atm）时，PV101B 自动打开泄压，压力低于分程点时，PV101B 自动关闭，PV101A 自动打开给罐充压，使 V101 压力控制在 5atm。缓冲罐 V101 液位调节器 LIC101 和流量调节阀 FIC102 串级调节，一般液位正常控制在 50% 左右，自 V101 底抽出液体通过泵 P101A 打入罐 V102，该泵出口压力一般控制在 9atm，FIC102 流量正常控制在 20000kg/h。

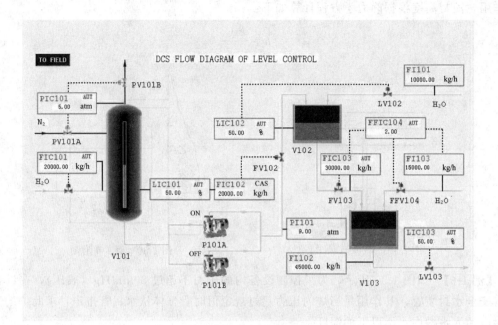

图 1-31　液位控制 DCS 图

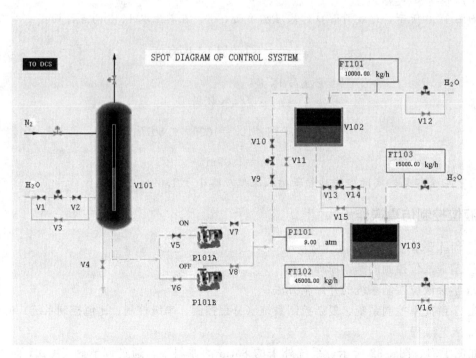

图 1-32　液位控制现场图

　　罐 V102 有两股来料，一股为 V101 通过 FIC102 与 LIC101 串级调节后来的流量；另一股压力为 8 atm 的液体通过调节阀 LIC102 进入罐 V102，一般 V102 液位控制在 50％左右，V102 底液抽出通过调节阀 FIC103 进入 V103，正常工况时 FIC103 的流量控制在 30000kg/h。

罐 V103 也有两股进料，一股来自于 V102 的底抽出量，另一股压力为 8atm 的液体通过 FIC103 与 FI103 比值调节进入 V103，比值系数为 2∶1，V103 底液体通过 LIC103 调节阀输出，正常时罐 V103 液位控制在 50%左右。

3. 操作规程

(1) 冷态开车　装置的开工状态为 V102 和 V103 两罐已充压完毕，保压在 2.0atm，缓冲罐 V101 压力为常压状态。

① 缓冲罐 V101 充压及液位建立

a. 确认 V101 压力为常压，所有手阀、调节阀均关闭。

b. 打开 FV101 的前后手阀 V1 和 V2。

c. 打开调节阀 FIC101（开度 50%），给缓冲罐 V101 充液。

d. V101 见液位后再启动压力调节阀 PIC101，阀位先开至 20%充压。待压力达 5atm 左右时，PIC101 投自动（设定值为 5atm）。

② 中间罐 V102 液位建立

a. V101 液位达 40%以上；V101 压力达 5.0atm 时，全开泵 P101A 的前手阀 V5，将 FIC101 投自动，设定值为 20000kg/h。

b. 启动泵 P101A。

c. 当泵出口压力达 10atm 时，全开泵 P101A 的后手阀 V7 和 FIC102 前后手阀 V9 及 V10。

d. 打开出口调节阀 FIC102，手动调节 FV102 开度，控制泵出口压力在 9atm 左右。

e. 打开液位调节阀 LV102 至 50%开度，操作平稳后调节阀 FIC102 投入自动控制并与 LIC101 串级调节 V101 液位。

f. V102 液位达 50%左右，LIC102 投自动，设定值为 50%。

③ 产品储槽 V103 液位的建立

a. 全开 V13、V14。

b. 手动调节 FV103 和 FV104，当两者流量分别为 30000kg/h 和 15000kg/h 后，将 FIC103、FIC104 投自动，设定值为 30000kg/h 和 15000kg/h，再将 FIC104 投串级。

c. V103 液位达到 50%左右时，手动控制 LIC103 的输出值，打开 LV103，开度为 50%，V103 液位稳定到 50%，将 LIC103 投自动，设定值为 50%。

(2) 正常停车

① 停用原料缓冲罐 V101

a. 将 FIC101 改投手动，关闭 FV101、V2 和 V1，将 LIC102 改为手动，关闭 LV102。

b. 解除 FIC102 串级，将 LIV101、FIC102 改为手动，使罐 V101 的液位下降。

c. 当 V101 的液位降到 10%时，关 V10 和 V9，关闭 V7，停泵 P101A，关闭 V5。

② 停用中间储槽 V102

a. 当储槽 V102 液位降到 10%时，将调节器 FIC103 和 FIC104 改为手动，控制调节阀 FV103 和 FV104 使流经两者液体的流量比维持在 2.0。

b. 当储槽 V103 液位降到 0 时，关闭调节阀 FV103 及其后前手阀 V14、V13。

c. 关闭调节阀 FV104。

③ 停用产品储槽 V103

a. 调节器 LIC103 改为手动，控制调节阀 LV103，使储槽 V103 液位下降。

b. 当储槽 V103 液位降到 0 时，关闭调节阀 LV103。

④ 原料缓冲罐 V101 排凝和泄压

a. 打开罐 V101 排凝阀 V4。

b. 当罐 V101 液位降到 0 时，将调节器 PIC101 改为手动，并控制输出值大于 5％。

c. 当罐 V101 内与常压一样时，关闭 PV101A 和 PV101B（PIC101 输出为 50％）。

4. 事故处理

（1）泵 P101A 坏

原因：运行泵 P101A 停。

现象：泵 P101A 显示为开，但泵出口压力急剧下降。

处理：关小 P101A 泵出口阀 V7；打开 P101B 泵入口阀 V6；启动备用泵 P101B，打开 P101B 泵出口阀 V8，待 PI101 压力达 9.0atm 时，关 V7 阀。关闭 P101A 泵，关闭 P101A 泵入口阀 V5。

（2）调节阀 FIC102 阀卡

原因：FIC102 调节阀卡 20％开度不动作。

现象：罐 V101 液位急剧上升，FIC102 流量减小。

处理：打开副线阀 V11，待流量正常后，关闭 FIC102 前后手阀 V9 和 V10，关闭调节阀 FIC102。

 知识拓展

一、压力表的选用及安装

1. 压力表的选用

压力表的选用应根据使用要求作具体分析，本着节约原则，合理地进行种类、型号、量程、精度等级的选择。选择主要考虑三个方面。

① 仪表类型的选用必须满足工艺生产的要求。例如被测介质的物理化学性能（诸如腐蚀性、温度高低、黏度大小、脏污程度、易燃易爆性能等）是否对测量仪表提出特殊要求；现场环境条件（诸如高温、电磁场、振动及现场安装条件等）对仪表类型是否有特殊要求等等。总之，根据工艺要求正确选用仪表类型，是保证仪表正常工作及安全生产的重要前提。

② 要根据被测压力的大小，确定仪表量程。对于弹性式压力表，为保证弹性元件在弹性变形的安全范围内可靠地工作，在选择压力表量程时，必须考虑到留有充分的余地。在测量稳定压力时，最大工作压力不应超过测量上限值的 2/3；测量脉动压力时，最大工作压力不应超过测量上限值的 1/2。为了保证测量精度，被测压力值应不低于全量程的 1/3。

③ 应在满足生产要求的情况下尽可能选用精度较低、价廉耐用的压力表。

2. 压力表的安装原则

① 测压点应选择在被测介质直线流动的管道上。

② 测量流动介质压力时，一般应使取压点垂直于流体流动方向，开出的压力管孔直径应略大于管外径。

③ 测量液体压力时，取压点应在管道下部，测量气体时，取压点应在管道上部。

二、流体静力学界面控制装置

工业生产中经常需要将工艺过程中的两种密度不同的液体分离出来，图 1-33 所示为分液器，通过该分离器可以实现水与有机液体的分离。根据流体静力学基本原理可以进行分液器的设计。

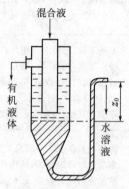

图 1-33 分液器示意图

【例 1-7】 如图 1-33 所示，用连续液体分液器分离互不相溶的混合液。混合液由中心管进入，依靠两液体的密度差在器内分层，密度为 860kg/m³ 的有机液体通过上液面溢流口流出，密度为 1050kg/m³ 的水溶液通过 U 形管排出。若要求维持两液层分界面离溢流口的距离为 2m，问 U 形管顶端应高出两液层分界面多少？（忽略液体流动阻力）

解 选两液层分界面为等压面，根据静力学基本方程可得

$$p_0 + \rho_{有机液液} gh = p_0 + \rho_{水溶液} gz_0$$

已知 $\rho_{有机溶液} = 860kg/m^3$，$\rho_{水溶液} = 1050kg/m^3$，$h = 2m$

整理

$$z_0 = \frac{\rho_{有机溶液} h}{\rho_{水溶液}} = \frac{860 \times 2}{1050} = 1.64 (m)$$

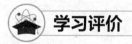 **学习评价**

流体的压力及液位测量		
工作任务	考核内容	考核要点
混合物密度的计算和测定	基础知识	密度的基本概念、影响因素、表示方法及单位
	能力训练	使用物理化学手册查取流体的密度；气体、液体混合物密度计算
	现场考核	比重计的正确使用

流体的压力及液位测量			
工作任务	考核内容		考核要点
压力表、真空表的使用	基础知识		流体压强的基本概念、表示方法及单位换算； 绝对压力、表压、真空度的关系及换算； 压力表、真空表的应用场合及使用要点
	能力训练		流体绝对压力、表压及真空度的计算
	现场考核	更换压力表	准备工作：穿戴劳保用品、工具用具准备。 操作程序：选择合适的压力表、垫片；关闭压力表引出阀；拆松压力表，检查引出阀是否关严；拆下旧压力表；清洁密封面；放上垫片；装上新压力表。 安全及其他：按国家法规或企业规定，在规定时间内完成操作
		压力表短接泄漏处理	准备工作：穿戴劳保用品、工具用具准备。 操作程序：用扳手上紧压力表短接；若仍漏，则关闭压力表阀，拆下压力表；检查密封面；若损坏，则更换缓冲管或压力表；若完好，清洁后换上新垫片，装回压力表；打开压力表阀，检查是否泄漏。 安全及其他：按国家法规或企业规定，在规定时间内完成操作
根据流体静力学原理进行液位、压力测量	基础知识		流体静力学基本方程及工程应用； 常见液位计的分类、结构及特点； 常见压力计的分类、液柱式压力计的结构及特点； 正 U 形管压差计、倒 U 形管压差计测量公式
	能力训练		应用流体静力学基本方程进行液位、压力测量及液封高度计算
液位控制操作	仿真操作		上机操作： 液位控制系统的开停车操作

 自测练习

一、选择题

1. 单位体积的流体所具有的质量称为（　　）。

A. 比容　　　　B. 密度　　　　C. 压强　　　　D. 相对密度

2. 某液体的比容为 $0.001 m^3/kg$，则其密度为（　　）kg/m^3。

A. 1000　　　　B. 1200　　　　C. 810　　　　D. 900

3. 气体和液体的密度分别为 ρ_1 和 ρ_2，当温度下降时两者的变化为（　　）。

A. ρ_1 和 ρ_2 均减小　　　　　　B. ρ_1 和 ρ_2 均增大

C. ρ_1 增大，ρ_2 减小　　　　　　D. ρ_1 减小，ρ_2 增大

4. 真空度是指（　　）。

A. 绝压－大气压　　　　　　B. 大气压－绝压

C. 大气压＋表压　　　　　　D. 表压－大气压

5. 压强表上的读数表示被测流体的绝对压强比大气压强高出的数值，称为（　　）。

A. 真空度　　　B. 表压强　　　C. 相对压强　　　D. 附加压强

6. 流体静力学基本方程式（　　）。

A. 只适用于液体　　　　　　B. 只适用于气体

C. 对气体、液体都适用　　　D. 适用于固体

7. 静止容器内装水，液面压强为100kPa，水下1m处的压强为（　　）。

A. 9.91kPa　　　B. 109.81kPa　　　C. 90.19kPa　　　D. 100kPa

8. 装在某设备进口处的真空表读数为50kPa，出口压力表的读数为100kPa，此设备进出口之间的绝对压强差为（　　）kPa。

A. 150　　　B. 50　　　C. 75　　　D. -50

9. 液封高度的确定是根据（　　）。

A. 连续性方程　　　　　　B. 物料衡算式

C. 静力学方程　　　　　　D. 牛顿黏性定律

10. 一水平放置的异径管，流体从小管流向大管，有一U形压差计，一端A与小径管相连，另一端B与大径管相连，问差压计读数R的大小反映（　　）。

A. AB两截面间压差值

B. AB两截面间流动压降损失

C. AB两截面间动压头的变化

D. 突然扩大或突然缩小流动损失。

二、判断题

（　　）1. 相对密度为1.5的液体密度为1500kg/m³。

（　　）2. 设备内表压为500kPa，大气压为100kPa，绝压为400kPa。

（　　）3. 绝对压力是以大气压为基准测得的压力，是流体的真实压力。

（　　）4. 在静止的、连续的同一液体中，处于同一平面上的各点的压力都相等。

（　　）5. 压强或压差可用一定高度的液体柱表示。

三、计算题

1. 若空气的压力为1.1MPa，温度为323K。试计算其密度。

2. 苯和甲苯的混合液中，苯的质量分数为0.4，试求混合液在293K时的密度。

3. 某生产设备上真空表的读数为100mmHg，试计算设备内的绝对压力与表压力各为多少（kN/m²）。已知该地区大气压力为101.3kPa。

4. 某塔高为30m，现进行水压试验，离塔底10m高处的压力表读数为500kPa。当地大气压力为101.3kPa，求塔底及塔顶处水的压力为多少。

5. 在某水管中设置一水银正U形管压差计，以测量管道两点间的压力差。指示液的读数最大值为2cm，现因读数值太小而影响测量的精确度，要使最大读数放大20倍，试问应选择密度为多少的液体为指示液？

6. 如图1-34所示，密闭容器中存有密度为900kg/m³的液体。容器上方的压力表读数为42kPa，又在液面下装一压力表，表中心线在测压口以上0.55m，其读数为58kPa。试计算液面到下方测压口的距离。

7. 如图1-35所示，用正U形管压差计测定反应器内气体的压强，在某气速下测得R_1为800mm（指示剂为水），R_2为100mm（指示剂为水银），R_3为60mm（水封柱），试在A、B两点的表压强。（已知水的密度为1000kg/m³，水银的密度为13600kg/m³。）

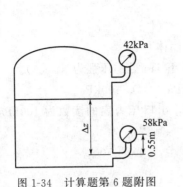

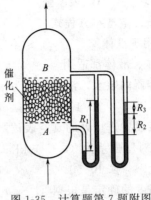

图 1-34　计算题第 6 题附图　　　　　图 1-35　计算题第 7 题附图

任务3　流体输送的工艺计算

 教学目标

能力目标:

1. 能够根据生产任务选择管子的直径;

2. 能使用柏努利方程进行流体输送的基本计算。

知识目标:

1. 掌握流量和流速的基本概念、表示方法、单位及计算;

2. 理解稳定流动和不稳定流动系统的基本概念及特点;

3. 掌握连续性方程、柏努利方程;

4. 了解位能、动能、静压能及压头的概念。

 相关知识

一、流量和流速

在化工生产中,流量与流速是描述流体流动规律的基本参数。

1. 流量

流体在管内流动时,单位时间内流经管道任一截面的流体数量,称为流量。

(1) 体积流量　流体单位时间内流经管道任一截面的体积,以 q_V 表示,单位为 m^3/s 或 m^3/h。

(2) 质量流量　流体单位时间内流经管道任一截面的质量,以 q_m 表示,单位为 kg/s 或 kg/h。

(3) q_V 和 q_m 关系　　　　　　　　$q_m = q_V \rho$ 　　　　　　　　　(1-17)

(4) 注意　由于气体的体积随压力和温度变化,因此体积流量描述气体流量的大小时,必须注明其状态。

42

流量既是表示输送任务的指标，又是过程控制的重要参数，因此，学会正确表示流量及其测量方法十分重要。

2. 流速

(1) 流速　单位时间内流体在流动方向上所流过的距离，以 u 表示，单位为 m/s。

由于流体具有黏性，流体在管内流动时，管道同一截面上各点的流速是不同的，在管中心处最大，在管壁处为零。在工程计算上为方便起见，流体的流速通常是指整个管道截面上的平均流速。其表达式为：

$$u = \frac{q_V}{A} \tag{1-18}$$

式中　A——与流体流动方向相垂直的管道截面积，m^2。

(2) 质量流速　单位时间内流经单位管道有效截面的流体的质量，以 G 表示，单位为 kg/(m^2·s)。

$$G = \frac{q_m}{A} = \frac{q_V \rho}{A} = u\rho \tag{1-19}$$

(3) 注意　由于气体流速随温度及压力变化，因此气体流速要标明状态，而质量流速则不随温度及压力变化。

二、稳定流动和不稳定流动

根据流体在管路系统中流动时各种参数的变化情况，可以将流体的流动分为稳定流动和不稳定流动。

(1) 稳定流动　如图 1-36(a) 所示，由于进入恒位槽的流体流量大于流出的流体的流量，多余的流体就会从溢流管流出，从而保证了恒位槽内液位的恒定。因而，在流动系统中，各物理量的大小仅随位置变化、不随时间变化，这称为稳定流动。

(2) 不稳定流动　如图 1-36(b) 所示，由于没有液体的补充，贮槽内的液位将随着流动的进行而不断下降，流动系统中各物理量的大小不仅随位置变化而且随时间变化，这称为不稳定流动。

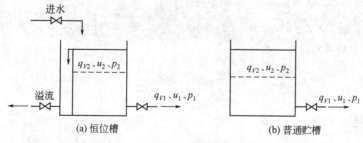

图 1-36　稳定流动和不稳定流动

工业生产中的连续操作过程，若生产条件控制正常，则流体流动多属于稳定流动。连续操作的开车、停车过程及间歇操作过程属于不稳定流动。本章任务所讨论的流体流动为稳定流动过程。

三、连续性方程

对稳定流动系统进行物料衡算，可导出连续性方程。

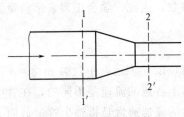

图 1-37　稳定流动系统

稳定流动系统如图 1-37 所示，流体充满管道，并连续不断地从截面 1-1′流入，从截面 2-2′流出。以管内壁、截面 1-1′与 2-2′为衡算范围，以单位时间为衡算基准，依质量守恒定律，进入截面 1-1′的流体质量流量与流出截面 2-2′的流体质量流量相等。

即　　　　　　　　　$q_{m1} = q_{m2}$

因为　　　　　　　　$q_m = uA\rho$

若将上式推广到管路上任何一个截面，即：

$$q_m = u_1 A_1 \rho_1 = u_2 A_2 \rho_2 = \cdots = u_n A_n \rho_n = 常数 \qquad (1\text{-}20)$$

式（1-20）称为流体在管道中做稳定流动的连续性方程，表示在稳定流动系统中，流体流经管道各截面的质量流量恒为常量，但各截面的流体流速则随管道截面积和流体密度的不同而变化。

若流体为不可压缩流体，即 $\rho =$ 常数，则：

$$q_V = u_1 A_1 = u_2 A_2 = \cdots = u_n A_n = 常数 \qquad (1\text{-}21)$$

上式说明不可压缩流体不仅流经各截面的质量流量相等，而且它们的体积流量也相等。而且管道截面积 A 与流体流速 u 成反比，截面积越小，流速越大。

对于圆形管道，因 $A = \dfrac{\pi}{4} d^2$，式（1-21）可变为：

$$\frac{u_1}{u_2} = \left(\frac{d_2}{d_1}\right)^2 \qquad (1\text{-}22)$$

上式说明不可压缩流体在圆管内流动时，流速 u 与管道内径的平方 d^2 成反比。

连续性方程反映了在稳定流动系统中，流量一定时管路各截面上流速的变化规律，而此规律与管路的安排以及管路上是否装有管件、阀门或输送设备等无关。

【例 1-8】 某水管为串联管路，已知小管规格为 $\phi 57\text{mm} \times 3\text{mm}$，大管规格为 $\phi 89\text{mm} \times 3.5\text{mm}$，水在小管内的平均流速为 2.5m/s。试求水在大管中的流速。

解　　　　　　　　$\dfrac{u_1}{u_2} = \left(\dfrac{d_2}{d_1}\right)^2$

已知　$d_1 = 57 - 2 \times 3 = 51(\text{mm})$，$d_2 = 89 - 2 \times 3.5 = 82(\text{mm})$，$u_1 = 2.5\text{m/s}$
则水在大管中的流速

$$u_2 = u_1 \frac{A_1}{A_2} = u_1 \left(\frac{d_1}{d_2}\right)^2 = 2.5 \times \left(\frac{51}{82}\right)^2 = 0.967(\text{m/s})$$

四、柏努利方程

在化工生产中，解决流体输送问题的基本依据是柏努利方程。根据对稳定流动系统能量衡算，即可得到柏努利方程。

1. 流动系统的能量

流体流动时所涉及的能量只有机械能、功、损失能量。

（1）位能　位能是由于流体在重力场中处于一定的高度而具有的能量。若质量为 $m(\text{kg})$ 的流体与基准水平面的垂直距离为 $z(\text{m})$，则位能为 $mgz(\text{J})$，单位质量流体的位能则为 gz（J/kg）。

位能是相对值，计算时须规定一个基准水平面。

（2）动能 动能是流体以一定的速度流动而具有的能量。m（kg）流体，当其流速为u（m/s）时具有的动能为$\frac{1}{2}mu^2$（J），单位质量流体的动能为$\frac{1}{2}u^2$（J/kg）。

（3）静压能 静压能是由于流体具有一定的压力而具有的能量。流体内部任一点都有一定的压力，如果在有液体流动的管壁上开一小孔并接上一个垂直的细玻璃管，液体就会在玻璃管内升起一定的高度，此液柱高度即流体在该截面处静压能的宏观表现。

管路系统中，若某截面处流体具有的压力为p，流体要流过该截面，就需对流体做功以克服此压力，所以外来流体必须带有与此功相当的能量才能进入系统，流体的这种能量称为静压能。质量为m（kg），体积为V（m³），压力为p（Pa）的流体的静压能为$pV\left(p\dfrac{m}{\rho}\right)$（J），单位质量流体的静压能为$\dfrac{p}{\rho}$（J/kg）。

（4）外加能量 当系统中安装有流体输送机械时，它将对流体做功，即将外部的能量转化为流体的机械能。单位质量流体从输送机械中所获得的能量称为外加能量或外加功，用W_e表示，其单位为J/kg。

外加功W_e是选择流体输送机械的重要数据，可用来确定输送机械的有效功率P_e，即：

$$P_e = W_e q_m \quad \text{（W）} \tag{1-23}$$

（5）能量损失 由于流体具有黏性，在流动过程中要产生流动阻力，所以流动中必然消耗一定的机械能。单位质量流体流动时为克服阻力而损失的能量，称为能量损失，用$\sum h_f$表示，其单位为J/kg。

2. 稳定流动系统的能量衡算——柏努利方程式

（1）以单位质量流体为基准的柏努利方程 如图 1-38 所示，不可压缩流体在系统中作稳定流动，流体从截面1-1′经泵输送到截面2-2′。根据能量守恒定律，输入系统的能量应等于输出系统的能量。

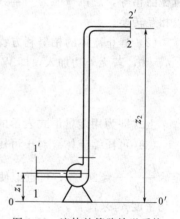

输入系统的能量包括流体由截面1-1′进入系统时带入的自身的机械能，以及由输送机械中得到的能量。输出系统的能量包括流体由截面2-2′离开系统时带出的自身的机械能，以及流体在系统中流动时因克服阻力而损失的能量。

若以0-0′面为基准水平面，两个截面距基准水平面的垂直距离分别为z_1、z_2，两截面处流体的流速分别为u_1、u_2，两截面处流体的压力分别为p_1、p_2，在两截面处流体

图1-38 流体的管路输送系统

的密度为ρ，在截面1-1′到截面2-2′间流体从泵处获得的外加功为W_e，从截面1-1′流到截面2-2′的全部能量损失为$\sum h_f$。

则根据能量守恒定律，有：

$$gz_1 + \frac{p_1}{\rho} + \frac{u_1^2}{2} + W_e = gz_2 + \frac{p_2}{\rho} + \frac{u_2^2}{2} + \sum h_f \tag{1-24}$$

上式称为实际流体的柏努利方程，是以单位质量流体为基准的，式中各项单位均为J/kg。它反映了流体流动过程中各种能量的转化和守恒规律，在流体输送中具有重要意义。

从柏努利方程分析得知，实际流体在流动中由于有阻力，产生能量损失，则流体自然流动时只能从高能位向低能位进行。

（2）以单位重量流体为基准的柏努利方程　工程上，常以单位重量（1N）流体为基准来衡量流体的各种能量，把相应的能量称为压头。1N 流体的位能、动能、静压能、外加功和能量损失称之为位压头（z）、动压头$\left(\dfrac{u^2}{2g}\right)$、静压头$\left(\dfrac{p}{\rho g}\right)$、外加压头（$H_e$）和损失压头（$\sum H_f$），单位为 m，相应的柏努利方程式为：

$$z_1+\frac{p_1}{\rho g}+\frac{u_1^2}{2g}+H_e=z_2+\frac{p_2}{\rho g}+\frac{u_2^2}{2g}+\sum H_f \qquad (1-25)$$

其中　　$H_e=\dfrac{W_e}{g}$　　　$\sum H_f=\dfrac{\sum h_f}{g}$

柏努利方程适用于稳定、连续的不可压缩系统，流体在流动过程中两截面间流量不变，满足连续性方程。

3. 柏努利方程式讨论

（1）理想流体的柏努利方程　通常将无黏性、无压缩性，流动时无流动阻力的流体称为理想流体。当流动系统中无外功加入时（即 $W_e=0$），则有：

$$gz_1+\frac{u_1^2}{2}+\frac{p_1}{\rho}=gz_2+\frac{u_2^2}{2}+\frac{p_2}{\rho} \qquad (1-26)$$

$$gz+\frac{u^2}{2}+\frac{p}{\rho}=常数$$

式（1-26）为理想流体的柏努利方程，说明理想流体稳定流动时，各截面上所具有的总机械能相等，总机械能为一常数，但每一种形式的机械能不一定相等，各种形式的机械能可以相互转换。

（2）静止流体的柏努利方程——静力学基本方程　如果流体是静止的，则 $u_1=u_2=0$，$\sum h_f=0$，若无外功加入，即 $W_e=0$。于是柏努利方程可变为：

$$gz_1+\frac{p_1}{\rho}=gz_2+\frac{p_2}{\rho} \qquad (1-27)$$

上式即为用能量形式表示的静力学基本方程，说明静止时流体的总势能是常数。

（3）可压缩流体　对于可压缩流体，若流动系统两截面间的绝对压力变化较小时（常规定为$\dfrac{p_1-p_2}{p_1}<20\%$），可近似使用柏努利方程进行计算，但流体密度 ρ 应以两截面间流体的平均密度 ρ_m 来代替。

4. 柏努利方程式的应用

工业生产中，应用柏努利方程可以确定容器间的相对位置、确定泵的有效功率、确定流体的压力及流量等。

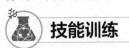

一、管子直径的选择

1. 计算公式

管子的规格根据管子的直径选择，管子的直径可根据式（1-18）进行计算。

对于圆形管路，有：

$$A = \frac{\pi}{4}d^2$$

由式（1-18）可得：

$$d = \sqrt{\frac{4q_V}{\pi u}}$$ (1-28)

式中 d ——管道的内径，m；

u ——适宜的流速，m/s。

2. 适宜流速的选择

流量一般为生产任务所决定，所以管子的直径取决于流速的大小。

由式（1-28）可以看出，流速越大，管径越小，管路设备费用越小。但流速选择过大，流体输送的动力消耗也过高，操作费用随之增加。反之，结果相反。所以需根据具体情况通过经济权衡来确定适宜的流速，使设备费用和操作费用之和达到最小。

某些流体在管路中的常用流速范围列于表 1-16 中。

表 1-16 某些流体在管道中的常用流速范围

流体的类别及情况	流速范围/(m/s)
水及低黏度液体(0.1～1.0MPa)	1.5～3.0
工业供水(0.8MPa 以下)	1.5～3.0
锅炉供水(0.8MPa 以下)	>3.0
饱和蒸汽	20～40
一般气体(常压)	10～20
离心泵排出管(水一类液体)	2.5～3.0
液体自流速率(冷凝水等)	0.5
真空操作下气体流速	<10

估算出管径后，还需从有关手册或本书附录中选用标准管径。选用标准管径后，再核算流体在管内的实际流速。

【例 1-9】 某厂精馏塔进料量为 66000kg/h，其密度为 960kg/m³，性质与水相近，若进料管使用无缝钢管，试选择管子的管径。

解 $$q_V = \frac{q_m}{\rho} = \frac{66000/3600}{960} = 0.0191(\text{m}^3/\text{s})$$

根据管路中流体的常用流速范围，选取 $u = 1.65$m/s。

$$d = \sqrt{\frac{4q_V}{\pi u}} = \sqrt{\frac{4 \times 0.0191}{3.14 \times 1.65}} = 0.121(\text{m})$$

根据本书附录的管子规格表，选用 ϕ133mm×4mm 的无缝钢管，其内径为：

$$d = 133 - 4 \times 2 = 125(\text{mm})$$

则实际流速为：

$$u = \frac{q_V}{A} = \frac{q_V}{\frac{\pi}{4}d^2} = \frac{0.0191}{0.785 \times (125 \times 10^{-3})^2} = 1.55(\text{m/s})$$

流体在管内的实际流速为 1.55m/s，仍在适宜流速范围内，因此所选管子可用。

二、流体输送的工艺计算

在化工生产中，经常需要将流体从低能位向高能位输送，这就要求必须采取措施，保证
上游截面处流体的能量大于下游截面处流体的能量。可以采用设

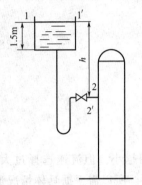

图 1-39　例 1-10 附图

置高位槽、在上游加压、在下游抽真空及使用流体输送机械的办法实现流体输送。

1. 确定容器间的相对位置

【例 1-10】　如图 1-39 所示，为了能以均匀的速率向精馏塔中加料，拟用高位槽，高位槽液面维持不变，要求进料量维持在 $50m^3/h$。已知原料液密度为 $900kg/m^3$，全部阻力损失为 2.2m 液柱，连接管的规格为 $\phi108mm \times 4.0mm$，塔内表压力为 $0.4kgf/cm^2$。问高位槽中的液面须高出塔的进料口多少米？

解　选高位槽的液面为截面 1-1′，精馏塔加料口为截面 2-2′，并取过精馏塔加料口中心的水平面为基准水平面。在两截面间列柏努力利方程式：

$$z_1 + \frac{u_1^2}{2g} + \frac{p_1}{\rho g} + H_e = z_2 + \frac{u_2^2}{2g} + \frac{p_2}{\rho g} + \sum H_f$$

式中　$z_1 = h$，$z_2 = 0$，$p_1 = 0$（表压），

$p_2 = 0.4kgf/cm^2 = 39228N/m^2$（表压），$\rho = 900kg/m^3$，$H_e = 0$，$\sum H_f = 2.2m$

$u_1 \approx 0$，

$$u_2 = \frac{q_V}{\frac{\pi}{4}d^2} = \frac{50/3600}{\frac{3.14}{4} \times (0.1)^2} = 1.77 (m/s)$$

将上述数值代入柏努利方程式得：

$$h = \frac{39228}{900 \times 9.807} + \frac{1.77^2}{2 \times 9.807} + 2.2 = 6.8 (m)$$

即高位槽的液面必须高出加料口 6.8m。

2. 确定泵的有效功率

【例 1-11】　如图 1-40 所示，有一用水吸收混合气中氨的常压逆流吸收塔，水由水池用离心泵送至塔顶经喷头喷出。泵入口管为 $\phi108mm \times 4mm$ 无缝钢管，管中流体的流量为

$40m^3/h$，出口管为 $\phi89mm \times 3.5mm$ 的无缝钢管。池内水深为 2m，池底至塔顶喷头入口处的垂直距离为 20m。管路的总阻力损失为 40J/kg，喷头入口处的压力为 120kPa（表压）。试求泵所需的有效功率为多少（kW）？

解　取水池液面为截面 1-1′，喷头入口处为截面 2-2′，并取截面 1-1′ 为基准水平面。在截面 1-1′ 和截面 2-2′ 间列柏努利方程，即：

$$gz_1 + \frac{p_1}{\rho} + \frac{u_1^2}{2} + W_e = gz_2 + \frac{p_2}{\rho} + \frac{u_2^2}{2} + \sum h_f$$

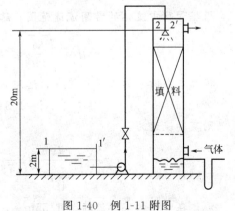

图 1-40　例 1-11 附图

其中 $z_1=0$，$z_2=20-2=18（\mathrm{m}）$，$u_1\approx0$，$\sum h_f=40\mathrm{J/kg}$，$p_1=0$（表压），$p_2=120\mathrm{kPa}$（表压）

$$u_2=\frac{q_V}{\frac{\pi}{4}d_2^2}=\frac{40/3600}{0.785\times(0.082)^2}=2.11（\mathrm{m/s}）$$

代入柏努利方程得：

$$W_e=g(z_2-z_1)+\frac{p_2-p_1}{\rho}+\frac{u_2^2-u_1^2}{2}+\sum h_f$$

$$=9.807\times18+\frac{120\times10^3}{1000}+\frac{(2.11)^2}{2}+40=338.75（\mathrm{J/kg}）$$

质量流量　$q_m=A_2u_2\rho=\frac{\pi}{4}d_2^2u_2\rho=0.785\times(0.082)^2\times2.11\times1000=11.14（\mathrm{kg/s}）$

有效功率　$P_e=W_eq_m=338.75\times11.14=3774\mathrm{W}=3.77（\mathrm{kW}）$

3. 确定压缩空气的压力

【例 1-12】　用压缩空气来压送 98% 的浓硫酸，如图1-41所示，输送量为 $2\mathrm{m}^3/\mathrm{h}$，硫酸密度为 $1840\mathrm{kg/m}^3$，管子内径为 $\phi32\mathrm{mm}$，管子出口在硫酸贮槽液面上垂直距离为 10m，设硫酸流经全部管路的能量损失为 15J/kg（包括出口处能量损失）。试求开始压送时，所需压缩空气的压力。

图 1-41　例 1-12 附图

解　取硫酸罐内液面为截面 1-1′，硫酸出口管外侧为截面 2-2′，并以截面 1-1′ 为基准水平面，在两截面间列柏努利方程，得：

$$gz_1+\frac{p_1}{\rho}+\frac{u_1^2}{2}+W_e=gz_2+\frac{p_2}{\rho}+\frac{u_2^2}{2}+\sum h_f$$

式中　$z_1=0$，$z_2=10\mathrm{m}$，$u_1\approx0$，$u_2\approx0$，$p_2=0$（表压），$\sum h_f=15\mathrm{J/kg}$
将以上数值代入公式，得：

$$\frac{p_1}{1840}=10\times9.807+15$$

通过计算后，得出　　　　　$p_1=2.08\times10^5\mathrm{Pa}$（表压）

开始时压缩空气的压力为 $p_1=2.08\times10^5\mathrm{Pa}$（表压）。

4. 确定管道的流量

【例 1-13】　如图 1-42 所示，水槽液面至水出口管垂直距离保持在 6.2m，水管全长 330m，全管段的管径为 106mm，若在流动过程中压头损失为 6m 水柱（不包括出口压头损失），试求导管中每小时之流量（m^3/h）。

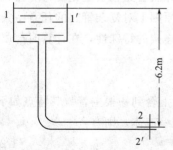

图 1-42　例 1-13 附图

解　取水槽的液面为截面 1-1′，管路出口的内侧为截面 2-2′ 并以出口管道中心水平面为基准水平面。在两截面间列柏努利方程式，即：

$$gz_1+\frac{p_1}{\rho}+\frac{u_1^2}{2}+W_e=gz_2+\frac{p_2}{\rho}+\frac{u_2^2}{2}+\sum h_f$$

式中 $z_1 = 6.2\text{m}$，$z_2 = 0$，$p_1 = p_2 = 0$（表压），$u_1 \approx 0$，$\sum h_f = \sum H_f g = 6 \times 9.807 = 58.84\text{J/kg}$，$W_e = 0$

将数值代入柏努利方程式，并简化得：

$$9.807 \times 6.2 = \frac{u_2^2}{2} + 58.84$$

解得：
$$u_2 = 1.98\text{m/s}$$

因此，水的流量为：

$$q_V = 3600 \times \frac{\pi}{4}d^2 u_2 = 3600 \times 0.785 \times (0.106)^2 \times 1.98 = 62.9(\text{m}^3/\text{h})$$

5. 柏努利方程解题要点

(1) 解题步骤　柏努利方程解题步骤框图见图1-43。

确定衡算范围(作图、选截面) → 选基准水平面 → 列柏努利方程，求解

图1-43　柏努利方程解题步骤框图

(2) 作图与确定衡算范围　依题意画出流动系统的流程示意图，并标明流体的流动方向；定出上、下游截面，以明确流动系统的衡算范围。

(3) 截面的选取　两截面均应与流动流向相垂直，并且在两截面间的流体必须是连续的。所求的未知量应在截面上或在两截面之间反映出来，且截面上有关物理量，除了所需求取的未知量外，都应该是已知的或能通过其他关系计算出来的。

(4) 基准水平面的选取　选取基准水平面的目的是为了确定流体位能的大小，实际上在柏努利方程式中所反映的是位能差（$\Delta z = z_2 - z_1$）的数值。所以，基准水平面可以任意选取。z值是指截面中心点与基准水平面间的垂直距离。为了计算方便，通常取基准水平面通过所选两个截面中的任一截面，如果截面与地面平行，则基准水平面与该截面重合，$z = 0$；如果截面与地面垂直，则基准水平面为过该截面中心的水平面，$z = 0$。

(5) 单位必须统一　柏努利方程式中各物理量单位为SI制单位。压力还要求计算基准一致，由于柏努利方程式中反映的是两截面间的压力差，所以两截面压力可以同时使用绝压力或同时使用表压。

(6) 说明　流体在大流动截面、敞口容器液面及管道出口外侧的流速可以近似取零。

 知识拓展

复杂管路的计算原则

复杂管路分为并联管路、分支管路与汇合管路，其中以并联管路在大型化工行业较为多见，它们均可看作是由若干单一管路组合而成的。所以，在原则上对复杂管路的任意一条支路均可沿用单一管路的计算方法进行有关的计算。但由于其连接的特殊性，在计算时与单一管路间有一定的区别。

1. 并联管路

如图1-44所示，并联管路在主管某处分成几支，然后又汇合到一根主管。其特点如下。

① 主管中的流量为并联的各支管流量之和，对于不可压缩流体，则有：

$$q_V = q_{V1} + q_{V2} + q_{V3} \tag{1-29}$$

② 并联管路中各支管的能量损失均相等，并且等于并联管路的总能量损失，即：

$$\sum h_{\mathrm{f}} = \sum h_{\mathrm{f}1} = \sum h_{\mathrm{f}2} = \sum h_{\mathrm{f}3} \tag{1-30}$$

如图 1-44 所示，A-A' 至 B-B' 两截面间的能量损失，是流体在各个支管中克服阻力造成的，因此对于并联管路而言，流体流经任何一根支管的能量损失都相等。计算并联管路阻力时，可任选一根支管计算，不能将各支管阻力相加在一起作为总阻力。

2. 分支管路与汇合管路

分支管路是指流体由一根总管分流为几根支管的情况，如图 1-45 所示。其特点如下。

① 总管流量等于各支管流量之和，对于不可压缩流体，有：

$$q_V = q_{V1} + q_{V2} \tag{1-31}$$

② 虽然各支管流量不等，但在分支处的总机械能为一定值，表明流体在各支管流动终了时的总机械能与能量损失之和必相等。

$$gz_A + \frac{p_A}{\rho} + \frac{u_A^2}{2} + \sum h_{\mathrm{f}O-A} = gz_B + \frac{p_B}{\rho} + \frac{u_B^2}{2} + \sum h_{\mathrm{f}O-B} \tag{1-32}$$

汇合管路是指几根支管汇总于一根总管的情况，如图 1-46 所示，其特点与分支管路类似。

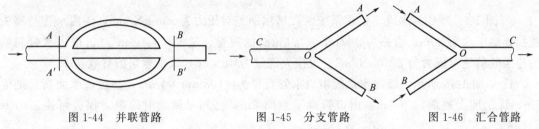

图 1-44 并联管路   图 1-45 分支管路   图 1-46 汇合管路

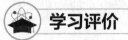
学习评价

流体输送的工艺计算		
工作任务	考核内容	考核要点
流体输送的流量与流速计算	基础知识	稳定流动和不稳定流动系统的基本概念及特点； 流量和流速的基本概念、表示方法、单位
	能力训练	流量和流速的计算
管子直径的选择	基础知识	化工管路的标准化，钢管的规格； 管内流体适宜的流速范围及选择； 管径计算公式及选择步骤
	能力训练	根据给定的生产任务选择管子的直径
液体输送基本计算	基础知识	连续性方程、柏努利方程及工程应用； 位能、动能、静压能及压头的概念； 柏努利方程解题要点及解题步骤
	能力训练	应用柏努利方程确定高位槽高度、流体压力、输送机械有效功率、流体流量

自测练习

计算题

1. 硫酸流经由大小管组成的串联管路，其密度为 $1836\mathrm{kg/m^3}$，流量为 $10\mathrm{m^3/h}$，大小管

规格分别为 $\phi76mm\times4mm$ 和 $\phi57mm\times3.5mm$。试分别求硫酸在大管和小管中的（1）质量流量；（2）平均流速。

2. 水经过内径为 200mm 的管子由水塔内流向各用户。水塔内的水面高于排出管端 25m，且维持水塔中水位不变。设管路全部能量损失为 $24.5mH_2O$，试求管路中水的体积流量为多少（m^3/h）。

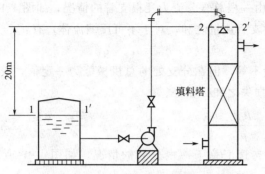

图 1-47　计算题第 3 题附图

3. 图 1-47 为 CO_2 水洗塔供水系统。贮槽水面绝对压力为 $300\ kN/m^2$，塔内水管与喷头连接处高于水面 20m，管路为 $\phi57mm\times2.5mm$ 的钢管，送水量为 $15m^3/h$。塔内水管与喷头连接处的绝对压力为 $2250kN/m^2$。设损失能量为 49J/kg，试求水泵的有效功率。

4. 如图 1-48 所示，该输水系统出口水管直径为 $\phi108mm\times4mm$，高位槽水面高于地面 8m，管子埋于地面以下 1m，出口管高于地面 2m，已知水流动时的阻力损失可按 $\sum h_f=45\left(\dfrac{u^2}{2}\right)$ 计算，u 为管内流体流速（单位为 m/s）。试求：（1）输入管中水的体积流量。（2）欲使水量增加 10%，应将高位槽液面增高多少米？

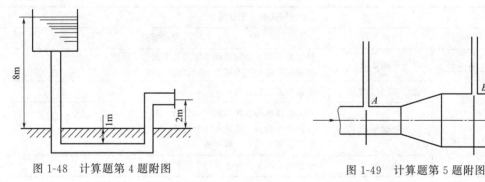

图 1-48　计算题第 4 题附图　　　　　　图 1-49　计算题第 5 题附图

5. 如图 1-49 所示，20℃的水以 2.5m/s 的流速流过直径 $\phi38mm\times2.5mm$ 的水平管，此管通过变径与另一规格为 $\phi57mm\times3mm$ 的水平管相接。现在两管的 A、B 处分别装一垂直玻璃管，用以观察两截面处的压力。设水从截面 A 流到截面 B 处的能量损失为 1.5J/kg，试求两截面处竖管中的水位差。

6. 某一高位槽供水系统如图 1-50 所示，管子规格为 $\phi45mm\times2.5mm$。当阀门全关时，压力表的读数为 78kPa。当阀门全开时，压力表的读数为 75kPa，且此时水槽液面至压力表处的能量损失可以表示为 $\sum h_f=u^2J/kg$（u 为水在管内的流速）。试求：（1）高位槽的液面高度；（2）阀门全开时水在管内的流量（m^3/h）。

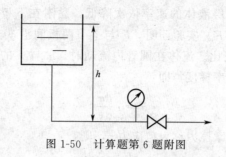

图 1-50　计算题第 6 题附图

任务 4　流动阻力的计算

教学目标

能力目标：

1. 能计算管路系统的流动阻力；

2. 能应用柏努利方程解决工程实际问题。

知识目标：

1. 了解流体黏度的意义、影响因素及求取方法；

2. 掌握流体的流动型态及判别方法；

3. 掌握直管阻力和局部阻力的计算方法；

4. 掌握减少流动阻力的途径及措施。

相关知识

一、流体的黏度

1. 流体的黏性

（1）黏性　观察河水的流动，发现河道中心处水的流速比河岸处水的流速大，越靠近河岸流速越慢。流体在管内流动时也会出现同样的情况，这是由于流体流动时对管壁的黏附力和流体质点间的相互吸引力造成的。这种力的存在使流体内部质点发生相对运动，流动时产生内摩擦力，为克服这种内摩擦力流体需消耗能量。这种流体流动时产生内摩擦的性质称为流体的黏性。不同流体的黏性大小不一样，黏性大的流体流动性差，黏性小的流体流动性好。黏性是流体的固有属性，流体无论是静止还是流动，都具有黏性，但黏性只有在流动时才表现出来。

（2）牛顿黏性定律　图 1-51 所示，有上下两块平行放置且面积很大而相距很近的平板，板间充满某种液体。若将下板固定，而对上板施加一个恒定的外力 F，上板就以恒定速率 u 沿 x 方向运动。此时，两板间的液体就会分成无数平行的薄层而运动，黏附在上板底面的一薄层液体也以

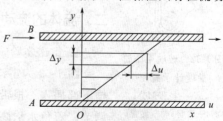

图 1-51　平板间液体速率变化

速率 u 随上板运动,其下各层液体的速率依次降低,黏附在下板表面的液层速率为零,流体相邻层间的内摩擦力即为 F。实验证明,F 与上下两板间沿 y 方向的速率变化率 $\Delta u/\Delta y$ 成正比,与接触面积 A 成正比。流体在圆管内流动时,u 与 y 的关系是曲线关系,上述变化率应写成 $\mathrm{d}u/\mathrm{d}y$,称为速率梯度,即:

$$F=\mu\frac{\mathrm{d}u}{\mathrm{d}y}A$$

若单位流层面积上的内摩擦力称为剪应力 τ,则:

$$\tau=\frac{F}{A}=\mu\frac{\mathrm{d}u}{\mathrm{d}y} \tag{1-33}$$

上式称为牛顿黏性定律,即流体层间的剪应力与速率梯度成正比。式中比例系数 μ,称为动力黏度或绝对黏度,简称黏度。

(3)牛顿型流体和非牛顿型流体 服从牛顿黏性定律的流体,称为牛顿型流体,所有气体和大多数液体都属于这一类。不服从牛顿黏性定律的流体,称为非牛顿型流体,如某些高分子溶液、胶体溶液及泥浆等都属于这一类。本任务只对牛顿型流体进行讨论。

2. 黏度

(1)黏度的意义及影响因素 黏度是表征流体黏性大小的物理量,是流体的重要物理性质之一,流体的黏性越大,μ 值越大。

流体的黏度随流体的种类及状态而变化,液体的黏度随温度升高而减小,气体的黏度随温度升高而增大。压力变化时,液体的黏度基本不变,气体的黏度随压力增加而增加得很少,一般工程计算中可以忽略。

(2)黏度的单位 SI 制中,黏度的单位是 Pa·s,但在工程手册中黏度的单位常用物理单位制,泊(P)或厘泊(cP)表示。它们之间的关系是:

$$1\mathrm{Pa \cdot s}=10\mathrm{P}=1000\mathrm{cP}$$

(3)黏度的求取 某些常用流体的黏度,可以从有关手册和本书附录中查得。在缺少条件时,混合物的黏度也可以用经验公式计算。

(4)运动黏度 流体的黏度还可用黏度 μ 与密度 ρ 的比值来表示,称为运动黏度,以 ν 表示:

$$\nu=\frac{\mu}{\rho} \tag{1-34}$$

SI 制中,运动黏度的单位为 $\mathrm{m^2/s}$;在物理单位制中,运动黏度的单位为 $\mathrm{cm^2/s}$,称为沲(St)。

(5)黏度的测定 流体的黏度通常由实验测定,如涂四杯法、毛细管法、落球法等。图 1-52 所示为玻璃毛细管黏度计。

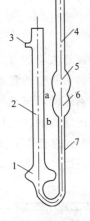

图 1-52 玻璃毛细管
黏度计示意图
1,5,6—扩张部分;
2,4—管身;3—支管;
7—毛细管;a,b—标线

二、流体的流动型态

1. 雷诺实验

图 1-53 为雷诺实验装置示意图。设贮水槽中液位保持恒定,水槽下部插入一根带喇叭口的水平玻璃管,管内水的流速可用下游阀门调节。着色水从高位槽通过沿玻璃管轴平行安装的针形细管在玻璃管中心流出,其流量可通过小阀调节,使着色水的流出速率与管内水的

流速基本一致。

打开出水管上的控制阀，使水进行稳定流动，将细管上的阀门也打开，使着色水从细管流出。在水温一定的情况下，当管内水的流速较小时，着色水在管内沿轴线方向成一条清晰的细直线，如图 1-54(a) 所示。

当开大调节阀，水流速率逐渐增至某一定值时，可以观察到着色细线开始呈现波浪形，但仍保持较清晰的轮廓，如图 1-54(b) 所示。再继续开大阀门，可以观察到着色细流与水流混合。当水的流速再增大到某值以后，着色水一进入玻璃管即与水完全混合，如图 1-54(c) 所示。

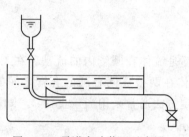

图 1-53　雷诺实验装置示意图

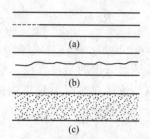

图 1-54　雷诺实验结果比较

从雷诺实验可以看出，流体有不同的流动型态，通常认为流体的流动型态有两种，即层流与湍流。

2. 两种流动类型

如图 1-54(a) 所示，流体质点沿管子的轴线方向作直线运动，不具有径向的速率，即与周围的流体间无宏观的碰撞和混合，所以实验中着色水只沿管中心轴作直线运动，整个管内流体如同一层层的同心薄圆筒平行地分层向前流动，这种流动型态称为层流。由于这种情况主要发生在流速较小的时候，因此也称为滞流。

如图 1-54(c) 所示，在这类流动状态下，流体质点除沿轴线方向作主体流动外，还在各个方向有剧烈的碰撞，即存在径向的运动，因此流体质点的运动是杂乱无章的，运动速率的大小与方向时刻都在发生变化，所以实验中的着色水与水迅速混合，这种流动型态称为湍流，也称为紊流。自然界和工程上遇到的流动大多为湍流。

注意，图 1-54(b) 所示的不是一种独立的流动型态，可以看成是不完全的湍流，或不稳定的层流，或者是两者交替出现，随外界条件而定，通常称为过渡状态。

3. 流动型态的判定

(1) 雷诺数　为了确定流体的流动型态，雷诺通过改变实验介质、管材及管径、流速等实验条件，做了大量的实验，并对实验结果进行了归纳总结。流体的流动型态主要与流体的密度 ρ、黏度 μ、流速 u 和管内径 d 这四个因素有关，并可以用这四个物理量组成一个数群，称为雷诺数，用来判定流动型态。

雷诺数用 Re 表示，即：

$$Re = \frac{du\rho}{\mu} \tag{1-35}$$

雷诺数无量纲，称为特征数。对于特征数来说，计算时要采用同一单位制下的单位，无论采用哪种单位制，特征数的计算结果都是一样的。

(2) 判据　大量实验结果表明，流体在管内流动时，若 $Re<2000$ 时，流体的流动型态

为层流；若 $Re > 4000$ 时，流动为湍流；而 Re 在 $2000 \sim 4000$ 范围内，为过渡状态。在一般工程计算中，$Re > 2000$ 可作湍流处理。就湍流而言，Re 越大，流体湍动程度越剧烈。

【例 1-14】 在 20℃ 条件下，油的密度为 800kg/m³，黏度为 5mPa·s，在圆形直管内流动，其流量为 10m³/h，管子规格为 $\phi89mm \times 3.5mm$，试判断其流动型态。

解 已知 $\rho = 800kg/m^3$，$\mu = 5mPa \cdot s = 5 \times 10^{-3} Pa \cdot s$

则

$$u = \frac{q_V}{\frac{\pi}{4}d^2} = \frac{10/3600}{0.785 \times (0.082)^2} = 0.526 (m/s)$$

$$Re = \frac{du\rho}{\mu} = \frac{0.082 \times 0.526 \times 800}{5 \times 10^{-3}} = 6901.1$$

因为 $Re > 4000$，所以该流动型态为湍流。

（3）非圆形管道的当量直径 前面所讨论的都是流体在圆管内的流动。在工业生产中，有时还会遇到流体在非圆形管道内的流动，如流体在两根成同心圆的套管之间的环隙内流动。此时在计算雷诺数的公式之中，直径 d 的确定方法通常采用当量直径 d_e 来代替：

$$Re = \frac{d_e u \rho}{\mu} \tag{1-36}$$

式中 d_e——当量直径，m。

$$d_e = \frac{4 \times 流通截面积}{润湿周边长度} \tag{1-37}$$

如边长为 a 和 b 的矩形管，当量直径 d_e 计算式为：

$$d_e = \frac{4 \times 流通截面积}{润湿周边长度} = \frac{4ab}{2(a+b)} = \frac{2ab}{a+b}$$

对于同心套管环隙中的流动，其当量直径计算式为：

$$d_e = \frac{4 \times 流通截面积}{润湿周边长度} = \frac{4 \times \frac{\pi}{4}(d_2^2 - d_1^2)}{\pi(d_2 + d_1)} = d_2 - d_1$$

式中 d_2——同心套管的外管内径，m；

d_1——同心套管的内管外径，m。

必须注意，在计算过程中不能用当量直径 d_e 来计算非圆形管的截面积。

三、流体在圆管内的速率分布

流体在管内流动时，无论是层流还是湍流，在管道任意截面上各点的速率均随该点与管中心的距离而变。由于流体具有黏性，从而在管壁处速率为零，离开管壁以后速率渐增，到管中心处速率最大，这种变化关系称为速率分布。速率在管道截面上的分布规律因流体的流动类型而异。

（1）层流时的速率分布 层流时流体服从牛顿黏性定律，其速率分布曲线呈抛物线形，截面上各点的速率是轴对称的，如图 1-55 所示。在壁面处，$u=0$；在管中心处，$u=u_{max}$。通过推导，可以得出截面上的平均流速 u 的表达式为：

$$u = \frac{1}{2} u_{max} \tag{1-38}$$

（2）湍流时的速率分布 由于湍流流动时流体质点的运动要复杂得多，目前还不能完全

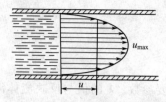

图 1-55　层流时圆管内的速率分布

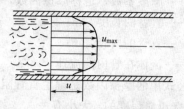

图 1-56　湍流时圆管内的速率分布

用理论分析方法得出湍流时的速率分布规律，所以其速率分布曲线一般通过实验测定。如图 1-56 所示，湍流流动时，流体靠近管壁处速率变化较大，管中心附近速率分布较均匀，这是由于湍流主体中质点的强烈碰撞和混合，大大加强了湍流核心部分的动量传递，于是各点的速率差别不大。管内流体的雷诺数 Re 值越大，湍动程度越强，曲线顶部越平坦。在通常流体输送情况下，湍流时管内流体的平均速度为：

$$u \approx 0.82 u_{max} \tag{1-39}$$

（3）湍流流体中的层流内层　当管内流体做湍流流动时，管壁处的流速也为零，靠近管壁处的流体薄层速率很低，仍然保持层流流动，这个薄层称为层流内层。层流内层的厚度随雷诺数 Re 的增大而减薄，但不会消失。自层流内层向管中心推移，速率渐增，存在一个流动型态即非层流亦非湍流的区域，这个区域称为过渡层或缓冲层。再往管中心推移才是湍流主体。层流内层的存在，对传热与传质过程都有很大的影响。

四、流体阻力产生的原因及分类

由于流体具有黏性，流体在流动时会产生阻力，造成能量损失。流体阻力表现为在流动过程中如无外加能量加入时，流体自身的机械能降低。从柏努利方程可看出，只有在流动阻力已知的前提下，才能进行相关计算。不仅如此，流动阻力的大小还关系到流体输送的经济性。因此，了解阻力产生的原因及其影响因素十分重要。

形成流体阻力的原因是多方面的。黏性是产生流体阻力的根本原因。黏度作为表征黏性大小的物理量，其值越大，说明在同样流动条件下，流体阻力就会越大。因此，不同流体在同一条管路中流动时，流体阻力的大小不同。此外，决定流体阻力大小的因素还有流动的边界条件（管路的设置）。研究发现，同一种流体在同一条管路中流动时，也能产生大小不同的流体阻力，可见，流体的流动状况（流动型态）也影响流体阻力的大小。

流体在管路中流动时的阻力分为直管阻力和局部阻力两种。直管阻力也叫沿程阻力，是流体流经一定管径的直管时，由于流体的内摩擦而产生的阻力。局部阻力是流体流经管路中的管件、阀门及截面的突然扩大和突然缩小等局部地方所产生的阻力。总流动阻力等于直管阻力和局部阻力之和。

五、流动阻力计算

1. 直管阻力

（1）范宁公式　直管阻力通常由范宁公式计算，其表达式为：

$$h_f = \lambda \frac{l}{d} \frac{u^2}{2} \tag{1-40}$$

式中　h_f——直管阻力，J/kg；

λ——摩擦系数，也称摩擦因数，无量纲；

l——直管的长度，m；

d——直管的内径，m；

u——流体在管内的流速，m/s。

范宁公式中的摩擦因数是确定直管阻力损失的重要参数。λ的值与反映流体湍动程度的 Re 及管内壁粗糙程度的 ε 大小有关。

（2）管壁粗糙程度　工业生产上所使用的管道，按其材料的性质和加工情况，大致可分为光滑管与粗糙管。通常把玻璃管、铜管和塑料管等列为光滑管，把钢管和铸铁管等列为粗糙管。实际上，即使是同一种材质的管子，由于使用时间的长短与腐蚀结垢的程度不同，管壁的粗糙度也会发生很大的变化。

① 绝对粗糙度。绝对粗糙度是指管壁突出部分的平均高度，表 1-17 中列出了某些工业管道的绝对粗糙度数值。在选取管壁的绝对粗糙度 ε 值时，必须考虑到流体对管壁的腐蚀性，流体中的固体杂质是否会黏附在管壁上以及使用情况等因素。

表 1-17　某些工业管道的绝对粗糙度

管道类别	绝对粗糙度 ε/mm
无缝黄铜管、铜管及铝管	0.01～0.05
新的无缝钢管或镀锌铁管	0.1～0.2
新的铸铁管	0.3
具有轻度腐蚀的无缝钢管	0.2～0.3
具有重度腐蚀的无缝钢管	0.5 以上
旧的铸铁管	0.85 以上
干净玻璃管	0.0015～0.01
很好整平的水泥管	0.33

② 相对粗糙度。相对粗糙度是指绝对粗糙度与管道内径的比值，即 ε/d。管壁粗糙度对摩擦系数 λ 的影响程度与管径的大小有关，所以在流动阻力的计算中，要考虑相对粗糙度的大小。

（3）摩擦系数

① 层流时摩擦系数。流体做层流流动时，管壁上凹凸不平的地方都被有规则的流体层所覆盖，λ 与 ε/d 无关，摩擦系数 λ 只是雷诺数的函数：

$$\lambda = \frac{64}{Re} \tag{1-41}$$

将 $\lambda = \frac{64}{Re}$ 代入范宁公式，则：

$$h_f = 32 \frac{\mu u l}{\rho d^2} \tag{1-42}$$

上式为哈根-伯谡叶方程，是流体在圆直管内做层流流动时的阻力计算式，可以看出，层流时直管阻力与流速的一次方成正比。

② 湍流时摩擦系数。由于湍流时流体质点运动情况比较复杂，目前还不能完全用理论分析方法求算湍流时摩擦系数 λ 的公式，而是通过实验测定，获得经验的计算式。各种经验公式，均有一定的适用范围，可参阅有关资料。

为了计算方便，通常将摩擦系数 λ 对 Re 与 ε/d 的关系曲线标绘在双对数坐标上，如图

1-57 所示。该图称为莫狄（Moody）图。这样就可以方便地根据 Re 与 ε/d 值从图中查得各种情况下的 λ 值。

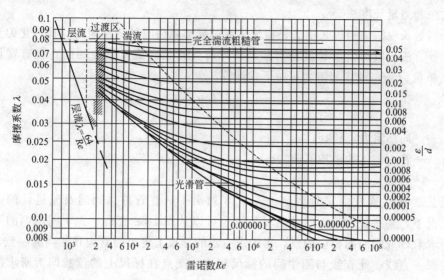

图 1-57 λ 与 Re、ε/d 的关系

根据雷诺数的不同，可在图中分出四个不同的区域：

a. 层流区。当 $Re<2000$ 时，λ 与 Re 为一直线关系，与相对粗糙度无关。

b. 过渡区。当 $Re=2000\sim4000$ 时，管内流动类型随外界条件影响而变化，λ 也随之波动。工程上一般按湍流处理，λ 可从相应的湍流时的曲线延伸查取。

c. 湍流区。当 $Re>4000$ 且在图中虚线以下区域时，$\lambda=f(Re，\varepsilon/d)$。对于一定的 ε/d，λ 随 Re 数值的增大而减小。

d. 完全湍流区。即图中虚线以上的区域，λ 与 Re 的数值无关，只取决于 ε/d。λ-Re 曲线几乎成水平线，当管子的 ε/d 一定时，λ 为定值。在这个区域内，阻力损失与 u^2 成正比，故又称为阻力平方区。由图可见，ε/d 值越大，达到阻力平方区的 Re 值越低。

【例 1-15】 20℃的水，以 1.2m/s 的速率在钢管中流动，钢管规格为 $\phi89mm\times3.5mm$，钢管的管壁绝对粗糙度为 0.2mm，试求水通过 100m 长的直管时，阻力损失为多少？

解 从本书附录中查得水在 20℃时的 $\rho=998.2kg/m^3$，$\mu=1.005\times10^{-3}Pa\cdot s$

$d=0.082mm$，$l=100m$，$u=1.2m/s$

$$Re=\frac{du\rho}{\mu}=\frac{0.082\times1.2\times998.2}{1.005\times10^{-3}}=9.77\times10^4$$

$$\frac{\varepsilon}{d}=\frac{0.2}{82}=0.002$$

据 Re 与 ε/d 值，查莫狄图得摩擦系数 $\lambda=0.025$。

则 $$h_f=\lambda\frac{l}{d}\frac{u^2}{2}=0.025\times\frac{100}{0.082}\times\frac{1.2^2}{2}=21.95(J/kg)$$

说明：当管路由若干直径不同的管段组成时，直管阻力应分段计算，然后再求和。非圆形管路阻力计算使用当量直径代替管子内径。

2. 局部阻力

流体在管路的进口、出口、管件、阀门、流动截面的突然扩大（或突然缩小）处及流量

59

计等局部流过时，必然发生流体的流速和流动方向的突然变化，流动受到干扰、冲击，产生旋涡并加剧湍动，使流动阻力显著增加，产生局部阻力。局部阻力一般有两种计算方法，即阻力系数法和当量长度法。

（1）当量长度法　当量长度法是将流体通过局部障碍时的局部阻力计算转化为直管阻力损失的计算方法。所谓当量长度是与某局部障碍具有相同能量损失的同直径直管长度，用 l_e 表示，单位为 m，则局部阻力可按下式计算：

$$h'_f = \lambda \frac{l_e}{d} \frac{u^2}{2} \tag{1-43}$$

式中　h'_f——局部阻力，J/kg；

u——管内流体的平均流速，m/s；

l_e——当量长度，m。

当量长度值 l_e 通常由实验测定，表 1-18 列出了一些管件、阀门及流量计的 l_e/d 值。在湍流情况下，某些管件与阀门的当量长度也可以从图 1-58 查得。先于图左侧的垂直线上找出与所求管件或阀门的相应的点，再于图右侧的标尺上定出与管内径相当的一点，而后将上述两点联一直线，此直线与图中间的标尺相交，交点在标尺上的读数即为所求的当量长度 l_e。

表 1-18　常见局部障碍的当量长度

名　称	$\frac{l_e}{d}$	名　称	$\frac{l_e}{d}$
45°标准弯头	15	截止阀（标准式）（全开）	300
90°标准弯头	30～40	角阀（标准式）（全开）	145
90°方形弯头	60	闸阀（全开）	7
180°弯头	50～75	闸阀（3/4 开）	40
三通管（标准）	40	闸阀（1/2 开）	200
		闸阀（1/4 开）	800
		带有滤水器的底阀（全开）	420
流向	60	止回阀（旋启式）（全开）	135
		蝶阀（6″以上）（全开）	20
		盘式流量计（水表）	400
	90	文氏流量计	12
		转子流量计	200～300
		由容器入管口	20

（2）阻力系数法　将局部阻力表示为动能的一个倍数，则：

$$h'_f = \zeta \frac{u^2}{2} \tag{1-44}$$

式中　ζ——局部阻力系数，无量纲，其值由实验测定。

常见的局部阻力系数求法如下。

① 突然扩大与突然缩小。管路由于直径改变而突然扩大或突然缩小时，其局部阻力系数可根据小管与大管的截面积之比从由实验测得的相关曲线上查取，见图 1-59。

当局部流通截面发生变化时，u 应该采用较小截面处的流体流速。

② 进口与出口。流体自容器进入管内，可以看成是流体从很大的截面突然进入很小截

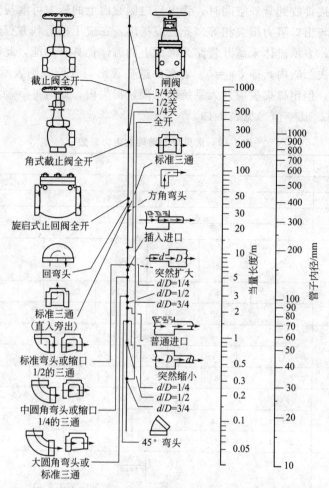

图 1-58 管件与阀件的当量长度共线图

面，此时 $A_2/A_1 \approx 0$，从图 1-59(b) 可查出局部阻力系数 $\zeta_{进} = 0.5$，这种损失常常被称为进口损失，相应的阻力系数 $\zeta_{进}$ 称为进口阻力系数。若管口圆滑或呈喇叭状，则进口阻力系数相应减小，约为 $0.25 \sim 0.05$。

流体自管子进入容器或从管子直接排放到管外空间，可以看成是流体自很小的截面突然扩大到很大的截面，即 $A_1/A_2 \approx 0$，从图 1-59(a) 可查出局部阻力系数 $\zeta_{出} = 1$，这种损失常被称为出口损失，相应的阻力系数 $\zeta_{出}$ 称为出口阻力系数。

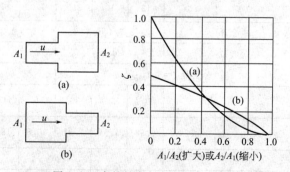

图 1-59 突然扩大与突然缩小时的 ζ

流体从管子直接排放到管外空间时，管出口内侧截面上的压力可取与管外空间相同，出口截面上的动能应与出口阻力损失相等。此处应指出，在应用柏努利方程时，如果选择的截面在管出口的内侧，表示流体未离开管路，截面上的流体仍具有动能，此时出口损失不应计入系统的总能量损失 $\sum h_f$ 内，即 $\zeta_出 = 0$。若截面选在管出口外侧，则表示流体已离开管路，截面上的动能为零，但出口损失应计入系统的总能量损失内，此时 $\zeta_出 = 1$。

③ 管件与阀件。其 ζ 值参见表 1-19。

表 1-19　常见局部障碍的阻力系数

管件和阀件名称	ζ 值						
标准弯头	$45°$，$\zeta = 0.35$				$90°$，$\zeta = 0.75$		
90°方形弯头	1.3						
180°回弯头	1.5						
活管接	0.4						

弯管

R/d ＼ φ	30°	45°	60°	75°	90°	105°	120°
1.5	0.08	0.11	0.14	0.16	0.175	0.19	0.20
2.0	0.07	0.10	0.12	0.14	0.15	0.16	0.17

突然扩大　$\zeta = (1 - A_1/A_2)^2$　$h_f = \zeta \cdot u_1^2/2$

A_1/A_2	0	0.1	0.2	0.3	0.4	0.5	0.6	0.7	0.8	0.9	1.0
ζ	1	0.81	0.64	0.49	0.36	0.25	0.16	0.09	0.04	0.01	0

突然缩小　$\zeta = 0.5(1 - A_2/A_1)$　$h_f = \zeta \cdot u_2^2/2$

A_2/A_1	0	0.1	0.2	0.3	0.4	0.5	0.6	0.7	0.8	0.9	1.0
ζ	0.5	0.45	0.40	0.35	0.30	0.25	0.20	0.15	0.10	0.05	0

流入大容器的出口　$\zeta = 1$(用管中流速)

入管口(容器→管)　$\zeta = 0.5$

水泵进口

没有底阀		2～3						
有底阀	d/mm	40	50	75	100	150	200	250	300
	ζ	12	10	8.5	7.0	6.0	5.2	4.4	3.7

闸阀	全开	3/4 开	1/2 开	1/4 开
	0.17	0.9	4.5	24

标准截止阀(球心阀)	全开 $\zeta = 6.4$				1/2 开 $\zeta = 9.5$			

蝶阀

α	5°	10°	20°	30°	40°	45°	50°	60°	70°
ζ		0.24	0.52	1.54	3.91	10.8	18.7	30.6	118	751

旋塞

θ	5°	10°	20°	40°	60°
ζ	0.05	0.29	1.56	17.3	206

续表

管件和阀件名称	ζ值	
角阀（90°）	5	
单向阀	摇板式 ζ=2	球形式 ζ=70
水表（盘形）	7	

说明：局部阻力系数和当量长度的数值，由于管件及阀门的构造细节与制造加工情况差别很大，所以其数值变化范围也大，甚至同一管件或阀门也不一致，因此从手册上查的 ξ 值与 l_e 值只是粗略值，即局部阻力 h_f' 的计算只是一种粗略的估算。另外由于数据不全，有时需两种方法结合使用。

3. 总阻力

管路系统的总阻力等于所有直管阻力和所有局部阻力之和。

（1）当量长度法　当用当量长度法计算局部阻力时，其总阻力 $\sum h_f$ 计算式为：

$$\sum h_f = \lambda \frac{l + \sum l_e}{d} \frac{u^2}{2} \tag{1-45}$$

式中　$\sum l_e$——管路全部管件与阀门等的当量长度之和，m。

（2）阻力系数法　当用阻力系数法计算局部阻力时，其总阻力计算式为：

$$\sum h_f = \left(\lambda \frac{l}{d} + \sum \zeta \right) \frac{u^2}{2} \tag{1-46}$$

式中　$\sum \zeta$——管路全部的局部阻力系数之和。

（3）流动阻力的表示方法　阻力除了以能量形式 h_f 表示外，还可以用压头损失 H_f（1N 流体的流动阻力，m）及压力降 Δp_f（1m³ 流体流动时的流动阻力，Pa）表示。它们之间的关系为：

$$\sum h_f = \sum H_f g \tag{1-47}$$

$$\Delta p_f = \rho \sum h_f = \rho \sum H_f g \tag{1-48}$$

4. 减小流动阻力的措施

流动阻力越大，输送流体的动力消耗也越大，操作费用增加；同时，流动阻力增大还能造成系统压力的下降，严重时将影响工艺过程的正常进行，因此化工生产中应尽量减小流动阻力。从流动阻力的计算公式可以看出，减少管长、增大管径、降低流速、简化管路和降低管壁粗糙度都是可行的，主要措施如下：

① 在满足工艺要求的前提下，应尽可能减短管路；

② 在管路长度基本确定的前提下，尽可能减少管件、阀件，尽量避免管径的突变；

③ 在可能的前提下，适当放大管径；

④ 在被输送介质中加入某些药物，如丙烯酰胺、聚氯乙烯氧化物等，以减少介质对管壁的腐蚀和杂质沉积，从而减少旋涡，流体阻力减小。

 技能训练

流体流动阻力计算

【例 1-16】　20℃ 的水以 1m/s 的流速流经某一管路，管子内径为 100mm，管壁的绝对粗糙度 ε=0.2mm。管路上装有 90° 的标准弯头 3 个、截止阀（全开）一个，直管段长度为

100m。试计算流体流经该管路的总阻力损失。

解 查得 20℃ 下水的密度为 998.2kg/m³，黏度为 1.005mPa·s。

$$Re=\frac{du\rho}{\mu}=\frac{0.1\times1\times998.2}{1.005\times10^{-3}}=9.93\times10^{4}$$

$\varepsilon/d=0.2/100=0.002$，由 Re 值及 ε/d 值查图得 $\lambda=0.025$。

（1）用阻力系数法计算

查表得：90°标准弯头，$\zeta=0.75$；截止阀（全开），$\zeta=6.4$。

所以

$$\sum h_f=\left(\lambda\frac{l}{d}+\sum\zeta\right)\frac{u^2}{2}=\left[0.025\times\frac{100}{0.1}+(0.75\times3+6.4)\right]\times\frac{1^2}{2}=16.8(\text{J/kg})$$

（2）用当量长度法计算

查表得：90°标准弯头，$l_e/d=30$；截止阀（全开），$l_e/d=300$。

$$\sum h_f=\lambda\frac{l+\sum l_e}{d}\frac{u^2}{2}=0.025\times\frac{100+(30\times3+300)\times0.1}{0.1}\times\frac{1^2}{2}=17.4(\text{J/kg})$$

从以上计算可以看出，用两种局部阻力计算方法的计算结果差别不大，误差在工程计算中是允许的。

 学习评价

流体阻力的计算			
工作任务	考核内容		考核要点
流体流动型态的判断	基础知识		流体的黏度的概念、影响因素、单位及求取； 流体流动型态及层流、湍流质点运动的特点； 圆管内流体层流、湍流速率分布； 层流内层的概念、特点及意义； 雷诺数及流动型态判断； 非圆形管路雷诺数计算
	能力训练		会判断流体的流动型态
流体流动阻力的计算	基础知识		流动阻力产生原因及分类； 管子的分类，管子绝对粗糙度、相对粗糙度及选取方法； 直管阻力、局部阻力计算公式； 常见局部障碍阻力系数的查取方法； 常见局部障碍当量长度的查取方法； 非圆形管路的阻力计算方法； 减少流动阻力的途径及措施
	能力训练		计算管路系统的流动阻力； 使用柏努利方程进行管路计算

 自测练习

一、选择题

1. 牛顿黏性定律适用于牛顿型流体，且流体应呈（　　）。

A. 层流流动　　　　B. 湍流流动　　　　C. 过渡型流动　　　　D. 静止状态

2. 密度为 1000kg/m³ 的流体，在 ϕ108mm×4mm 的管内流动，流速为 2m/s，流体的

黏度为 1cP，其 Re 为（　　）。

  A. 10^5 B. 2×10^7 C. 2×10^6 D. 2×10^5

  3. 流体层流流动时，与摩擦阻力系数有关的物理量应为（　　）。

  A. 相对粗糙度   B. 雷诺数

  C. 相对粗糙度与雷诺数   D. 绝对粗糙度

  4. 流体完全湍流流动时，与摩擦阻力系数有关的物理量应为（　　）。

  A. 雷诺数   B. 绝对粗糙度

  C. 相对粗糙度与雷诺数   D. 相对粗糙度

  5. 计算管路系统突然扩大和突然缩小的局部阻力时，速率值应取为（　　）。

  A. 上游截面处流速   B. 下游截面处流速

  C. 小管中流速   D. 大管中流速

二、计算题

  1. 283K 的水在内径为 25mm 的钢管中流动，流速 1m/s。试计算其雷诺数 Re 值并判定其流动型态。

  2. 在套管换热器中，已知内管规格为 $\phi25mm\times1.5mm$，外管规格为 $\phi45mm\times2mm$。套管环隙间通以冷却用盐水，其流量为 2500kg/h，密度为 1150kg/m³，黏度为 1.2cP。试判断盐水的流动型态。

  3. 一定量的液体在圆形直管内做滞流流动，若管长及液体物性不变，而管径减至原来的 1/2，问因流动阻力而产生的能量损失为原来的若干倍？

  4. 水在 $\phi38mm\times1.5mm$ 的水平钢管内流过，温度是 293K，流速是 2.5m/s，管长是 100m。取管壁绝对粗糙度 $\varepsilon=0.3mm$，试求直管阻力。

  5. 将冷却水从水池送到高位槽，已知水池比高位槽液面高 10m，从水池到泵的吸入口为长 10m 的 $\phi89mm\times4mm$ 钢管，在吸入管线中有一个 90°弯头，一个吸滤阀。泵出口管的直管总长 20m 的 $\phi57mm\times3.5mm$ 钢管，管线中有 3 个 90°弯头，一个闸阀（全开）和一个全开的截止阀。要求流量 20m³/h。贮槽液面维持恒定，贮槽及高位槽液面上方均为大气压。输水管的绝对粗糙度为 0.2mm。试求泵所需的理论功率。

  6. 图 1-60 为一输水系统。已知全部管路总长度（包括所有局部阻力当量长度）为 100m，管路摩擦系数为 0.025，管子 $\phi57mm\times3.5mm$，水的密度为 1000kg/m³，输水量为 10m³/h。求泵的外加压头。

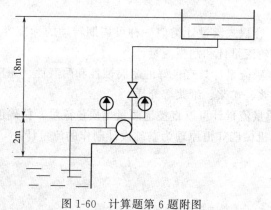

图 1-60　计算题第 6 题附图

7. 用离心泵将原油从油库储存罐沿管内径为 0.15m、长 2km（包括全部局部阻力的当量长度）的水平管送往炼油厂储存罐。输油量为 40m³/h。求泵的有效功率。已知原油密度 890kg/m³，黏度为 0.045Pa·s。

任务 5　流体的流量测量

 教学目标

能力目标：

能正确使用转子、孔板、文丘里流量计。

知识目标：

1. 了解流量计的分类、流体输送系统的流量测量及调节控制装置；

2. 掌握转子、孔板、文丘里流量计的结构及工作原理。

 相关知识

流量是控制生产过程达到优质、高产和安全生产以及进行经济核算所必需的一个重要参数，是工业生产中需要经常测量、调节与控制的参数，因此流量测量是工业生产中的常规操作。

一、流量计的分类

工业生产中使用的流量测量方法很多，流量测量仪表按其作用原理又可分为差压式、面积式、速度式、容积式等。

① 差压式流量计。差压式流量计基于流体流动的节流原理，利用流体流经节流装置时产生的压力差来实现流量测量。这是目前生产中测量流量最成熟最常用的方法之一。常用的有孔板流量计、文氏流量计。

② 面积式流量计。面积式流量计主要有转子流量计，它是以压降不变，利用节流面积的变化来测量流量的大小的。

③ 速度式流量计。速度式流量计是一种以测量流体在管道内的速度作为测量依据来计算流量的仪表。这类流量计主要有靶式流量计和涡轮流量计。日常生活中使用的某些自来水表就是一种涡轮流量计。

④ 容积式流量计。容积式流量计类似一种可周期转动的标准容器。容积式流量计主要有椭圆齿轮流量计、腰轮流量计和刮板流量计。

⑤ 电磁流量计。电磁流量计具有良好的耐腐蚀性和耐磨性，无压力损失。可测量强酸、强碱、盐、氨、水、泥浆、矿浆、纸浆等介质。

⑥ 质量流量计。质量流量计可以直接地测量出质量流量，精确度较高。

这里只介绍以流体机械能守恒原理为基础设计制作的流量计。

二、孔板流量计

1. 结构

一块中间开有圆孔的金属板，孔口经精密加工呈刀口状，在厚度方向上沿流向以 45°角扩大，称为孔板。如图 1-61 所示，孔板流量计是将一块孔板用法兰固定在管路上，使孔板垂直于管内流体流动的方向，同时使孔的中心位于管道的中心线上。孔板两侧的测压孔与 U 管压差计相连，由压力计上的读数 R 即可算出管路中流体的流速和流量。

2. 工作原理

若在孔板前选取截面 1-1'，设截面 1-1'处的压力为 p_1，流速为 u_1，当流经孔板时，因为孔口直径 d_0、截面 A_0 突然缩小，流速骤然增大。当流体流过孔口以后，由于惯性作用，流动截面并不立即扩大到与管截面相等，而是继续收缩，直到截面 2-2'处流体的流动截面收缩到最小，此流动截面最小之处称为"缩脉"，显而易见流体在缩脉处的流速最大。随后流体的流动截面又逐渐扩大，流速逐渐减小，并逐渐地恢复到截面 1-1'处之数值。

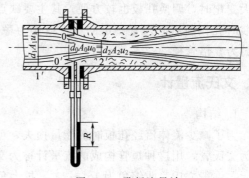

图 1-61　孔板流量计

孔板流量计的测量原理实际上是借助孔板，使流体流速增加、静压力降低，于是在孔板前后便产生了压力差，而且流体的流量越大，在孔板前后产生的压力差也越大。所以，可以利用测量压力差的方法来测定流体的流量。显然，找出压力差与流量之间的关系，测出压力差，就可以获得流量值了。

3. 测量公式

比较常用的一种测压方法是把上、下游两个测压口装在紧靠着孔板前后的位置上，这种测压方法称为角接取压法。

设不可压缩流体在水平管内流动，取孔板上游流体流动截面尚未收缩处作为截面 1-1'，下游截面应取在缩脉处，以便测得最大的压力差读数，但由于缩脉的截面位置难于确定，故以孔板处为截面 0-0'。在截面 1-1'和截面 0-0'间列柏努利方程。若考虑流体流经孔板的能量损失及角接取压法等因素所带来的偏差不能忽略，引入校正系数，最后可得到用孔板流量计来测量管内流体的平均流速与流量的计算公式：

$$u_0 = C_0 \sqrt{\frac{2R(\rho_A - \rho)g}{\rho}} \tag{1-49}$$

$$q_V = C_0 A_0 \sqrt{\frac{2Rg(\rho_A - \rho)}{\rho}} \tag{1-50}$$

式中　u_0——孔板处流体的流速，m/s；

　　　q_V——流体的流量，m^3/s；

　　　R——正 U 形管压差计上的读数，m；

　　　C_0——孔流系数或流量系数，无量纲；

　　　A_0——孔板截面积，m^2；

　　　ρ——流体的密度，kg/m^3；

　　　ρ_A——指示剂的密度，kg/m^3。

孔流系数 C_0 不仅与流体流经孔板的流动状况、测压口的引出位置、孔口形状及加工精度有关，也与 A_0/A_1 有关，A_1 为管道截面积。孔板流量计的 C_0 值均由实验测定，通常 C_0

值约在 0.6～0.7。

4. 特点

孔板流量计的结构简单，制造、安装和使用均较方便，在工程上被广泛使用。当流量有较大变化时，调换孔板也较方便。其主要缺点是能量损失较大，并随 A_0/A_1 的减小而加大。安装时孔板前后必须有一定的直管段作为稳定段，通常要求上游直管长为 15～40 倍管径，下游为 5 倍管径。

三、文氏流量计

1. 结构

为了减少流体流经孔板时的能量损失，可用一段渐缩渐扩的短管来代替孔板，这种短管称为文氏管，用这种短管构成的流量计称为文氏流量计，也可称为文丘里流量计，如图1-62所示。一般文氏管收缩角为 15°～25°，扩大角为 5°～7°。

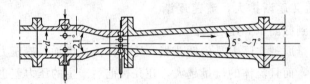

图 1-62　文氏流量计

2. 工作原理及测量公式

文氏流量计的测量原理与孔板流量计相同，其流量计算式也相似，即：

$$q_V = C_V A_0 \sqrt{\frac{2Rg(\rho_A - \rho)}{\rho}} \tag{1-51}$$

式中　C_V——文氏流量计的流量系数，无量纲；

　　　A_0——喉颈处的截面积，m^2。

文氏流量计的流量系数 C_V 通常由实验测定，它也随管内 Re 数值而变化，一般 C_V 值约为 0.98～0.99。

3. 特点

文氏流量计的阻力损失较小，更适用于低压气体输送管道中的流量测量。文氏管的加工精度要求高，因而文氏流量计的造价较高，且流量计安装时要占据一定的长度，前后也必须保证足够的稳定段。

四、转子流量计

1. 结构

如图 1-63 所示，转子流量计是由一个自下而上截面积渐扩的垂直锥形玻璃管和一个比被测流体重的转子所构成的。转子一般用金属或塑料制成，其上部平面略大并刻有斜槽，操作时可发生旋转，故称为转子。转子流量计在使用时，流体自底端进入，向上流至顶端而流出。

2. 工作原理

当流体自下而上流过转子与玻璃管壁间的环隙截面时，节流作用使转子上下端产生了压力差，对转子产生了一个向上的推力，转子将上移，由于玻璃管是下小上大的锥形体，环隙

截面积增加，流速减小，两端压差也随之降低。当转子上升
到某一高度时，转子两端的压力差造成的向上推力等于转子
的净重力，转子将稳定地悬浮在这一高度上。流量越大，转
子的平衡位置越高，故转子上升位置的高低可以直接反映流
体流量的大小。流量的大小可以通过玻璃管表面不同高度的
刻度直接读取。

转子流量计的流量计算式可由转子的力平衡关系导出：

$$q_V = C_R A_R \sqrt{\frac{2gV_f(\rho_f - \rho)}{A_f \rho}} \qquad (1\text{-}52)$$

式中　C_R——转子流量计的流量系数，无量纲；

　　　A_R——转子处于一定位置上的环隙截面积，m^2；

　　　V_f——转子的体积，m^3；

　　　A_f——转子最大部分的横截面积，m^2；

　　　ρ_f——转子材料的密度，kg/m^3；

　　　ρ——流体的密度，kg/m^3。

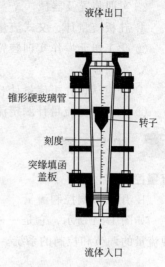

图 1-63　转子流量计

上式即为转子流量计的流量计算式，由于环隙面积与锥体高度成正比，于是可在流量计
的不同高度上等距离刻出流量的线性变化值。

转子流量计的刻度是针对某一流体的，在出厂前均进行过标定，并绘有流量曲线。通
常，用于液体的转子流量计是以 20℃ 的清水作为标定刻度的依据；用于气体的转子流量计
是以 20℃ 及 101.3kPa 的空气作为标定刻度的依据。所以当转子流量计用于测定其他流体
时，需对原有的刻度加以校正。

3. 分类及使用

在选用转子流量计时，应当注意使用条件。转子流量计分为玻璃转子流量计和金属管转
子流量计。转子流量计中的玻璃管不能承受高温和高压，对于压力小于 1MPa、温度低于
100℃ 的洁净透明、无毒、无燃烧和爆炸危险且对玻璃无腐蚀无黏附的流体流量的就地指示，
可采用玻璃转子流量计。对易汽化、易凝结、有毒、易燃、易爆且不含磁性物质、纤维和磨
损物质以及对不锈钢无腐蚀性的流体中小流量测量，当需要远传信号时，可选用普通型金属
管转子流量计；对有腐蚀性介质流量测量，可采用防腐型金属管转子流量计。

转子流量计操作时应缓慢启闭阀门，以防止转子的突然升降而击碎玻璃管。

转子流量计必须垂直安装，而且流体必须下进上出。转子流量计读数方便，可以直接读
出体积流量，测量精度高，阻力损失较小，测量范围较宽，对不同流体的适应性也较强，因
此，在实验室和工业生产上应用很广。转子流量计前后不需要很长的稳定段，为便于检修，
管路上还应设置旁路。

 技能训练

认识常用的流量计

1. 训练要求

① 认识常见的流量计；

② 掌握孔板流量计、文式流量计、转子流量计的结构、工作原理、特点及使用要求。

2．实训装置及器械

① 孔板流量计、文式流量计、转子流量计、涡轮流量计、质量流量计；

② 化工单元操作实训装置。

3．实训步骤

① 分组认识孔板流量计、文式流量计、转子流量计、涡轮流量计、质量流量计的结构；

② 学会常见流量计测定流量的方法，能够正确读取数据。

 知识拓展

流量控制

1．用调节阀控制流量

如图 1-64 所示，它是一种采用调节阀、智能仪表、孔板流量计和差压传感器等器件实现流量的调节和控制的系统。

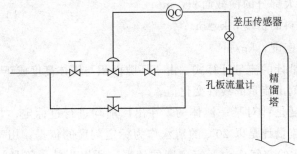

图 1-64　调节阀控制流量系统

2．用计量泵控制流量

当物料流量较小时，采用上述调节方案会造成较大误差，一般宜采用计量泵控制流量。

 学习评价

流体的流量测量		
工作任务	考核内容	考核要点
认识常用的流量计及调节控制装置	基础知识	流量计的分类； 孔板流量计、文式流量计、转子流量计结构； 孔板流量计、文式流量计、转子流量计的工作原理及流量测量公式
	能力训练	认识孔板流量计、文式流量计、转子流量计； 能够应用测量公式确定流体的流量

 **自测练习**

一、选择题

1．孔板流量计是测量管内流体的（　　　）。

A．点速度　　　　B．径向速度　　　　C．最大流速　　　　D．平均速度

2．下列四种流量计，不属于差压式流量计的是（　　　）。

A. 孔板流量计　　　B. 喷嘴流量计　　　　C. 文式流量计　　　D. 转子流量计

3. 转子流量计是直接测量管内流体（　　）的测量仪表。

A. 点速度　　　　　B. 体积流量　　　　　C. 最大流速　　　　D. 平均速度

4. 测量时精确度较高的是（　　）。

A. 孔板流量计　　　B. 喷嘴流量计　　　　C. 文式流量计　　　D. 转子流量计

5. 孔板流量计的测量原理是（　　）。

A. 恒截面、变压差　　　　　　　　　　B. 恒压差、变截面

C. 恒速度、变截面　　　　　　　　　　D. 恒截面、恒压差

二、判断题

（　　）1. 转子流量计的转子位子越高，流量越大。

（　　）2. 转子流量计可以安装在垂直管路上，也可以在倾斜管路上使用。

（　　）3. 文式流量计与孔板流量计安装时前后需要一定的稳定段。

（　　）4. 转子流量计工作时流体必须自下而上通过流量计。

任务6　管路的安装和布置

教学目标

能力目标：

1. 能正确使用工具进行管路拆装；

2. 掌握水压试验的方法。

知识目标：

1. 掌握管路的布置与安装原则；

2. 掌握管子的连接方法及各自特点；

3. 掌握管路试压的目的、类型、试压方法；

4. 了解管路的热补偿、管路的保温与涂色、管路的防腐及管路的防静电措施；

5. 了解管道吹扫和清洗的目的、一般规定及方法；

6. 了解管路的日常维护知识；

7. 了解管路常见故障及排除方法。

相关知识

一、管子的连接

管路的连接包括管子与管子的连接、管子与各种管件、阀门的连接，还包括设备接口处等的连接。管路连接的常用方法有焊接连接、法兰连接、螺纹连接、承插式连接等方式。

1. 焊接连接

焊接连接属于不可拆连接方式。采用焊接连接密封性能好、结构简单、连接强度高，可适用于承受各种压力和温度的管路，故在化工生产中得到了广泛应用。焊接连接主要用在长

管路和高压管路中，当管路需要经常拆卸时或在不允许动火的车间，不宜采用焊接法连接管路。

在进行焊接连接时，应对焊口处进行清理，以露出金属光泽为宜；在管口处所开坡口的角度和对口同心度应符合技术要求；应根据管道材质选取合适的焊接材料；对于厚壁管应分层焊接以确保质量。

在化工管路中常用的焊接的形式有对焊、搭焊、加管箍焊接和加衬环对接等；焊接方法有电焊、气焊、钎焊等。焊接方法见图1-65。

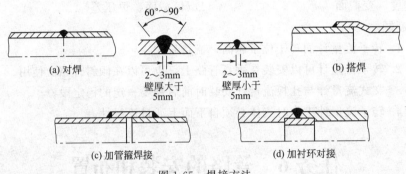

图 1-65　焊接方法

2. 法兰连接

法兰连接是管路中应用最多的可拆连接方式。法兰连接强度高、拆卸方便、适应范围广，但费用较高。管道法兰设计、制造已标准化，需要时可根据公称压力和公称直径选取。

在法兰连接中，法兰盘与管子的连接方法多种多样，常用的有整体式法兰、活套式法兰和介于两者之间的平焊法兰等。根据介质压力大小和密封性能的要求，法兰密封面有平面、凹凸面、榫槽面、锥面等形式。密封垫的材质有非金属垫片、金属垫片和各种组合式垫片等可供选择。

3. 螺纹连接

螺纹连接是通过内外管螺纹拧紧而实现的，螺纹连接的管子两端都加工有外螺纹，通过加工有内螺纹的连接件、管件或阀门相连接。常用的螺纹连接有三种形式。

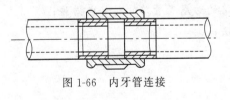

图 1-66　内牙管连接

（1）内牙管连接　如图1-66，内牙管连接安装时，先将内牙管旋合在一段管子端部的外螺纹上，然后把另一段管子端部旋入内牙管中，使两段管子通过内牙管连接在一起。内牙管连接结构简单，但拆装时，必须逐段逐件进行，颇为不便。

（2）长外牙管连接　如图1-67，长外牙管连接由长外牙管、被连接管、内牙管、锁紧螺母组成，长外牙管连接不需转动两端连接管即可装拆。

（3）活管接连接　活管接连接由一个套合节和两个主节及一个软垫圈组成。活管接连接时，可不转动两连接管而将两者分开。

螺纹连接方法简单、易于操作，但密封性较差，主要用于压力不高、小直径的水、煤气管道，也常用于一些化工机器的润滑油管路中。

为了保证螺纹连接处的密封性能，在螺纹连接前，常在外螺纹上加上填料。常用填料有加铅油的油麻丝或石棉绳等，也可用聚四氟乙烯带缠绕。

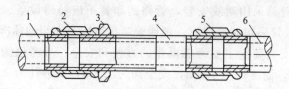

图 1-67 长外牙管连接

1,6—管子端头；2,5—内牙管；3—锁紧螺母；4—长外牙管

4.承插式连接

承插式连接是将管子的一端插入另一管子的钟形插套内，并在形成的空隙中装填料（丝麻、油绳、水泥、胶黏剂、熔铅等）加以密封的一种连接方法。其特点是安装方便，对各管段中心重合度要求不高，但拆卸困难，不耐高压。在化工管路中，承插连接适用于压力不大、密封性要求不高的场合。承插式连接常用作铸铁水管的连接方式，也可用作陶瓷管、塑料管、玻璃管等非金属管路的连接。

二、管路的布置与安装

1. 管路的布置原则

工业上的管路布置既要考虑到工艺要求，又要考虑到经济要求，还要考虑到操作方便与安全，在可能的情况下还要尽可能美观。因此，布置管路时应遵守以下原则。

① 布置管路时，应对全装置的所有管道（包括工艺管道、热力管道、供排水管道、仪表管道及采暖通风管道等）通盘规划，应了解周围建筑物的位置、管路连接的设备特点，做到安全、经济、便于施工、操作及维修。

② 在工艺条件允许的前提下，应使管路尽可能短，管件和阀门应尽可能少，以减少投资，使流体阻力减到最低。

③ 应合理安排管路，使管路与墙壁、柱子或其他管路之间应有适当的距离，如管路最突出部分距墙壁或柱边净空不小于 100mm，距管架支柱也不应小于 100mm，两管路的最突出部分间距净空，中压约保持 40~60mm，高压约保持 70~90mm，并排管路上安装手轮操作阀门时，手轮间距约 100mm，以便于安装、操作、巡查与检修。

④ 管路排列时，通常使热的在上，冷的在下；无腐蚀的在上，有腐蚀的在下；输气的在上，输液的在下；不经常检修的在上，经常检修的在下；高压的在上，低压的在下；保温的在上，不保温的在下；金属的在上，非金属的在下；在水平方向上，通常使常温管路、大管路、振动大的管路及不经常检修的管路靠近墙或柱子。

⑤ 管子、管件与阀门应尽量采用标准件，以便于安装与维修。

⑥ 在闭合管路上必须设置活接头或法兰，尤其是在需要经常维修或更换的设备、阀门附近，因为它们可以就地拆开，就地连接。

⑦ 对于温度变化较大的管路须采取热补偿措施，有凝液的管路要安排凝液排出装置，有气体积聚的管路要设置气体排放装置。

⑧ 管路通过人行道时高度不得低于 2m，通过公路时不得小于 4.5m，与铁轨的净距离不得小于 6m，通过工厂主要交通干线一般为 5m。

⑨ 输送有毒或腐蚀性介质的管路，不得在人行道上方设置阀件、法兰等，以免泄漏时发生事故；输送易燃易爆介质的管路，一般应设有防火、防爆安全装置。

⑩ 一般情况下，管路采用明线安装，管路的布置不应妨碍设备、管件、阀门、仪表的检修；上下水管及废水管采用埋地铺设，埋地安装深度应当在当地冰冻线以下。

⑪ 阀门和仪表的安装高度主要考虑操作的方便和安全，参考值为：阀门（截止阀、闸阀和旋塞等）为 1.2m，温度计为 1.5m，安全阀为 2.2m，压力计为 1.6m。

⑫ 长距离输送蒸汽的管路应在一定距离处安装分离器以排出冷凝液；长距离输送液化气体的管路应在一定距离处装设垂直向上的膨胀器。

管路的布置是由设备的布置而确定的，在布置管路时，应参阅有关资料，依据上述原则制订方案，确保管路的布置科学、经济、合理、安全。

2. 管路的安装

管路安装的一般要求如下。

① 管路安装前必须将全部管架及支架紧固，如果管路安装在沉陷量大的设备上，必须在设备找正定位并经水压沉陷稳定后，再实施连接。

② 管子在组合前或管子和组合件在安装前，应先将管子和管件内部清扫干净。组装时先将管路按现场位置分成若干段组装。然后从管路一端向另一端固定接口逐次组合；也可以从管路两端接口向中间逐次组合。在组合过程中，必须经常检查管路中心线的偏差，尽量避免因偏离过大而造成最后合拢的接口处错口太大的毛病。

管路的安装应保证横平竖直，水平管其偏差不大于 15mm/10m，但其全长不能大于 50mm，垂直管偏差不能大于 10mm。安装有缝钢管管路时，应使其纵缝位于管路水压试验时易于检查的方位。

③ 法兰安装要做到对得正、不反口、不错口、不张口。紧固法兰时要做到：未加垫片前，将法兰密封面清理干净，其表面不得有沟纹；垫片的位置要放正，不能加入双层垫片；在紧螺栓时要按对称位置的秩序拧紧，紧好之后螺栓两头应露出 2～4 扣；管道安装时，每对法兰的平行度、同心度应符合要求。

④ 螺纹接合时管路端部应加工外螺纹，利用螺纹与管箍、管件和活管接头配合固定。其密封则主要依靠螺纹的咬合和在螺纹之间加敷的密封材料来达到。常用的密封材料是白漆加麻丝或四氟膜，缠绕在螺纹表面，然后将螺纹配合拧紧。

⑤ 阀门安装时应把阀门清理干净，关闭好再进行安装，单向阀、截止阀及调节阀安装时应注意介质流向，阀的手轮便于操作。

⑥ 凡穿过楼板、墙壁、基础、铁道及公路的管道，应加保护套管且套管内的管段一般不得有焊口，若必须有焊口时应先进行试压，合格后再安装。管子与套管间应填满保温材料。

⑦ 地埋压力管路应先检查地基，合格后才能安装；如遇地下水或积水时应先排水后安装；焊接接口需进行强度及严密性试验并采取防腐蚀措施后，才能回填土。

3. 阀门安装、使用与维护的一般规定

(1) 阀门安装的一般规定

① 安装前，应仔细核对型号与规格是否符合设计要求。

② 安装前应检查阀杆和阀盘是否灵活，有无卡住和歪斜现象。阀盘必须关闭严密，须作强度试验和严密性试验，不合格的阀门不能进行安装。

③ 阀门安装的位置不应妨碍设备、管道及阀门本身的拆装、检修和操作，安装高度一般以阀门操作柄距地面 1～1.2m 为宜；操作较多的阀门，而又必须安装在距操作面 1.8m

以上时，应设置固定的操作平台，或将阀杆水平安装，并配上一个带有传动链条的手轮。当必须安装在操作面以上或以外的位置时，则应设置阀门伸长杆；高于地面 4m 以上的塔区管道上的阀门，均不应设置在平台以外，以便于操作。

④ 水平管路上的阀门，阀杆最好垂直向上或向左右偏 45°水平安装，但不宜向下；垂直管路上的阀门阀杆，必须顺着操作巡回线方向安装。有条件时，阀门尽可能集中。以便于操作。

⑤ 阀门在搬运时不允许随手抛掷，以免损坏；吊装时，绳索应拴在阀体与阀盖的连接法兰处，切勿拴在手轮或阀杆上，以免损坏阀杆与手轮。

⑥ 并排水平管道上的阀门，为了缩小管道间距，应将阀门错开布置；并排垂直管道上的阀门中心线标高最好一致，而且应保证手轮之间的净距不应小于 100mm。

⑦ 下列情况安装的阀门应设置阀门支架：衬里、喷涂及非金属材质的阀门本身重量大，而强度较低，尽可能集中布置，便于制作阀架；管道上安装重型阀门时，要考虑设置阀架；高压阀门大部分系角阀，使用时常为两只串联，开启时启动力大，必须设置阀架以支承阀门和减少启动力；机泵、换热器、塔和容器上的管接口不应承受阀门和管线的重量，公称直径大于 80mm 的阀门应加支架。

⑧ 安装时阀门应保持关闭状态，并注意阀门的特性及介质流向。

⑨ 阀门大部分系铸件，强度较低，与管道连接时，一定要正确操作，不得强行拧紧法兰连接螺栓，以防止阀体变形与损坏；对螺纹式连接阀门，应保证螺纹完整无缺。拧紧时，最好用扳手卡住阀门一端的六角体，以防止阀体的变形或损坏。

⑩ 在一般情况下，安装螺纹式连接阀门时，在阀门的出口处，应加装活接头，以便拆装，如图 1-68 所示。

（2）阀门的使用与维护

阀门类型多、数量广，阀门是化工管路中的关键部件，也是管路中最容易损坏的管件之一。其工作情况直接关系到化工生产的优劣，为保证安全生产，必须正确使用和合理维护。

① 保持清洁与润滑良好，使传动部件灵活动作。

图 1-68 螺纹连接阀门邻近活接头安装位置

② 检查有无泄漏，如有问题应及时紧固或更换，更换时不得带压操作，特别是高温、易腐蚀介质，以防伤人。

③ 阀门关闭费力时应用特制扳手，尽量避免用管钳，不可用力过猛或用工具将阀门关得过死。

④ 室外阀门的传动装置必须有防护罩，以免大气及雨雪的浸蚀；对于水、蒸汽、重油管道上的阀门，要做好保温与防冻工作。对于长期闭停的阀应注意排除积液。

⑤ 蒸汽阀开启前应先预热并排出凝结水，然后慢慢开启阀门以免气、水冲击，阀门全开后，应将手轮倒转少许，以保持螺纹接触严格、不损伤。

⑥ 减压阀、调节阀、疏水阀等自动阀门在启用时，应先将管道冲洗干净；注意观察减压阀的减压效能，如减压值波动较大，应及时检修。

⑦ 电动阀应保持清洁和接点的良好接触，防止水、汽、油的沾污。

⑧ 安全阀要保持无挂污与无渗漏，并定期校验其灵敏度。

三、管路的热补偿、保温、涂色、防腐及防静电措施

1. 管路的热补偿

工业生产中的管路两端通常是固定的，当温度发生较大变化时，管路就会因管材的热胀冷缩，而承受压力或拉力，严重时将造成管子弯曲、断裂或接头松脱。因此必须采取热补偿方式。

管道的温差补偿方法有两种，一种是自然补偿，另一种是通过补偿器补偿。

自然补偿是利用管路本身某一管道的弹性变形，来吸收另一管道的热胀冷缩，通常当管路转角不大于150°时，具有自动补偿的作用。

采用补偿器补偿的常用结构有两种：回折管式补偿器和波形补偿器。

（1）回折管式补偿器　回折管式补偿器是将直管弯成一定几何形状的曲管，常见的有弓形和袋形。它利用刚性较小的曲管（回折管）所产生的弹性变形来吸收连接在其两端的直管的伸缩变形。采用回折管补偿结构，补偿能力大，作用在固定点上的轴向力小，两端直管不必成一直线，且制造简单，维护方便。但要求安装空间大，流体阻力也较大，还可能对连接处的法兰密封有影响。回折管一般由无缝钢管制成，见图1-69、图1-70。

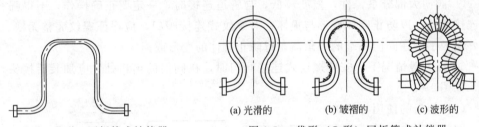

图1-69　弓形（Ⅱ形）回折管式补偿器

(a) 光滑的　　(b) 皱褶的　　(c) 波形的

图1-70　袋形（Ω形）回折管式补偿器

（2）波形补偿器　波形补偿器利用金属薄壳挠性件的弹性变形来吸收其两端连接直管的伸缩变形。其结构形式有波形、鼓形、盘形等。波形补偿器结构紧凑，流体阻力小。但补偿能力不大，且结构较复杂，成本较高。为了增加补偿能力，可将数个补偿器串联安装（一般不超过4个）。也可分段安装若干组补偿器，以增加补偿量。波形补偿器见图1-71。

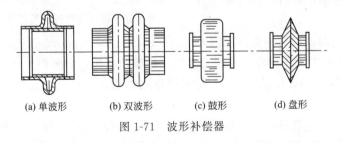

(a) 单波形　　(b) 双波形　　(c) 鼓形　　(d) 盘形

图1-71　波形补偿器

2. 管路的保温与涂色

为了维持生产需要的高温或低温条件、节约能源、保证劳动条件，必须减少管路与环境的热量交换，即管路的保温。保温的方法是在管道外包上一层或多层保温材料。保温层的厚度和结构应根据管路所处的环境、用途、经济指标等综合考虑，使全年热损失和保温层投资的折旧费之和为最小，一般由理论分析结合实际经验确定。保温材料要求具有传热系数小、

密度小、机械强度高、化学稳定性好、价格低廉和施工方便等特点。地上或地沟中敷设的管路最常用的保温材料为玻璃棉毡、矿渣棉毡和石棉硅藻土；地下管路常采用硬制保温制品，如酚醛玻璃棉管壳、水泥蛭石管壳及泡沫混凝土等。

工厂中的管路是很多的，为了方便操作者区别各种类型的管路，常在管外（保护层外或保温层外）涂上不同的颜色，称为管路的涂色，涂色有两种方法，一种是整个管路均涂上一种颜色（涂单色），另一种是在底色上每间隔2m涂上一个50~100mm的色圈。化工管路的颜色都是有规定的，如给水管为绿色，饱和蒸汽为红色，空气为深蓝色，氨为黄色，氯为草绿色，真空管路为白色等。常见化工管路的颜色可参阅手册。

3. 管路的防腐

在化工管路中使用的管材，一般采用金属材料。各种外界环境因素和介质的作用，都会引起金属的腐蚀。金属腐蚀分为化学腐蚀和电化学腐蚀两种。为了延长管路的使用寿命，确保化工生产安全运行，必须采取有效的防腐措施。

管路的主要防腐措施，是在金属表面涂上不同的防腐材料，经过固化而形成油漆，牢固地结合在金属表面上。由于油漆把金属表面同外界严密隔绝，阻止金属与外界介质进行化学反应或电化学反应，从而防止了金属的腐蚀。

(1) 管路表面清理　通常在金属管和构件的表面都有金属氧化物、油脂、泥灰、浮锈等杂质，这些杂质影响防腐层同金属表面的结合，因此在刷油漆前必须去掉这些杂质。除带锈底漆，一般都要求露出金属本色。表面清理分为除油、除锈和酸洗。

如果金属表面黏结较多的油污时，要用汽油或者浓度为5%的热氢氧化钠溶液洗刷干净，干燥后再除锈。管子除锈的方法很多，有人工除锈、机械除锈、喷砂除锈、酸洗除锈等。

(2) 涂漆　涂漆质量直接关系到防腐效果，掌握涂漆技术十分重要。涂漆一般采用刷漆、喷漆、浸漆、浇漆等方法。在化工管路工程中大多采用刷漆和喷漆方法。人工刷漆时应分层进行，每层应往复涂刷，纵横交错，并保持涂层均匀，不得漏涂。涂刷要均匀，每层不应涂得太厚，以免起皱和附着不牢。机械喷漆时，喷射的漆流应与喷漆面垂直，喷漆面为圆弧时，喷嘴与喷漆面的距离为400mm。喷涂时，喷嘴的移动应均匀，速率宜保持在10~18m/min，喷嘴使用的压缩空气压力为0.196~0.392MPa。涂漆时环境温度不低于5℃。

涂漆时要等前一层干燥后再涂下一层。有些管子在出厂时已按设计要求做了防腐处理，现场施工中在施工验收后要对连接部分进行补涂，补涂要求与原涂层相同。

4. 管路的防静电措施

静电是一种常见的带电现象，流体输送过程中电解质之间、电解质与金属之间会因为摩擦产生静电，如粉尘、液体和气体电解质在管路中流动，从容器中抽出或注入容器时，易产生静电。产生的静电如不及时消除，就容易因产生电火花而引起火灾或爆炸。管路的抗静电措施主要是静电接地和控制流体的流速，相关知识可参阅管路安装手册。

四、管道的试压

管道试压的目的是检查已安装好的管道系统的强度是否能达到设计要求，同时对承载管架及基础进行考验，以保证其正常运行使用，它是检查管道安装质量的一项重要措施。试压工作按试验目的可分为检查管道承压能力的强度试验和检查管道连接情况的严密性试验；按试验时所采用的介质可分为用液体作介质的液压试验、用气体作介质的气压试验以及真空试验和渗透试验。使用哪种试验方法可依据管道输送介质的性质、压力和温度等来决定。

1. 气压试验

气密性检查（气压试验）属于压力检查的范畴，用气体作介质。

根据管道输送介质的要求，选用空气或惰性气体作介质进行的压力试验称为气压试验。用于试验氧气管道的气体，应是无油质的。加压设备是气体压缩机或所需气体的高压储瓶。

气压试验灵敏、迅速，但不如水压试验安全，因气体突然减压膨胀可能引起爆炸，尤其是利用高压蒸汽试压更为危险，因此一般应尽量采用液压试验。但对于一些由于结构原因不适合做液压试验或液压试验确有困难的管道，可用气压试验代替液压试验，但必须采取有效的安全措施，并应报主管部门批准。其强度试验压力一般规定为：DN（公称直径）$\leqslant300$mm，p_s（试验压力）$\leqslant1.6$MPa；$DN>300$mm，$p_s\leqslant0.6$MPa。但高压管道则不受此限制。

试验时，压力应逐级升高，达到试验压力时立即停止升压。在焊缝、法兰、阀门等连接处涂刷肥皂水，检查泄漏情况，如发现有气泡的地方，做上记号，待放压后进行修理；缺陷消除后再升至试验压力，继续进行试验。在交工验收中，对气压试验常以接口不渗漏及平均泄漏率不超过表 1-20 的规定数值为合格。

表 1-20　管道允许泄漏率标准

管道所处的环境	每小时平均泄漏率/%	
	剧毒介质	甲乙类火灾危险性介质
室内及地沟管道	0.15	0.25
室外及无围护结构车间管道	0.3	0.5

注：上述标准适用于 DN 为 30mm 的管道，其余直径管道的泄漏率（压力降）标准需乘以按下式求出的校正系数 K。

$$K=\frac{300}{DN} \tag{1-53}$$

式中　DN——试验管道的公称直径，mm。

2. 水压试验

液压试验是用液体介质进行压力试验的方法。一般液压试验都采用水作为试验介质（当设计对水质有要求时应按设计规定的要求进行试验），所以常称为水压试验。一般管道系统的强度试验与严密性试验常采用液压试验进行。

（1）水压试压装置　液压试验时的加压泵，有专用的电动试压泵和手动试压泵两种，如图 1-72 所示。

水压试验应用洁净的水作介质，氧气管道试压的用水不应有油脂存在；在气温低于 5℃ 时，可在采取特殊防冻措施后，用 50℃ 左右的热水进行试验。图 1-73 为管道水压试验示意图。图中 ABC 管段为待试压管道，该管段两端有法兰 1 与设备连接，试压前应用盲板堵死；支管 4 可暂时拆下，接上压力表 9 和放气阀 10；排液阀 3 处可接上与试压泵 5 连接的引压导管 6，并将阀门 2 开启。试压开始后通过橡胶软管 12 将洁净的水经阀 7 充入系统。同时打开最高点的放气阀 10，当管内的空气排净充满水后，关闭阀门 7 和 10，再用试压泵 5 通过阀门 8 和引压导管 6 向系统内加压。加压时应分阶段进行，第一次可加压至试验压力的一半，对管道进行一次检查，然后再继续提高压力。试验压力越高，分段次数应随之增加。试压泵加压时，应将压力表前的阀门 11 关闭，防止压力表指针剧烈跳动而损坏或产生误差。

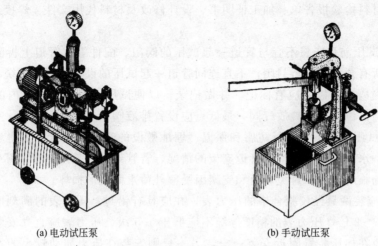

(a) 电动试压泵   (b) 手动试压泵

图 1-72　液压试验的电动试压泵和手动试压泵

所以加压的幅度要小，随时开启阀门 11 检查压力表数值。当即将达到规定的压力时，可打开压力表阀门，防止超过试验的规定压力数值而发生事故。

如在强度试验后，接着用水做严密性试验，可将放水阀 7 打开，水从阀门流出，压力下降到所需数值，立即关闭，就可按规定时间观察渗漏情况。试验完毕后，应立即将管内存水放尽，并拆除盲板及全部试压装置。

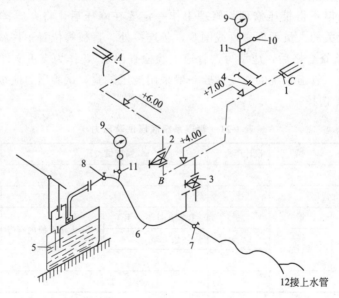

图 1-73　管道水压试验示意图

1—法兰；2,8,11—阀门；3—排液阀；4—支管；5—试压泵；6—引压导管；
7—放水阀；9—压力表；10—放气阀；12—橡胶软管

（2）管道试压的一般规定

① 管道试压前应全面检查、核对已安装的管子、管件、阀门、紧固件以及支架等的质量，必须符合设计要求及有关技术规范的规定。同时还应检查管道零件是否齐全、螺栓等紧固件是否已经紧固，以及焊缝质量、支架安装情况等。对于高压管道及其他重要的管道，还

应审查资料及材料检验报告单、加工证明书、设计修改及材料代用文件、焊接工作及焊接质量检查记录等。

② 管道在试压前,应将不宜与管道一起试压的阀门、配件等从管道上拆除,临时装上短管;管道上所有开口应进行封闭;不宜连同管道一起试压的设备或高压系统与中低压系统之间应加盲板隔离,盲板处应有标记,并做记录,以便试压后拆除;系统内的阀门应予开启;系统的最高点位置应设置放气阀,最低点应设置排液阀。

③ 管道在试压前,不应进行防腐和保温;埋地敷设的管道,试压前不得埋土,以便试压时进行检查。水压试验前应检查管道支架的情况,若管架设计是按空管计算管架强度及跨距的,则应增加临时支柱,避免管道和支架因受额外荷重而变形损坏。

④ 试验时应装两只经校验合格的压力表,并应具有铅封。压力表的满刻度应为被测压力最大值的 1.5～2 倍,压力表的精度等级不应低于 1.5 级。压力表应直立安装在便于观测的位置,一般应在加压装置附近安装一只,另一只则安装在压力波动较小的本系统其他位置。位差较大的系统,压力表的位置应考虑试压介质静压的影响。

⑤ 进行液压试验时,若气温低于 5℃,则应采取防冻措施,否则,应改用气压试验。液压试验合格后,应将系统内的液体排尽。

⑥ 要进行试压的管道,应根据操作压力分系统进行。通向大气的无压管线,如放空管、排液管等,一般可不进行试压。

⑦ 试验时应将压力缓慢升至试验压力,并注意观察管道各部分的情况,如发现问题,应马上进行修理。但不得带压修理,修理工作一定要在降压后,将介质排除再进行。试压时,与该项工作无关的人员不许靠近或围观,各连接处、盲板等位置不许站人。

⑧ 管道试验检查合格后,应填写"管道试验检查记录",作为交工文件。

(3)强度试验 管道系统的强度试验一般采用液压试验,试验压力应按设计规定,如无规定,可按表 1-21 选择。

表 1-21 管道系统液压试验压力 单位:kgf/cm²

管道级别			设计压力 p	强度试验压力		严密性试验压力
真空			—	2		1
中低压	地上管道		—	1.25p		p
	埋地管道	钢	—	1.25p 且不小于 4	不大于系统内阀门的单体试验压力	p
		铸铁	≤5	2p		
			>5	p+5		
高压			—	1.5p		p

液压强度试验时,应缓慢升压至试验压力,并在此压力下保持 5～10min,检查无泄漏、破坏、变形为合格。

气压强度试验时,首先应逐级缓升至试验压力的 50%,并进行检查。如无泄漏及异常现象,继续按试验压力的 10% 逐级升压至强度试验压力。每一级稳压 3min,达到试验压力后稳压 5min,以无泄漏、变形为合格。

(4)严密性试验

① 液压严密性试验。管道的严密性试验,当采用液压进行时,其试验压力可按表 1-22

中的规定；当采用气压进行试验时，试验压力可按设计压力，但真空管道应不小于 $1kgf/cm^2$。液压严密性试验一般在强度试验合格后进行。但对埋地压力管道（钢管、铸铁管），在回填土后，还应进行系统最终压力试验，试验前管内需充水浸泡 24h，试验压力为设计压力，其渗水量应符合表 1-22 中的要求，渗水量严重的接口必须修理。当埋地铸铁管道的公称直径 DN 不大于 400mm 时，其管内空气应能排尽。在做最终压力试验时，10min 内压力降不大于 $0.5kgf/cm^2$ 即为合格，可不做渗水量试验。

气压严密性试验在强度试验合格后，使压力降至工作压力，用涂刷肥皂水（铝管应用中性肥皂水）的方法检查，如无泄漏，稳压 30min，压力不降，则严密性试验为合格。但对介质为剧毒、易爆及有其他特殊要求的管道系统，应在系统吹洗合格，试验压力等于工作压力条件下，保压 24h 左右（根据介质要求而定），做泄漏量试验，保证系统平均泄漏率不超过规定数值为合格。压力管道允许渗水量见表 1-22。

表 1-22 压力管道允许渗水量

公称直径/mm	允许渗水量/[L/(km·min)]		公称直径/mm	允许渗水量/[L/(km·min)]	
	钢管	铸铁管		钢管	铸铁管
100	0.28	0.7	500	1.1	2.20
125	0.35	0.9	600	1.2	2.40
150	0.42	1.05	700	1.3	2.55
200	0.56	1.40	800	1.35	2.70
250	0.7	1.55	900	1.45	2.90
300	0.85	1.70	1000	1.50	3.00
350	0.9	1.80	1100	1.55	3.10
400	1.0	1.95	1200	1.65	3.30
450	1.05	2.10			

上面已经对管道压力试验的一般方法、规定作了简单介绍，当在施工图中无明确规定时，可查阅相关资料。

② 真空试验。真空试验属于严密性试验的一种，即将管道用真空泵抽成真空状态，用真空表进行一定时间的观察，计算出压力变化状况，其回升的数值也以规定的允许值为标准。真空系统在压力试验合格后、联动试运转前，也应以设计压力进行真空度试验，时间为 24h，增压率不大于 5% 为合格。

③ 渗透试验。渗透试验也是一种严密性试验，常用的渗透剂是煤油。渗透试验常用于对一般阀门或焊缝的检查，其方法是将阀门关闭，检查阀座和阀芯的严密性，或检查焊缝的严密性，将阀门的一侧或焊缝容易检查的一面清理干净，涂刷上白垩粉水溶液，待干燥后，即可在阀门的另一侧或焊缝的另一面涂以煤油，使表面得到足够的浸润，利用煤油渗透力强的特性，对另一侧进行观察，以不渗油为合格。如果发现有渗油现象，说明该阀门或接口不严密，需要采取适当措施进行处理。

五、管道的吹扫和清洗

1. 吹扫和清洗的目的

为保证管道系统内部的清洁，除安装前必须清除内部杂物外，安装完毕强度试验合格后或严密性试验前，还应分段进行吹扫和清洗（简称吹洗），以便清除遗留在管道内的铁锈、焊渣、尘土、水分及其他污物，以免这些杂物随流体沿着管道流动时堵塞管道、损坏阀门和仪表、碰撞管壁产生火花而引起事故。

管道吹扫和清洗的要求应根据该管道所输送的介质不同而异，有的管道需用化学药品清洗，有的管道只需用一定流速的水进行清洗，而有的管道则需用一定流速的气体或蒸汽进行吹扫。

2. 吹扫和清洗的一般规定

（1）编制技术施工方案　为保证将管道吹扫和清洗干净，对支管、弯曲较多或长距离的管道应分段进行吹洗，其顺序一般应按主管、支管、疏排管依次进行，当前段管道吹洗完毕后，即可连接下一管段继续进行吹洗；对直管或较短的管道可一次吹洗。吹洗应在管道全部或某段安装好并进行强度试验后，在严密性试验前进行；不允许吹洗的管道附件，如孔板、调节阀、节流阀、止回阀、过滤器、喷嘴、仪表等，应暂时拆下妥善保管，临时用短管代替或采取其他措施，待吹洗合格后再重新安装。

吹出口一般应设在阀门、法兰或设备入口处，并用临时管道接至室外安全处，防止污物进入阀门或设备，以保证安全。排出管的截面宜和被吹洗管道截面相同，或稍小于被吹洗管道截面，但不允许小于被吹洗管道截面的75%。排出管端应设有临时固定支架，以承受流体的反作用力。为保持吹洗压力以达到排除杂物的目的，吹出口应设阀门，吹洗时此阀应时开时关，以控制吹洗压力。不允许吹洗的设备或管道应用盲板与吹洗系统隔离，其内部可采用其他方法进行清理。

（2）选择管道的吹洗介质　应根据设计规定或按管线的用途及施工条件选择管道的吹洗介质。吹洗介质常用水、压缩空气或蒸汽。由于蒸汽具有类似蒸煮作用，所以蒸汽比压缩空气吹洗效果更好，但对于投产前管内要求高度干燥的物料管道（如输送硫酸的管路），应当采用压缩空气进行吹洗。对内壁有特殊清洁要求的管道进行酸洗与钝化时，应采用槽式浸泡法或系统循环法。

（3）合理设置吹扫压力　吹扫压力应按设计规定，若设计无规定时，吹扫压力一般不得超过工作压力，且不得低于工作压力的25%。对大型管道不应低于0.6MPa。吹洗时应使吹洗介质高速通过管内，要求流速不低于工作流速。一般管道冲洗时，应保证水的流速不小于1.5m/s，直至从管内排出清洁水为止。当用压缩空气吹扫时，应保证系统的流速不小于20m/s，用贴有白纸或白布的板置于排出口检查，直到吹出的气流无铁锈、脏物为止。当用蒸汽吹扫时，吹扫前管道应进行预热，预热时需检查固定支架是否牢固，管道伸缩是否自如。吹扫时，流速一般为20～30m/s，直至吹出口排出的蒸汽完全清洁为止。吹洗管道的同时，除有色金属管道、非金属管道外，均应用锤敲击管壁（不锈钢宜用木槌），特别对焊缝、死角和管底部位应多敲击，以使管内杂物在高速吹洗流体的作用下易于排出管外，但敲击时不得损伤管壁。

吹洗工作一般采用装置中的气体压缩机、水泵或蒸汽锅炉加压进行。吹洗过程中，如发现吹洗管道内的压力突然升高至大于吹洗压力，则应马上停止吹洗，检查原因（如管路中有局部堵塞等），排除故障后再继续进行。同时还应检查整个管道系统的托架、吊卡等是否牢固，如有松动应及时处理。

3. 管道系统的清洗

供水、热水、回水、凝结水及其他工作介质为液体的管道系统，一般可用洁净的水进行冲洗。冲洗时，如管道分支较多，末端截面积较小，可将干管上的阀门或法兰等连接处暂时拆除1～2处（视管道长短而定），支管和干管连接处的阀门也暂时拆除，用盲板封闭，然后分段进行冲洗；如管道分支不多，排水管可以从管道末端接出。排水管截面积不应小于被冲洗管道截面积的 75%，排水管应接至排水井或排水沟，以保证排泄和安全。冲洗时应以系统内可能达到的最大压力和流量进行，流速不应小于 1.5m/s。当设计无特殊规定时，则以出口处的水色和透明度与入口处的目测一致为合格。

4. 蒸汽管道的吹扫

蒸汽管道应用蒸汽吹扫。非蒸汽管道如用空气吹扫不能满足清洁要求，也可用蒸汽吹扫，但应考虑其结构是否能承受高温和热膨胀因素的影响。蒸汽管道吹扫时应从总气阀开始，沿蒸汽流向将主管、干管上的阀门或法兰暂时拆除 1~2 处（视管道长短而定），支管和集水管从法兰处暂时拆除并临时封闭，分段进行吹除，先将主管、干管逐级吹净，然后再吹支管及冷凝水排液管。一般每次只用一个排气口，用排气管引至室外，管口应朝上倾斜，并加上明显标志，保证安全排放。排气管应具有牢固的支撑，以承受排放时的反作用力，避免排气管弹跳造成事故。排气管管径不宜小于被吹扫管的管径，长度应尽量短些。

蒸汽吹扫时，应先向管道内缓慢地输入少量蒸汽，对管道进行预热，同时应注意检查管道受热延伸的情况，恒温 1h 后，当吹扫管段首端和末端的温度接近相等时，再逐渐增大蒸汽流量进行吹扫，然后降温至环境温度，再升温、恒温进行第二次吹扫，如此反复一般不少于 3 次。吹扫总管用总气阀控制流量，吹扫支管用管道支管中各分支处的阀门控制流量。在开启气阀前，应先将管道中的冷凝水经疏水管排放干净。吹扫压力应尽量维持在管道设计工作压力的 75% 左右，最低不应低于工作压力的 25%，吹扫流量为管道设计流量的 40%~60%，吹扫时间每次为 20~30min，当排气口排出的蒸汽完全清洁时才能停止吹扫。

蒸汽吹扫的合格标准和检查方法为：中压蒸汽管道、高压蒸汽管道、透平机入口管道的吹扫效果，可用铝板放在排气口检查（铝板表面应光洁，宽度为排气管内径的 5%~8%，长度等于管子内径）。连续两次更换靶板检查，停放时间 1~3min，如靶板上肉眼可见的冲击斑痕不多于 10 点，每点不大于 1mm 即为合格。

一般蒸汽管道或其他无特殊要求的管道，可用刨光的木板置于排气口处检查，板上无铁锈、脏物即为合格。吹扫时，蒸汽阀的开启和关闭应缓慢，不能过急，以免形成水锤现象而引起阀件破裂；排放口附近及正前方不得有人，以防被烫伤或杂物击伤，必要时可采取有效的安全措施。绝热管道吹扫一般宜在绝热施工前进行。

六、管路的维护

1. 管路日常维护

在化工企业中，管路担负着连接设备、输送介质的重任，为了保证生产的正常运行，对管路精心维护，及时发现故障，排除故障，显得十分重要。

① 认真做好日常巡回检查，准确判断管内介质的流动情况和管件的工作状态；检查管路各接口处是否有泄漏现象。

② 及时排放管路的油污、积水和冷凝液，及时清洗沉淀物和疏通堵塞部位，定期检查和测试高压管路。

③ 检查各活动部件的润滑情况；对管路安全装置进行定期检查和校验调整等。

④ 检查管路的振动情况；察看紧固件是否齐全、有无松动现象。

⑤ 定期检查管路的腐蚀和磨损情况；适时做好管路的防腐和防护工作。

⑥ 定期检查管路的保温设施是否完好。

2. 管路常见故障及排除方法

（1）连接处泄漏　泄漏是管路中的常见故障，轻则浪费资源、影响正常生产的进行，重则跑、冒、滴、漏，污染环境，甚至引起爆炸。因此，对泄漏问题必须引起足够重视。泄漏常发生在管接头处。

若法兰密封面泄漏，首先应检查垫片是否失效，对失效的垫片应及时更换；其次是检查法兰密封面是否完好，对遭受腐蚀破坏或已有径向沟槽的密封面应进行修复或更换法兰；对于两个法兰面不对中或不平行的法兰，应进行调整或重新安装。

若螺纹接头处泄漏，应局部拆下检查腐蚀损坏情况。对已损坏的螺纹接头，应更换一段管子，重新配螺纹接头。

若阀门、管件等连接处填料密封失效而泄漏，可以对称拧紧填料压盖螺栓，或更换新填料。

若承插口处有渗漏现象，大多为环向密封填料失效，此时应进行填料的更换。

（2）管道堵塞　管道堵塞故障常发生在介质压力不高且含有固体颗粒或杂质较多的管路。采取的排除方法有：手工或机械清理填塞物；用压缩空气或高压水蒸气吹除；采用接旁通的办法解决。

（3）管道弯曲　产生管道弯曲主要是由温差应力过大或管道支撑件不符合要求引起。如因温差应力过大导致，则应在管路中设置温差补偿装置或更换已失效的温差补偿装置；如因支撑不符合要求引起，则应撤换不良支撑件或增设有效支撑件。

 技能训练

管路拆装操作

1. 训练要求

① 能正确识读化工管路布置图，并根据管道布置图铺设管路。

② 能正确选择和使用常见拆装工具，能分清不同类型扳手的使用场合。

③ 能按技术要求拆卸和安装管路，掌握法兰连接、螺纹连接管路方法。

④ 能进行管道打压试漏，并对泄漏点进行故障分析和排除。

2. 实训装置流程图

3. 实训任务

现场某输送系统（见图1-74）的管路部分（以法兰连接为主）需要拆除检修回装并交付使用。要求符合化工管路拆除和安装技术要求，在满足工艺需要的同时，管路安装应做到横平竖直、便于操作，无泄漏点。

根据实训任务，操作者首先须熟悉化工管路拆除和安装技术要求。在拆装准备过程中，须做好管路布置草图绘制和工具材料选择备齐等工作。拆卸时，须特别注意化工管路介质的危险性问题。安装时，对于法兰连接管路须掌握其安装技术要领。

完成此任务，可按照拆装准备、拆卸和清理检查、回装、打压试漏等步骤进行。

4. 实训步骤

（1）确定人员分工，明确职责

① 组长1人，负责整个小组的人员调配、人员管理、行动指挥、现场纪律等工作。如现场出现问题及时和负责的指导教师进行沟通。

② 安全员1人，负责小组人员安全保障和监督，发现和提醒不安全因素和制止违章作

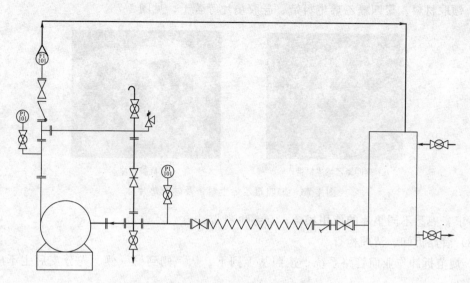

图 1-74　管路拆装实训装置流程图

业。现场实习人员必须严格穿戴劳动保护用品，正确配戴安全帽，提早做好安全防范措施，规范操作。

③ 工艺员 1 人，负责现场管路拆装操作任务的质量管理。在管路拆装过程中，发现违反操作规程、影响管路安装质量的行为要进行制止。质量检查员如预检不合格，必须及时修正，直到达到规范要求为止。

④ 材料员 1 人，负责领取现场管路拆装操作的工具、材料等。在管路拆装和操作过程中监督现场工具的正确使用和不丢失、不乱借用、不错混，负责现场材料和拆卸下来的各种配件摆放整齐，现场清洁有序。

⑤ 施工员若干，其余人员为拆装施工员，负责管路拆装现场施工。

（2）领取工具、材料　在拆卸前，根据所拆卸管子或法兰螺栓（母）的规格特点，选择适用的拆卸工具（合适的种类、型式、尺寸、数量），还应备好螺栓（母）、垫片、生料带等。

① 领取工具。不同类型、规格和型号的扳手（活扳手、呆扳手、尖扳手等，见图1-75）、管钳子。

(a) 呆扳手

(b) 尖扳手

(c) 管钳子

图 1-75　不同类型的扳手

要求：熟悉各种扳手的使用场合和使用方法；会选工具。

② 领取材料。聚四氟乙烯生料带、硅胶垫片等若干，见图1-76。

(a) 聚四氟乙烯生料带

(b) 硅胶垫片

图1-76 聚四氟乙烯生料带及硅胶垫片

要求：熟悉不同垫片的使用场合；会缠生料带。

（3）管路拆卸、清理检查

① 规范拆卸作业面管路系统。按照从上到下、从一侧到另一侧、先分支后主干的原则进行拆卸。

拆卸化工管路时，应遵循先试探后打开的原则。压力表、流量计等易损部件在可能的情况下应首先拆卸，防止损坏。

施工组织井然有序，各岗位人员各司其职，既分工又合作。施工中操作规范，材料、工具分类摆放整齐，现场安全清洁。

② 规范清理检查拆卸下的各管段、管件、阀件、仪表、螺栓（母）、垫片，不适合继续重复使用的必须更换。

（4）管路回装

① 确认各管段、管件、阀件、仪表、螺栓（母）、垫片等已清理检查完毕，并按管路图和工艺要求准备齐全，所需工具已备齐，以上物品均处于完好备用状态。

② 规范回装管路系统。满足管路布置图的具体要求，按管路图进行施工回装。

按照从下到上、从一侧到另一侧、从主干到分支的原则进行安装。

回装管路时，应遵循先定位后加固的原则，规范加装法兰垫片。法兰安装应同时满足：面要平、口不歪、垫片要放正、螺栓（母）力度要足且受力均匀。所有仪表应面向主操作面，所有阀门的手柄（手轮）的方向应便于操作，管路整体布置整齐美观。

③ 施工组织井然有序，各岗位人员各司其职，既分工又合作。施工中操作规范，材料、工具分类摆放整齐，现场安全清洁。

（5）试压、修复 初装完毕，进行水压试验。在渗漏点处作标记，修复后重新打压试验，直至无渗漏合格为止。

（6）收工 施工完毕，做到"工完料净场地清"。

5. 安全要点

① 进入现场前要进行安全教育培训，对现场危险特点、注意事项、有关规定以及安全用电、急救知识等进行教育培训并经考核合格。

② 装置中钢管、阀件等较重，一个人搬运易掉落碰伤；有的螺栓（母）拆卸比较费力；有的作业面狭窄而施工人员众多；还有随手高处乱放工具等不规范行为等等。施工现场如无序管理则安全隐患无处不在。因此，在进行管路拆装前，一定要正确佩戴好劳动保护用品；安装搬运重管件时，须一起协作；各组人员之间、不同工种、不同作业任务之间做到相互照

应，相互避让，规范有序，尽可能避免交叉作业，以确保安全。用扳手拆卸法兰螺栓（母）时，扳口要压实，且不要用爆发力；若两人合作拆卸一个螺栓（母），要指定由一人喊号子，同步动作，以防意外。

③ 应对称拆除法兰上的螺栓（母），特别是对化工管路而言，松开法兰前原则上还要保留1个螺栓（母），以防管道内残液、残压伤人。此时应试探拆卸：用尖扳手把法兰口撬开一道缝，人不能面对楔缝，以免管道内剩余介质流出或压力冲击伤人。若有介质流出，迅速将螺栓（母）上紧，将管路设备内隐患彻底排除后方可继续进行。

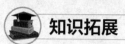 **知识拓展**

一、安全阀安全使用常识

安全阀是特种设备（锅炉、压力容器、压力管道等）上的一种限压、泄压起到安全保护作用的重要附件。安全阀一般是直接安装在特种设备上的，安全阀的设计、制造、安装、使用、检验等都要符合特种设备相关规定的要求，其动作的可靠性和性能好坏直接关系到设备和人身的安全，并与节能和环境保护紧密相关。

1. 安全阀的分类方法

常见的安全阀一般有以下几种。

① 按整体结构和加载结构的形式可以分为重锤杠杆式安全阀、弹簧式和控制式3种；

② 按阀瓣式开启高度与阀流通直径之比可以分为微启式和全启式安全阀2种；

③ 按气体排放的方式可以分为全封闭式、半封闭式和敞开式3种。

2. 安全阀的选用

选用安全阀应从以下几个方面考虑。

① 结构形式主要取决于设备的工艺条件以及工作介质、特性。一般锅炉、压力容器多选用弹簧式安全阀。如果设备介质有毒、易燃易爆，应选封闭式的安全阀。

② 锅炉、高压容器、安全泄放量较大而壁厚腐蚀余量不大的中、低压容器宜选用全启式安全阀。

③ 压力范围。每种安全阀都有一定的工作压力范围。选用时应按设备的最大允许工作压力选用合适的安全阀。

④ 排放量必须大于设备的安全泄放量，这样才能保证超压时，安全阀开启及时排出部分介质，避免压力继续升高。对于锅炉，安全阀的总排量必须大于最大连续蒸发量。对于压力容器，安全阀的排量必须大于等于压力容器的安全泄放量。

3. 安装注意事项

安全阀是特种设备上重要的安全附件，其安装有相应的要求，以锅炉为例列举一些常见的注意事项。

① 额定蒸发量大于0.5t/h的锅炉，至少装设两个安全阀；额定蒸发量小于或等于0.5t/h的锅炉，至少装一个安全阀。可分式省煤器出口处、蒸汽过热器出口处都必须装设安全阀。

② 安全阀应垂直安装在锅筒、集箱的最高位置。在安全阀和锅筒或集箱之间，不得装有取用蒸汽的出口管和阀门。

③ 杠杆式安全阀要有防止重锤自行移动的装置和限制杠杆越出的导架，弹簧式安全阀

要有提升手把和防止随便拧动调整螺钉的装置。

④ 对于额定蒸气压小于或等于 3.82MPa 的锅炉，安全阀喉径不应小于 25mm；对于额定蒸气压大于 3.82MPa 的锅炉，安全阀喉径不应小于 20mm。

⑤ 安全阀与锅炉的连接管，其截面积应不小于安全阀的进口截面积。如果几个安全阀共同装设在一根与锅筒直接相连的短管上，短管的流通截面积应不小于所有安全阀流道面积之和。

⑥ 安全阀一般应装设排气管，排气管应直通安全地点，并有足够的截面积，保证排气畅通。安全阀排气管底部应有接到安全地点的疏水管，在排气管和疏水管上都不允许装设阀门。

4. 安全阀常见故障

在对安全阀正常使用以及进行校验时，会经常发生、发现各种故障，故障的主要原因是设计、制造、选择或使用不当造成的。这些故障如不及时消除，就会影响阀的功效和寿命，甚至不能起到安全保护作用。常见的故障及消除方法如下。

① 泄漏。泄漏是指在设备正常工作压力下，阀瓣与阀座密封面之间发生超过允许程度的渗漏。其原因有：阀瓣与阀座密封面之间有脏物，可使用提升扳手将阀开启几次，把脏物冲去；密封面损伤，应根据损伤程度，采用研磨或车削后研磨的方法加以修复；阀杆弯曲、倾斜或杠杆与支点偏斜，使阀芯与阀瓣错位，应重新装配或更换；弹簧弹性降低或失去弹性，应采取更换弹簧、重新调整开启压力等措施。

② 到规定压力时不开启。造成这种情况的原因是定压不准，应重新调整弹簧的压缩量或重锤的位置；阀瓣与阀座粘住，应定期对安全阀做手动放气或放水试验；杠杆式安全阀的杠杆被卡住或重锤被移动，应重新调整重锤位置并使杠杆运动自如。

③ 不到规定压力开启。主要是定压不准，弹簧老化弹力下降，应适当旋紧调整螺杆或更换弹簧。

④ 排气后压力继续上升。这主要是因为选用的安全阀排量小于设备的安全泄放量，应重新选用合适的安全阀；阀杆中线不正或弹簧生锈，使阀瓣不能开到应有的高度，应重新装配阀杆或更换弹簧；排气管截面不够，应采取符合安全排放面积的排气管。

⑤ 阀瓣频跳或振动。主要是由于弹簧刚度太大，应改用刚度适当的弹簧；调节圈调整不当，使回座压力过高，应重新调整调节圈位置；排放管道阻力过大，造成过大的排放备压，应减小排放管道阻力。

⑥ 排放后阀瓣不回座。这主要是弹簧弯曲，阀杆、阀瓣安装位置不正或被卡住造成的，应重新装配。

5. 安全阀校验

① 校验周期。锅炉、压力容器、压力管道等使用的安全阀每年至少校验一次（安全技术规范另有规定的从其执行）；新出厂的安全阀，在使用前应进行校验；经解体、修理、更换部件的安全阀，应当重新进行校验。

② 校验项目。安全阀的校验项目包括整定压力和密封性能，有条件时可以校验回座压力，整定压力试验不得少于 3 次，每次都必须达到标准要求。安全阀整定压力校验和密封试验压力，要考虑到背压影响和校验时的介质、温度与设备运行的差异，并予必要的修正。检修后的安全阀，需要按照细则和产品合格证、铭牌、相应标准、使用条件，进行整定压力试验。对于现场校验的安全阀，校验内容为开启压力和回座压力。但安装在介质为有毒、有

害、易燃、易爆的压力容器上的安全阀，一般不允许进行现场校验。现场校验必须在保证人员和生产安全的前提下进行。

③ 校验方式。校验方式分为在线和离线两种。离线校验的受检安全阀要提前从特种设备上拆下，集中送往校验地点（安全阀校验站）。在线校验的受检安全阀，对于需要登高的校验作业，当离地面或固定平面 3m 以上时，为便于安全校验，应搭设脚手架或安设可靠的移动扶梯，校验时应有监护人。

④ 校验前使用单位应做好以下准备工作：使用单位根据安全阀的校检周期或特种设备检验单位发出的"安全阀校验通知书"向安全阀校验单位交费报检，并同维修作业人员按报检的内容约定校验日期。校验前准备好受检安全阀的档案及资料，待检安全阀的外观质量及所带资料等应符合相关要求，准备好上一次的"安全阀校验报告"以备查实。使用单位应按要求填写"安全阀校验委托单"。

二、阀门故障及排除

阀门发生故障的原因多种多样。常见的故障及排除方法见表 1-23。

表 1-23　阀门的常见故障及排除方法

故障	产生原因	排除方法
填料室泄漏	①填料老化失效或规格不对 ②填料的填装方法不对 ③压盖松 ④阀杆磨损或腐蚀 ⑤阀杆弯曲 ⑥操作过猛	①更换新填料 ②取出重新填装 ③均匀压紧填料,拧紧螺母 ④更换合格的阀杆 ⑤校直阀杆或更换阀杆 ⑥操作应平稳、缓慢开关
关闭件泄漏	①密封面不严 ②密封圈与阀座、阀瓣配合不严密 ③阀杆变形,上下关闭件不对中 ④关闭过快、密封面接触不好 ⑤材料选用不当,经受不住介质的腐蚀 ⑥截止阀、闸阀作调节阀用,由于高速介质的冲刷侵蚀,使密封面迅速磨损 ⑦焊渣、铁锈、泥沙等杂质嵌入阀内,或有硬物堵住阀芯,使阀门不能关严	①安装前试压、试漏,修理密封面 ②密封圈与阀座、阀瓣采用螺纹连接时,可用聚四氟乙烯生料带作螺纹间的填料,使其配合严密 ③校正阀杆或更新 ④关闭阀门用稳劲、不要用力过猛,发现密封面之间接触不好或有障碍时,应立即开启稍许,让杂物随介质流出,然后再细心关紧 ⑤正确选用阀门 ⑥按阀门结构特点正确使用,需调节流量的部件应采用调节阀 ⑦清扫嵌入阀内的杂物,在阀前加装过滤器
阀杆升降不灵活	①阀杆缺乏润滑或润滑剂失效 ②阀杆弯曲 ③螺纹被介质腐蚀 ④露天阀门缺乏保护,锈蚀严重 ⑤阀杆被锈蚀卡住	①经常检查润滑情况,保持正常的润滑状态 ②使用短杠杆开闭阀杆,防止扭弯阀杆 ③选用适应介质及工作条件的材质 ④应设置阀杆保护套 ⑤定期转动手轮,以免阀杆锈住;地下安装的阀门应采用暗杆阀门

续表

故障	产生原因	排除方法
垫圈泄漏	①垫圈材质不耐腐蚀,或者不适应介质的工作压力及温度 ②高温阀门内所通过的介质温度变化	①采用与工作条件相适应的垫圈 ②使用时再适当紧一遍螺栓
双闸板阀门的闸板不能压紧密封面	顶楔材质不好,使用过程中磨损严重或折断	用碳钢材料自行制作顶楔,换下损坏件
安全阀或减压阀的弹簧损坏	①弹簧材料选用不当 ②弹簧制造质量不佳	①更换弹簧材质 ②采用质量优良的弹簧

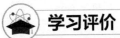 **学习评价**

管路的安装和布置			
工作任务	考核内容		考核要点
管子的连接	基础知识		管子的各种连接方法、特点
	现场考核	准备工作	穿戴劳保用品,准备工具
		法兰连接操作	在安装法兰和垫片时,应检查法兰密封面及垫片是否有影响密封性能的划痕、斑点等缺陷
			法兰与管道连接时应保持同心,螺栓能够自由穿入,配对的两个法兰面须保持平行,其偏差及间距应符合规定,不能采用强紧螺栓的方法消除法兰面的歪斜
			将两法兰盘对正,把密封垫片准确放入密封面间,在法兰螺栓孔内按同一方向穿入一种规格的螺栓,用扳手依对称顺序紧固螺栓,每螺栓分2～3次完成紧固,使螺栓及密封垫片受力均匀而有利于保证密封性,法兰连接螺栓紧固后外露长度不大于2倍螺栓;螺栓应与法兰紧贴,不得有楔缝; 加垫圈时,每个螺栓不应超过一个
		工具使用	正确使用工具 正确摆放工具
		安全及其他	按国家法规或企业规定; 在规定时间内完成操作
阀门的安装及使用	基础知识		阀门的选用,准备工具
	现场考核	准备工作	穿戴劳保用品、工具用具准备
		操作程序	安装前应检查阀杆和阀盘是否灵活,阀盘是否关闭严密,有无卡住和歪斜现象;
			安装时阀门应保持关闭状态,并注意阀门的特性及介质流向;
			按照法兰连接及螺纹连接法正确安装阀门,法兰连接时不得强行拧紧螺栓,须用扳手卡住阀门一端的六角体,以防止阀体的变形或损坏
		工具使用	正确使用工具; 正确摆放工具
		安全及其他	按国家法规或企业规定; 在规定时间内完成操作

管路的安装和布置			
工作任务	考核内容		考核要点
管路拆装	基础知识		管路的布置与安装原则； 管子螺纹、法兰连接方法； 管路的热补偿、管路的保温与涂色、管路的防腐及管路的防静电措施
	现场考核	准备工作	穿戴劳保用品，列出施工用工具及材料清单
		管路布置图	能够识读管路布置图
		管路拆卸	将安装好的管路进行拆卸、整理，将管路组成件内部的沙土、铁屑、熔渣以及其他杂物处理合格、干净，分类摆放
		管路安装	管路法兰、阀门以及其他连接点的设置应符合原设备的安全位置，不能随意改变管路走向和阀门位置； 组装时先将管路按现场位置分成若干段组装，然后逐次组合，在组合过程中，经常检查管路中心线的偏差； 法兰安装要做到对得正、不反口、不错口、不张口； 未加垫片前，将法兰密封面清理干净，垫片的位置要放正； 在紧螺栓时要按对称位置的秩序拧紧，紧好之后螺栓两头应露出 2～4 扣； 每对法兰的平行度、同心度应符合要求； 螺纹接合时应加工外螺纹，利用螺纹与管箍、管件和活管接头配合固定；将填料缠绕在螺纹表面，然后将螺纹配合拧紧
			阀门安装时应把阀门清理干净，关闭好再进行安装，单向阀、截止阀及调节阀安装时应注意介质流向，阀的手轮便于操作
		工具使用	正确使用工具； 正确摆放工具
		安全及其他	按国家法规或企业规定； 在规定时间内完成操作
水压试验	现场考核	基础知识	管路试压的目的、类型；水压试验方法及要求
		准备工作	穿戴劳保用品，准备工具
		操作程序	检查、核对已安装的管子、管件、阀门、紧固件以及支架等的质量，必须符合设计要求及有关技术规范的规定
			将不宜与管道一起试压的阀门、配件等从管道上拆除，临时装上短管； 管道上所有开口应进行封闭； 加盲板隔离； 系统内的阀门开启； 系统的最高点位置应设置放气阀，最低点应设置排液阀，安装压力表
			分段试压，观察管道各部分的情况，发现问题，应马上进行修理；不得带压修理，修理工作一定要在降压后，将介质排除再进行
			拆除盲板等试压元件
			填写管道试验检查记录
		工具使用	正确使用工具； 正确摆放工具
		安全及其他	按国家法规或企业规定； 在规定时间内完成操作
管路常见故障及排除方法			管路的日常维护知识
			管路常见故障及排除方法
			管道吹扫和清洗的目的、一般规定及方法

 自测练习

一、选择题

1. 容器和管道试压的目的是为了检查（　　　）。

A. 外形和强度　　　B. 强度和密封性　　　C. 容积和渗漏　　　D. 刚度和伸缩性

2. 氨液管线表面一般涂成（　　　）。

A. 绿色　　　　　B. 红色　　　　　C. 黄色　　　　　D. 银色

3. 常拆的小管径管路通常用（　　　）连接。

A. 螺纹　　　　　B. 法兰　　　　　C. 承插式　　　　D. 焊接

4. 化工管路常用的连接方式有（　　　）。

A. 焊接和法兰连接　　　　　　　　　B. 焊接和螺纹连接

C. 螺纹连接和承插式连接　　　　　　D. A 和 C 都是

5. 水泥管的连接适宜采用的连接方式为（　　　）。

A. 螺纹连接　　　B. 法兰连接　　　C. 承插式连接　　　D. 焊接连接

6. 管路与墙壁之间应有适当的距离，一般管路最突出部分距墙壁或柱边净空不小于（　　　）。

A. 100mm　　　B. 40～60mm　　　C. 70～90mm　　　D. 200mm

7. 在闭合管路上必须设置（　　　），尤其是在需要经常维修或更换的设备、阀门附近必须设置。

A. 活接头或法兰　　　B. 活接头　　　C. 法兰

8. 空气管线表面一般涂成（　　　），蒸汽管线一般涂成（　　　）。

A. 绿色　　　　　B. 红色　　　　　C. 黄色　　　　　D. 蓝色

9. （　　　）的目的是检查已安装好的管道系统的强度是否能达到设计要求，同时对承载管架及基础进行考验，以保证正常运行使用。

A. 管道试压　　　B. 管道吹扫　　　C. 管道清洗　　　D. 管道热补偿

10. 管道吹洗的介质常用水、（　　　）或蒸汽。

A. 压缩氮气　　　B. 压缩空气　　　C. 酸性液体　　　D. 碱性液体

二、判断题

（　　　）1. 小管路除外，一般对于常拆管路应采用法兰连接。

（　　　）2. 管路的安装应得保证横平竖直，水平管其偏差不大于 15mm，垂直管偏差不能大于 10mm。

（　　　）3. 管路的抗静电措施主要是静电接地和控制流体的流速。

（　　　）4. 工业生产中的管路都必须采取热补偿方式。

（　　　）5. 管路系统在投入使用前都必须进行管道试压。

项目 2

流体输送机械及操作技术

在生产过程中，往往需要按工艺的要求，将流体从一个设备送至另一个设备，从一个工序输送到另一个工序，从低处送往高处，从低压设备送往高压设备，需要使用各种流体输送机械从外部对流体做功，以增加流体的机械能，从而满足流体的输送要求。

液体输送机械称为泵，根据工作原理的不同通常分为四类，即离心式、往复式、旋转式及流体作用式，其中离心泵占化工生产用泵的 95%。

气体输送机械也可按与泵同样的方法分类，其工作原理也与相应类型的泵相似；但由于气体的明显可压缩性，使气体的输送机械更具有自身的特点，按照终压和压缩比（出口压力与进口压力之比）可以将气体输送机械分为四类。

通风机：终压<15kPa（表压），压缩比为 1～1.15，用于换气通风。

鼓风机：终压为 15～300kPa（表压），压缩比为 1.15～4，用于送气。

压缩机：终压>300kPa（表压），压缩比>4，造成高压。

真空泵：终压为当地大气压，压缩比一般很大，取决于所造成的真空度。

任务 1 认识离心泵的结构、原理及性能

 教学目标

能力目标：

1. 认识离心泵主要部件，识读其铭牌；

2. 会判断离心泵的气缚现象并进行处理。

知识目标：

1. 了解离心泵的特点、适用范围；

2. 掌握离心泵的基本结构，各主要部件的作用、形式；

3. 掌握离心泵的工作原理；

4. 掌握气缚现象、产生原因及预防措施；

5. 掌握离心泵的主要性能参数、特性曲线及其应用；

6. 了解影响离心泵性能的主要因素。

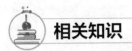

相关知识

离心泵是依靠高速旋转的叶轮产生的离心力对液体做功的流体输送机械。由于它具有结构简单、操作及检修方便、性能适应范围广、体积小、流量均匀、故障少、寿命长等优点，在化工生产中应用十分广泛。

一、离心泵的结构

离心泵的主要构件有叶轮、泵壳和轴封，有些还有导轮等，其结构如图 2-1 所示。图中所示的为安装于管路中的一台卧式单级单吸离心泵。图 2-1(a) 为其基本结构，图 2-1(b) 为其在管路中的示意图。在蜗牛形泵壳内，装有一个叶轮，叶轮与泵轴连在一起，可以与轴一起旋转，泵壳上有两个接口，一个在轴向，接吸入管，一个在切向，接排出管。通常，在吸入管口装有一个单向底阀，在排出管口装有一调节阀，用来调节流量。

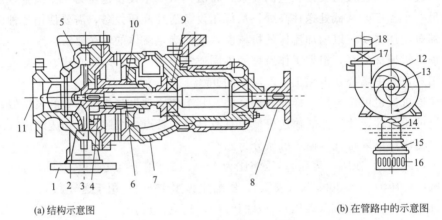

(a) 结构示意图　　　　　　　　　　　　　　　　(b) 在管路中的示意图

图 2-1　单级单吸离心泵的结构

1—泵体；2—叶轮；3—密封环；4—轴套；5—泵盖；6—泵轴；7—托架；8—联轴器；
9—轴承；10—轴封装置；11—吸入口；12—蜗形泵壳；13—叶片；14—吸入管；
15—底阀；16—滤网；17—调节阀；18—排出管

1. 叶轮

叶轮的作用是将原动机的机械能直接传给液体，以增加液体的静压能和动能。叶轮一般有 6～12 片后弯叶片（更有利于动能向静压能的转换）。叶轮有开式、半闭式和闭式三种，如图 2-2 所示。

开式叶轮在叶片两侧无盖板，制造简单、清洗方便，适用于输送含有较大量悬浮物的物料，效率较低，输送的液体压力不高；半闭式叶轮在吸入口一侧无盖板，而在另一侧有盖板，适用于输送易沉淀或含有颗粒的物料，效率也较低；闭式叶轮在叶片两侧有前后盖板，效率高，适用于输送不含杂质的清洁液体，一般的离心泵叶轮多为此类。对于闭式与半闭式叶轮，在输送液体时，由于叶轮的吸入口一侧是低压，而在另一侧是高压，因此在叶轮两侧存在着压力差，从而存在对叶轮的轴向推力，将叶轮沿轴向吸入口窜动，造成叶轮与泵壳的接触磨损，严重时还会造成泵的振动，为了避免这种现象，常常在叶轮的后盖板上开若干个小孔，即平衡孔，但平衡孔的存在降低了泵的容积效率。其他消除轴向推力的方法是安装平衡管、安装止推轴承或将单吸式叶轮改为双吸式叶轮；对于耐腐蚀泵，也有在叶轮后盖板背面上加设副叶片的；对多级式离心泵，各级轴向推力的总和是很大的，常常在最后一级加设平衡盘或平衡鼓来消除轴向推力。

根据叶轮的吸液方式可以将叶轮分为两种，即单吸式叶轮与双吸式叶轮，如图 2-3 所示，图 2-3(a) 是单吸式叶轮，图 2-3(b) 是双吸式叶轮，显然，双吸式叶轮消除了轴向推力，而且具有相对较大的吸液能力。

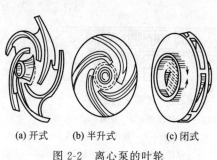

(a) 开式　　(b) 半升式　　(c) 闭式

图 2-2　离心泵的叶轮

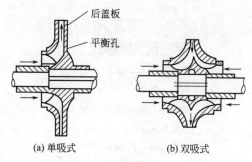

后盖板

平衡孔

(a) 单吸式　　　　　(b) 双吸式

图 2-3　离心泵的吸液方式

2. 泵壳

泵壳是将叶轮封闭在一定的空间，以便由叶轮的作用吸入和压出液体。泵壳多做成蜗壳形，故又称蜗壳。由于流道截面积逐渐扩大，故从叶轮四周甩出的高速液体逐渐降低流速，使部分动能有效地转换为静压能。泵壳不仅汇集由叶轮甩出的液体，同时又是一个能量转换装置。

为了减少液体离开叶轮时直接冲击泵壳而造成的能量损失，使泵内液体能量转换效率增高，叶轮外周安装导轮，如图 2-4 所示。导轮是位于叶轮外周固定的带叶片的环。这些叶片的弯曲方向与叶轮叶片的弯曲方向相反，其弯曲角度正好与液体从叶轮流出的方向相适应，引导液体在泵壳通道内平稳地改变方向，将使能量损耗减至最小，提高动能转换为静压能的效率。

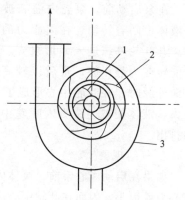

图 2-4　泵壳与导轮

1—叶轮；2—导轮；3—泵壳

3. 轴封装置

由于泵壳固定而泵轴是转动的，因此在泵轴与泵壳之间存在一定的空隙。为了防止泵内液体沿轴漏出或外界空气进入泵内，需要进行密封处理。用来实现泵轴与泵壳间密封的装置称为轴封装置。常用的密封方式有两种，即填料函密封与机械密封。

填料函密封是用浸油或涂有石墨的石棉绳（或其他软填料）填入泵轴与泵壳间的空隙来实现密封目的的，如图 2-5 所示。机械密封是通过一个安装在泵轴上的动环与另一个安装在泵壳上的静环来实现密封目的的，两个环的环形端面由弹簧使之平行贴紧，当泵运转时，两个环端面发生相对运动但保持贴紧而起到密封作用，如图 2-6 所示。两种方式相比较，前者结构简单，价格低，但密封效果差；后者结构复杂，精密，造价高，但密封效果好。因此，机械密封主要用在一些对密封要求较高的场合，如输送酸、碱、易燃、易爆、有毒、有害等液体的场合。

近年来，随着磁防漏技术的日益成熟，借助加在泵内的磁性液体来达到密封与润滑作用的技术越来越引起人们的关注。

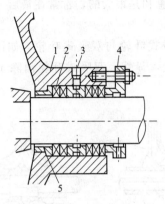

图 2-5 填料密封装置

1—填料函壳；2—软填料；

3—液封圈；4—填料压盖；

5—内衬套

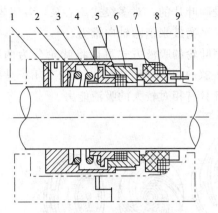

图 2-6 机械密封装置

1—螺钉；2—传动座；3—弹簧；4—推环；

5—动环密封圈；6—动环；7—静环；

8—静环密封圈；9—防转销

二、离心泵的工作原理

1. 工作原理

在泵启动前，泵壳内灌满被输送的液体，启动后，叶轮由轴带动高速转动，叶片间的液体也随着转动。在离心力的作用下，液体从叶轮中心被抛向外缘并获得能量，以高速离开叶轮外缘进入蜗形泵壳。在蜗壳中，液体由于流道的逐渐扩大而减速，又将部分动能转变为静压能，最后以较高的压力流入排出管道，送至需要场所。液体由叶轮中心流向外缘时，在叶轮中心形成了一定的低压，由于贮槽液面上方的压力大于泵入口处的压力，液体便被连续吸入叶轮中。可见，只要叶轮不断地转动，液体便会不断地被吸入和排出。

2. 气缚现象

如果在启动离心泵前，泵体内没有充满液体，由于气体密度比液体密度小得多，产生的离心力就很小，因而在叶轮中心区所形成的低压不足以将贮槽内的液体吸入泵内。这种由于泵内存有空气造成离心泵不能输送液体的现象称为气缚现象。

离心泵没有自吸能力，所以在启动离心泵前必须灌泵，为防止灌入泵壳内的液体因重力流入低位槽内，在泵吸入管路的入口处装有止逆阀（底阀）。如果泵的位置低于槽内液面，则启动前无需人工灌泵，借助位差液体可自动流入泵内。

在生产中，有时虽灌泵，却仍然存在不能吸液的现象，可能是由以下原因造成的：

① 吸入管路的连接法兰不严密或轴封不严密，漏入空气；

② 灌而未满，未排净空气，泵壳或管路中仍有空气存在；

③ 吸入管底阀失灵或关不严，灌液不满；

④ 吸入管底阀或滤网被堵塞；

⑤ 吸入管底阀未打开或失灵等，可根据具体情况采取相应的措施克服。

三、离心泵的主要性能参数

为了完成具体的输送任务需要选用适宜规格的离心泵并使之高效运转，就必须了解离心泵的性能及这些性能之间的关系。离心泵的主要性能参数有流量、扬程、轴功率和效率等，这些性能与它们之间的关系在泵出厂时会标注在铭牌或产品说明书上，供使用者参考。

1. 流量

流量也称送液能力，指单位时间内从泵内排出的液体体积，用 q_V 表示，单位 m^3/s。离心泵的流量与离心泵的结构、尺寸（叶轮的直径及叶片的宽度等）和转速有关。在操作时，离心泵的实际所能输送的液体量还与管路阻力及所需压力有关。

2. 扬程

扬程也称压头，指单位重量（1N）流体通过离心泵时所获得的能量，用 H 表示，单位 m。离心泵的扬程与离心泵的结构、尺寸、转速和流量有关。通常，流量越大，扬程越小，两者的关系由实验测定。注意，离心泵的扬程与被输送液体的升扬高度不同。

3. 轴功率

离心泵从原动机中所获得的能量称为离心泵的轴功率，用 P 表示，单位 W，由实验测定，是选取电动机的依据。离心泵铭牌上的轴功率是离心泵在最高效率下的轴功率。

4. 效率

效率是反映离心泵利用能量情况的参数。由于机械摩擦、流体阻力和泄漏等原因，离心泵的有效功率总是小于其轴功率，两者的差别用效率来表征，效率用 η 表示，其定义式为：

$$\eta = \frac{P_e}{P} \tag{2-1}$$

离心泵效率的高低既与泵的类型、尺寸及加工精度有关，也与流体的性质有关，还与泵的流量有关。一般地，小型泵的效率为 50%～70%，大型泵的效率要高些，有的可达 90%。离心泵铭牌上列出的效率是一定转速下的最高效率。

【例 2-1】 用图 2-7 所示的系统核定某离心泵的扬程，实验条件为：介质清水；温度 20℃；压力 98.1kPa；转速 2900r/min。实验测得的数据为：流量计的读数 45m³/h；泵吸入口处真空表读数 27kPa；泵排出口处压力表的读数 255kPa；两测压口间的垂直距离为

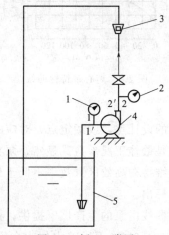

图 2-7　例 2-1 附图

1—真空表；2—压力表；3—流量计；4—泵；5—贮槽

0.4m，忽略阻力。若吸入管路与排出管路的直径相同，试求该泵的扬程。

解 在真空表及压力表所在截面 1-1′ 和 2-2′ 间应用柏努力利方程，得：

$$z_1 + \frac{p_1}{g\rho} + \frac{u_1^2}{2g} + H = z_2 + \frac{p_2}{g\rho} + \frac{u_2^2}{2g} + \sum H_{f,1-2}$$

式中 $z_1 = 0$，$z_2 = 0.4\text{m}$，$p_1 = -27\text{kPa}$（表压），$p_2 = 255\text{kPa}$（表压），$u_1 = u_2$，$\sum H_{f,1-2} = 0$。

查得 20℃ 清水的密度为 998.2kg/m^3，所以该泵的扬程为：

$$H = 0.4 + \frac{255 \times 1000 + 27 \times 1000}{1000 \times 9.807} = 29.2(\text{m})$$

四、离心泵的特性曲线

1. 特性曲线

实验表明，离心泵的扬程、功率及效率等主要性能均与流量有关。为了更好地了解和利用离心泵的性能，常把扬程、功率及效率与流量之间的关系用图表示出来，称为离心泵的特性曲线。

图 2-8 为 IS100-80-125 型离心泵特性曲线，不同型号的离心泵的特性曲线各不相同，但其呈现出的各性能间的关系却是相似的。

（1）H-q_V 曲线 扬程随流量的增加而减少。少数泵在流量很少时会有例外。

（2）P-q_V 曲线 轴功率随流量的增加而增加，当离心泵处在零流量时消耗的功率最小。因此，离心泵开车时，要关闭出口阀，以达到降低功率、保护电机的目的。

（3）η-q_V 曲线 离心泵在流量为零时，效率为零，随着流量的增加，效率也增加，当流量增加到某一数值后，再增加，效率反而下降。

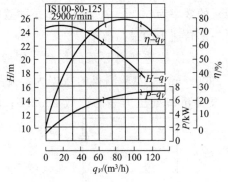

图 2-8 离心泵特性曲线

2. 泵的设计点

通常，把最高效率点称为泵的设计点，或额定点，对应的性能参数称为最佳工况参数或额定参数，铭牌上标出的参数就是最佳工况参数。显然，泵在最高效率下运行最为经济，但在实际操作中不易做到，应尽量维持在高效区（效率不低于最高效率的 92% 的区域）工作。性能曲线上常用波浪线将高效区标出。

离心泵在指定转速下的特性曲线由泵的生产厂家提供，标在铭牌或产品手册上。需要指出的是，性能曲线是在 293K 和 101.3kPa 下以清水作为介质测定的，因此，当被输送液体的性质与水相差较大时，必须校正。

离心泵的性能曲线可作为选择泵的依据。确定泵的类型后，再依流量和压头选泵。

五、影响离心泵性能的主要因素

离心泵样本中提供的性能是以水作为介质，在一定的条件下测定的。当被输送液体的种类、转速和叶轮直径改变时，离心泵的性能将随之改变。

1. 密度

密度对流量、扬程和效率没有影响，但对轴功率有影响，轴功率可以用下式校正：

$$\frac{P_1}{P_2}=\frac{\rho_1}{\rho_2} \tag{2-2}$$

2. 黏度

当液体的黏度增加时，液体在泵内运动时的能量损失增加，从而导致泵的流量、扬程和效率均下降，但轴功率增加。因此黏度的改变会引起泵的特性曲线的变化。当液体的运动黏度大于 $2.0\times10^{-6}\,m^2/s$ 时，离心泵的性能必须按公式校正，校正方法可参阅有关手册。

3. 转速

当效率变化不大时，转速变化引起流量、压头和功率的变化符合比例定律，即：

$$\frac{q_{V1}}{q_{V2}}=\frac{n_1}{n_2} \qquad \frac{H_1}{H_2}=\left(\frac{n_1}{n_2}\right)^2 \qquad \frac{P_1}{P_2}=\left(\frac{n_1}{n_2}\right)^3 \tag{2-3}$$

4. 叶轮

在转速相同时，叶轮直径的变化也将导致离心泵性能的改变。如果叶轮切削率不大于20%，则叶轮直径变化引起流量、压头和功率的变化符合切割定律，即：

$$\frac{q_{V1}}{q_{V2}}=\frac{D_1}{D_2} \qquad \frac{H_1}{H_2}=\left(\frac{D_1}{D_2}\right)^2 \qquad \frac{P_1}{P_2}=\left(\frac{D_1}{D_2}\right)^3 \tag{2-4}$$

必须指出，虽然可以通过叶轮直径的切削来改变离心泵的性能，而且工业生产中有时也采用这一方法，但过多减少叶轮直径，会导致泵工作效率的下降。

 技能训练

离心泵的拆装

1. 训练要求

① 认识离心泵的类型、铭牌。

② 熟悉离心泵的结构。

③ 会进行离心泵的填料密封操作。

2. 工具与器材

（1）工具 各种扳手、手锤、螺丝刀、錾子、钳工常用测量工具等。

（2）器材

① 小型 IS 清水泵、Y 型油泵、双吸泵。

② 石棉绳或其他软填料若干。

③ 润滑油、螺栓渗透剂若干。

3. 离心泵的拆装步骤

离心泵种类繁多，不同类型的离心泵结构相差甚大，要做好离心泵的拆装工作，首先必须认真了解泵的结构，找出拆卸难点，制订合理方案，才能保证拆卸顺利进行。下面以单级单吸式离心泵（图 2-1）为例介绍其拆卸与装配过程。

（1）拆卸顺序　首先切断电源，确保拆卸时的安全。关闭出、入阀门，隔绝液体来源。开启放液阀，消除泵壳内的残余压力，放净泵壳内残余介质。拆除两半联轴节的联接装置。拆除进、出口法兰的螺栓，使泵壳与进、出口管路脱开。

① 机座螺栓的拆卸。机座螺栓位于离心泵的最下方，最容易受酸、碱的腐蚀或氧化锈蚀。长期使用会使得机座螺栓难以拆卸。因而，在拆卸时，除选用合适的扳手外，应该先用手锤对螺栓进行敲击振动，使锈蚀层松脱、开裂，以便于机座螺栓的拆卸。

机座螺栓拆卸完之后，应将整台离心泵移到平整宽敞的地方，以便于进行解体。

② 泵壳的拆卸。拆卸泵壳时，首先将泵盖与泵壳的连接螺栓松开拆除，将泵盖拆下。在拆卸时，泵盖与泵壳之间的密封垫，有时会出现黏结现象，这时可用手锤敲击通芯螺丝刀，使螺丝刀的刀口部分进入密封垫，将泵盖与泵壳分离开来。

然后，用专用扳手卡住前端的轴头螺母（也叫叶轮背帽），沿离心泵叶轮的旋转方向拆除螺母，并用双手将叶轮从轴上拉出。

最后，拆除泵壳与泵体的连接螺栓，将泵壳沿轴向与泵体分离。泵壳在拆除进程中，应将其后端的填料压盖松开，拆出填料，以免拆下泵壳时，增加滑动阻力。

③ 泵轴的拆卸。要把泵轴拆卸下来，必须先将轴组件（包括泵轴、滚动轴承及其防松装置）从泵体中拆卸下来。为此，须按下面的程序来进行：

a. 拆下泵轴后端的大螺帽，用拉力器将离心泵的半联轴节拉下来，并且用通芯螺丝刀或錾子将平键冲下来；

b. 拆卸轴承压盖螺栓，并把轴承压盖拆除；

c. 用手将叶轮端的轴头螺母拧紧在轴上，并用手锤敲击螺母，使轴向后端退出泵体；

d. 拆除防松垫片的锁紧装置，用锁紧扳手拆卸滚动轴承的圆形螺母，并取下防松垫片；

e. 用拉力器或压力机将滚动轴承从泵轴上拆卸下来。

有时滚动轴承的内环与泵轴配合时，由于过盈量太大，出现难以拆卸的情况。这时，可以采用热拆法进行拆卸。

（2）装配顺序　整机的装配顺序基本上与拆卸相反。注意各技术指标按图纸资料或《设备维护检修规程》进行调整。

4. 注意事项

① 离心泵拆装时一定要按正确的顺序进行。

② 注意零部件的堆放。拆下来的零件应当按次序放好。凡要求严格按照原来次序装配的零部件，次序不能放错，否则会造成叶轮和密封圈之间间隙过大或过小、甚至泵体泄漏等现象。

③ 要随时保持工作场地的整齐清洁。使用的工具、拆下来的零件整齐摆放，不准随意堆放。要及时清除工作场地的油污、积水和其他杂物。

④ 工作前必须按要求穿戴好工作服及防护用品，注意安全操作，严格遵守操作规程。未经许可不得擅自使用不熟悉的机器设备、工具和量具。机器设备使用时，应检查是否损坏或故障。

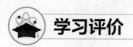 学习评价

		认识离心泵的结构、原理及性能	
工作任务	考核内容		考核要点
认识离心泵的结构及工作原理	基础知识		离心泵的特点、适用范围； 离心泵的基本结构，各主要部件的作用、形式； 离心泵的工作原理； 离心泵的气缚现象、产生原因及预防措施
	现场考核	准备工作	穿戴劳保用品
		离心泵铭牌的识读	识读泵的类型、材质； 识别叶轮级数
		叶轮结构、形式	识别开式、闭式、半闭式叶轮； 识别单吸式、双吸式叶轮； 识别平衡孔
		轴封装置	识别机械密封、填料函密封； 填料函密封步骤及注意事项
		安全及其他	按国家法规或企业规定； 在规定时间内完成操作
离心泵的性能	基础知识		离心泵的主要性能参数、特性曲线及影响因素； 离心泵的设计点
	基本计算		离心泵的扬程、效率、轴功率计算
	现场考核	离心泵铭牌的识读	识读泵的主要性能参数

 自测练习

一、选择题

1. 离心泵原来输送水时的流量为 q_V，现改用输送密度为水的 1.2 倍的水溶液，其他物理性质可视为与水相同，管路状况不变，送液能力（   ）。

　　A. 增大　　　　　　B. 减小　　　　　　C. 不变　　　　　　D. 无法确定

2. 离心泵抽空、无流量，其发生的原因可能有：①启动时泵内未灌满液体；②吸入管路堵塞或仪表漏气；③吸入容器内液面过低；④泵轴反向转动；⑤泵内漏进气体；⑥底阀漏液。你认为可能的是（   ）。

　　A. ①、③、⑤　　　B. ②、④、⑥　　　C. 全都不是　　　　D. 全都是

3. 下列几种叶轮中，（   ）叶轮效率最高。

　　A. 开式　　　　　　B. 半开式　　　　　C. 闭式　　　　　　D. 浆式

4. 离心泵的轴功率 P 和流量 q_V 的关系为（   ）。

　　A. q_V 增大，P 增大　　　　　　　　B. q_V 增大，P 先增大后减小

　　C. q_V 增大，P 减小　　　　　　　　D. q_V 增大，P 先减小后增大

5. 为了防止（   ）现象发生，启动离心泵时必须先关闭泵的出口阀。

　　A. 电机烧坏　　　　B. 叶轮受损　　　　C. 气缚　　　　　　D. 汽蚀

6. 离心泵铭牌上标明的扬程是（   ）。

A. 功率最大时的扬程   B. 最大流量时的扬程

C. 泵的最大量程   D. 效率最高时的扬程

7. 造成离心泵气缚原因是（   ）。

A. 安装高度太高   B. 泵内流体平均密度太小

C. 入口管路阻力太大   D. 泵不能抽水

8. 离心泵内导轮的作用是（   ）。

A. 增加转速   B. 改变叶轮转向

C. 转变能量形式   D. 密封

9. 离心泵送液体的黏度越大，则（   ）。

A. 泵的扬程越大   B. 流量越大   C. 效率越大   D. 轴功率越大

10. 液体密度与20℃的清水差别较大时，泵的特性曲线将发生变化，应加以修正的是（   ）。

A. 流量   B. 效率   C. 扬程   D. 轴功率

二、判断题

（   ）1. 扬程为20m的离心泵，不能把水输送到20m的高度。

（   ）2. 离心泵铭牌上注明的性能参数是轴功率最大时的性能。

（   ）3. 在离心泵的吸入管末端安装单向底阀是为了防止"汽蚀"。

（   ）4. 离心泵的性能曲线中的 $H\text{-}q_V$ 线是在功率一定的情况下测定的。

（   ）5. 离心泵的泵壳既是汇集叶轮抛出液体的部件，又是流体机械能的转换装置。

三、计算题

以水为介质，在293K和101.3kPa下测定某离心泵的性能参数。已知两测压截面间的垂直距离 h_0 为0.4m，泵的转速为2900r/min，当流量是 26m³/h 时，测得泵入口处真空表的读数为68kPa，泵排出口处压力表的读数为190kPa，电动机功率为3.2kW，电动机效率是96%。试求此流量下泵的主要性能，并用表列出。

任务 2   离心泵的选用及安装

教学目标

能力目标：

1. 能根据生产任务，合理选择离心泵；

2. 能进行离心泵安装高度的计算；

3. 能够判断离心泵汽蚀并进行处理。

知识目标：

1. 了解离心泵汽蚀现象产生原因、危害及预防措施；

2. 掌握允许汽蚀余量的基本概念及应用；

3. 掌握离心泵安装高度的计算；

4. 掌握离心泵的选用方法。

相关知识

一、离心泵的选用

1. 离心泵的类型

离心泵种类繁多，相应的分类方法也多种多样，按被输送液体性质分为清水泵、油泵、耐腐蚀泵和杂质泵等；按特定使用条件分为液下泵、管道泵、高温泵、低温泵和高温高压泵等；按吸液方式分为单吸泵与双吸泵；按叶轮数目分为单级泵与多级泵；按安装形式分为卧式泵和立式泵。这些泵均已经按其结构特点不同，自成系列并标准化，并以一个或几个汉语拼音字母作为系列代号，在每一系列中，由于有各种不同的规格，因而附以不同的字母和数字来区别，可在泵的样本手册查取。以下仅介绍化工厂中常用离心泵的类型。

（1）清水泵　清水泵是化工生产中普遍使用的一种泵，适用于输送水及性质与水相似的液体。包括 IS 型、D 型和 Sh 型。

① IS 型。IS 型泵是单级单吸式离心泵，如图 2-9、图 2-10 所示。泵体和泵盖都是用铸铁制成。特点是泵体和泵盖为后开门结构型式，优点是检修方便，不用拆卸泵体、管路和电机。是应用最广的离心泵，用来输送温度不高于 80℃ 的清水以及物理、化学性质类似于水的清洁液体。其设计点的流量为 6.3～400m³/h，扬程为 5～125m，进口直径 50～200mm，转速为 2900r/min 或 1450r/min。

图 2-9　IS 型水泵的外形图

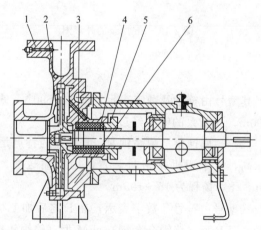

图 2-10　IS 型水泵的结构图

1—泵体；2—叶轮；3—泵轴；4—填料；5—填料压盖；6—托架

其型号由符号及数字表示：如 IS100-65-200，表示单级单吸离心水泵，吸入口直径为 100mm，排出口直径为 65mm，叶轮的名义直径 200mm。

② D 型泵。D 型泵是多级离心泵，是将多个叶轮安装在同一个泵轴构成的，工作时液体从吸入口吸入，并依次通过每个叶轮，可达到较高的压头，级数通常为 2～9 级，最多可达 12 级，如图 2-11、图 2-12 所示。主要用在流量不很大但扬程相对较大的场合。全系列流量范围为 10.8～850m³/h。

其型号由符号及数字表示：如 100D45×4，表示吸入口直径为 100mm，每一级扬程为 45m，泵的级数为 4。

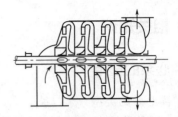

图 2-11　D 型单吸多级离心泵外形图　　　　图 2-12　D 型单吸多级离心泵示意图

③ Sh 型。Sh 型泵是双吸式离心泵，叶轮有两个入口，故输送液体流量较大，吸入口与排出口均在水泵轴心线下方，在与轴线垂直呈水平方向泵壳中开，检修时无需拆卸进、出水管路及电动机，如图 2-13、图 2-14 所示。主要用于输送液体的流量较大而所需的压头不高的场合。全系列流量范围为 $120\sim12500m^3/h$，扬程为 $9\sim140m$。

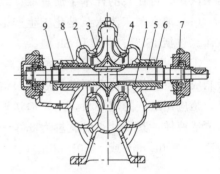

图 2-13　Sh 型泵的外形图　　　　　　　图 2-14　Sh 型泵的结构图

1—泵体；2—泵盖；3—叶轮；4—密封环；5—轴；
6—轴套；7—轴承；8—填料；9—填料压盖

其型号由符号及数字表示：如 100S90A，表示吸入口的直径为 100mm，设计点的扬程为 90m，A 指泵的叶轮经过一次切割。

（2）耐腐蚀泵　耐腐蚀泵（F 型）的特点是与液体接触的部件用耐腐蚀材料制成，密封要求高，常采用机械密封装置，用来输送酸、碱等腐蚀性液体。全系列流量范围为 $2\sim400m^3/h$，扬为 $15\sim105m$。

其型号由符号及数字表示：在 F 之后加上材料代号，FH 型（灰口铸铁）、FG 型（高硅铸铁）、FB 型（铬镍合金钢）、FM 型（铬镍钼钛合金钢）、FS 型（聚三氟氯乙烯塑料）。如 80FS24，"80" 表示吸入口的直径为 80mm，"S" 为材料聚三氟氯乙烯塑料的代号，设计点的扬程为 24m。

（3）油泵　油泵（Y 型）是用来输送油类及石油产品的泵，由于这些液体多数易燃易爆，因此必须有良好的密封，而且当温度超过 473K 时还要通过冷却夹套冷却。全系列流量范围为 $5\sim1270m^3/h$，扬程为 $5\sim1740m$，输送温度在 $228\sim673K$。油泵的系列代号为 Y，如果是双吸油泵，则用 YS 表示。

其型号由符号及数字表示：如 80Y-100×2A，表示吸入口的直径为 80mm，每一级的设计点扬程为 100m，泵的级数为 2，"A" 指泵的叶轮经过一次切割。

（4）杂质泵　杂质泵（P 型）叶轮流道宽，叶片数目少，常采用半开式或开式叶轮。有些泵壳内衬以耐磨的铸钢护板。不易堵塞，容易拆卸，耐磨，用于输送悬浮液及黏稠的浆液等。常见有 PW 型（污水泵）、PS 型（砂泵）、PN 型（泥浆泵）。

（5）屏蔽泵　屏蔽泵是无泄漏泵，叶轮和电机联为一个整体并密封在同一泵壳内，不需要轴封装置。常输送易燃、易爆、剧毒及具有放射性的液体。缺点是效率较低，约为 26%～50%。

（6）液下泵　液下泵（EY 型）经常安装在液体贮槽内，对轴封要求不高，既节省了空间又改善了操作环境。适用于输送化工过程中各种腐蚀性液体和高凝固点液体。其缺点是效率不高。

2. 离心泵的选用

离心泵的选用通常可根据生产任务由国家汇总的各类泵的样本及产品说明书进行合理选用，并按下列原则进行。

（1）确定离心泵的类型　根据被输送液体的性质和操作条件确定离心泵的类型，如液体的温度、压力、黏度、腐蚀性、固体粒子含量以及是否易燃易爆等都是选用离心泵类型的重要依据。

（2）确定输送系统的流量和扬程　输送液体的流量一般为生产任务所规定，如果流量是变化的，应按最大流量考虑。根据管路条件及柏努利方程，确定最大流量下所需要的压头。

（3）确定离心泵的型号　根据管路要求的流量 q_V 和扬程 H 来选定合适的离心泵型号。在选用时，应考虑到操作条件的变化并留有一定的余量。选用时要使所选泵的流量与扬程比任务需要的稍大一些。如果用系列特性曲线来选，要使（q_V，H）点落在泵的 q_V-H 线以下，并处在高效区。

若有几种型号的泵同时满足管路的具体要求，则应选效率较高的，同时也要考虑泵的价格。

（4）校核轴功率　当液体密度大于水的密度时，必须校核轴功率。

（5）列出泵在设计点处的性能　供使用时参考。

二、离心泵的汽蚀现象与安装高度

1. 离心泵的汽蚀现象

（1）汽蚀现象　离心泵的吸液是靠吸入液面与吸入口间的压差完成的。当吸入液面压力一定时，吸上高度越大，吸入阻力越高，吸入口处的压力将越小。当吸入口处压力小于操作条件下被输送液体的饱和蒸气压时，液体将会汽化产生气泡，含有气泡的液体进入泵体后，在旋转叶轮的作用下，进入高压区，气泡在高压的作用下，又会凝结为液体，由于原气泡位置的空出造成局部真空，使周围液体在高压的作用下迅速填补原气泡所占空间。这种高速冲击频率很高，可以达到每秒几千次，冲击压强可以达到数百个大气压甚至更高，这种高强度高频率的冲击，轻的能造成叶轮的疲劳，重的则可以将叶轮与泵壳破坏，甚至能把叶轮打成蜂窝状。这种由于被输送液体在泵体内汽化再凝结对叶轮产生剥蚀的现象叫离心泵的汽蚀现象。

（2）危害　汽蚀现象发生时对叶轮产生剥蚀，会产生噪音和引起振动，流量、扬程及效率均会迅速下降，严重时不能吸液。工程上规定，当泵的扬程下降 3% 时就进入了汽蚀状态。

（3）预防措施　工程上从根本上避免汽蚀现象的方法是限制泵的安装高度。此外减小吸入管路阻力也可以有效地防止汽蚀现象发生，因此，离心泵流量不采用入口阀门调节。

2. 离心泵的安装高度

离心泵的安装高度是指泵的吸入口与吸入贮槽液面间的垂直距离。离心泵的允许安装高度是指泵的吸入口与吸入贮槽液面间在保证不发生汽蚀时允许达到的最大垂直距离，以符号 H_g 表示，也叫允许吸上高度。工业生产中，计算离心泵的允许安装高度常用允许汽蚀余量法。

(1) 允许汽蚀余量　允许汽蚀余量是指离心泵在保证不发生汽蚀的前提下，泵吸入口处动压头与静压头之和比被输送液体的饱和蒸气压头高出的最小值，用 Δh 表示，即：

$$\Delta h = \frac{p_1}{\rho g} + \frac{u_1^2}{2g} - \frac{p_V}{\rho g} \tag{2-5}$$

式中　p_V——操作温度下液体的饱和蒸气压，Pa。

允许汽蚀余量是表示离心泵的抗汽蚀性能的参数，由生产厂家用 101.3kPa、20℃清水做实验工质测得的，并在泵的样本中列出。Δh 值越大，泵抗气蚀性能越弱。Δh 随流量增大而增大，因此，在确定允许安装高度时应取最大流量下的 Δh。

(2) 安装高度的确定

① 允许安装高度。如图 2-15，以贮槽液面为基准面，列贮槽液面 0-0′ 与泵的吸入口 1-1′ 面间的柏努利方程式，可得：

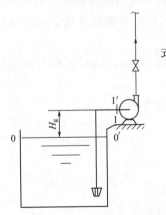

$$H_g = \frac{p_0 - p_1}{\rho g} - \frac{u_1^2}{2g} - \sum H_{f,0-1} \tag{2-6}$$

式中　H_g——允许安装高度，m；

p_0——吸入液面压力，Pa；

p_1——吸入口的压力，Pa；

u_1——吸入口处的流速，m/s；

$\sum H_{f,0-1}$——流体流经吸入管的阻力，m。

将式 (2-5) 代入 (2-6) 得：

$$H_g = \frac{p_0}{\rho g} - \frac{p_V}{\rho g} - \Delta h - \sum H_{f,0-1} \tag{2-7}$$

图 2-15　离心泵的允许
安装高度

上式为离心泵允许安装高度的计算公式，使用时需首先查出泵的允许汽蚀余量。

② 实际安装高度。为安全起见，泵的实际安装高度通常能比允许安装高度低 0.5~1m。当允许安装高度为负值时，离心泵的吸入口低于贮槽液面。

 **技能训练**

离心泵的选用及安装高度确定

【例 2-2】 型号为 IS65-40-200 的离心泵，转速为 2900r/min，流量为 25m³/h，扬程为 50m，允许汽蚀余量为 2.0m，此泵用来将敞口水池中 50℃ 的水送出。已知吸入管路的总阻力损失为 2m 水柱，当地大气压强为 100kPa，求泵的安装高度。

解　查附录得 50℃ 水的饱和蒸气压为 12.34kPa，水的密度为 988.1kg/m³，已知 $p_0 = 100$kPa，$\Delta h = 2.0$m，$\sum H_{f,0-1} = 2$m

$$H_g = \frac{p_0}{\rho g} - \frac{p_V}{\rho g} - \Delta h - \sum H_{f,0-1} = \frac{100 \times 1000 - 12.34 \times 1000}{988.1 \times 9.81} - 2.0 - 2 = 5.04 (\text{m})$$

因此，泵的安装高度不应高于 5.04m。

【例 2-3】 现有一送水任务，流量为 $100\text{m}^3/\text{h}$，需要压头为 76m。现有一台型号为 IS125-100-250 的离心泵，其铭牌上的流量为 $120\text{m}^3/\text{h}$，扬程为 87m。此泵能否用来完成这一任务？

解 本任务是输送水，因此可以选用泵 IS 型泵。因为此离心泵的流量与扬程分别大于任务需要的流量与扬程，因此可以完成输送任务。

使用时，可以根据铭牌上的功率选用电机，因为介质为水，故不须校核轴功率。

【例 2-4】 用内径是 100mm 的钢管从江中取水，送入蓄水池。水由池底进入，池中水面高出江面 30m，水在管内的流速是 1.5m/s，管路的压头损失为 1.72m。今库存有下列规格的离心泵，问能否从库存中选用一台泵？如轴功率为 5kW，那么泵的效率是多少？

性能	A	B	C	D
流量/(L/s)	17	16	15	12
扬程/m	42	38	35	32

解 （1）选江面为 1-1' 截面，蓄水池液面为 2-2' 截面，并以 1-1' 截面为基准水平面，在两截面间列柏努利方程式。

$$z_1 + \frac{u_1^2}{2g} + \frac{p_1}{\rho g} + H_e = z_2 + \frac{u_2^2}{2g} + \frac{p_2}{\rho g} + \sum H_f$$

式中 $z_1 = 0$，$u_1 \approx 0$，$p_1 = 0$（表），$z_2 = 30\text{m}$，$u_2 \approx 0$，$p_2 = 0$（表），$\sum H_f = 1.72\text{m}$

将以上数据代入上式

$$H_e = 30 + 1.72 = 31.72 (\text{m})$$

$$q_{Ve} = uA = 1.5 \times (0.1)^2 \times \frac{3.14}{4} = 0.0118 (\text{m}^3/\text{s}) = 11.8 (\text{L/s})$$

因此选 D 泵

（2）$\eta = \dfrac{P_e}{P} = \dfrac{\rho g q_{Ve} H_e}{P} = \dfrac{1000 \times 9.807 \times 0.0118 \times 31.72}{5 \times 10^3} = 73.4\%$

 **知识拓展**

离心泵的安装要点

① 应尽量将泵安装在靠近水源、干燥明亮的场所，以便于检修。

② 应有坚实的地基，以避免振动。通常用混凝土地基，地脚螺栓连接。

③ 泵轴与电机转轴应严格保持水平，以确保运转正常，提高寿命。

④ 严格控制安装高度，以免发生汽蚀现象。

⑤ 泵的吸入管路应尽量缩短，少拐弯，如必须拐弯时，应采取曲率半径较大的弯头，避免突然缩小直径。

⑥ 在吸入管径大于泵的吸入口径时，变径连接处要避免存气，以免发生气缚现象，如图 2-16 所示。

⑦ 泵吸入管应有 0.02 的坡度，当泵比贮槽液面低时坡度朝向泵，当泵比贮槽液面高时

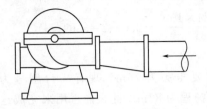

图 2-16　吸入口变径连接法

反之。

⑧ 对一些要求较高的离心泵，泵的吸入管道在靠近泵的进口法兰处应安装临时过滤网（已安装永久性过滤器的除外），在出口阀后安装止逆阀。

离心泵出厂时，说明书对泵的安装与使用均做了详细的说明，在安装使用前必须认真阅读。

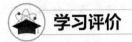

学习评价

离心泵的选用及安装		
工作任务	考核内容	考核要点
离心泵的安装高度确定	基础知识	气蚀现象，产生原因、危害及预防措施； 允许汽蚀余量、影响因素、查取；离心泵允许安装高度的计算； 离心泵实际安装高度的确定
	能力训练	离心泵安装高度的确定
离心泵的选用	基础知识	离心泵类型和型号； 离心泵的选用方法
	能力训练	根据生产任务选择离心泵

自测练习

一、选择题

1. 离心泵的安装高度有一定限制的原因主要是（　　）。

A. 防止产生"气缚"现象　　　　　　B. 防止产生汽蚀

C. 受泵扬程的限制　　　　　　　　D. 受泵的功率的限制

2. 经计算某泵的扬程是 30m，流量 $10m^3/h$，选择下列哪个泵最合适？（　　）

A. 扬程 32m，流量 $12.5m^3/h$　　　　B. 扬程 35m，流量 $7.5m^3/h$

C. 扬程 24m，流量 $15m^3/h$　　　　　D. 扬程 35m，流量 $15m^3/h$

3. 对离心泵错误的安装或操作方法是（　　）。

A. 吸入管直径大于泵的吸入口直径　　B. 启动前先向泵内灌满液体

C. 启动时先将出口阀关闭　　　　　　D. 停车时先停电机，再关闭出口阀

4. 下列说法正确的是（　　）。

A. 在离心泵的吸入管末端安装单向底阀是为了防止汽蚀

B. 汽蚀与气缚的现象相同，发生原因不同

C. 离心泵不能输送悬浮液

D. 允许安装高度可能比吸入液面低

5. 离心泵气蚀余量 Δh 与流量 q_V 的关系为（　　）。

A. q_V 增大 Δh 增大　　　　　　　B. q_V 增大 Δh 减小

C. q_V 增大 Δh 不变　　　　　　　D. q_V 增大 Δh 先增大后减小

6. 离心泵的实际安装高度（　　）允许安装高度，就可防止汽蚀现象发生。

A. 大于　　　　　B. 小于　　　　　C. 等于　　　　　D. 近似于

二、判断题

( ) 1. 降低离心泵的安装高度就可以避免发生气缚现象。

( ) 2. 若某离心泵的叶轮转速足够快，且设泵的强度足够大，则理论上泵的吸上高度 H_g 可达无限大。

( ) 3. 离心泵的 Δh 数值是实验测定的，从泵的样本中查取。

( ) 4. Δh 越大，离心泵抗汽蚀能力越强。

三、计算题

1. 拟用离心泵从密闭油罐向反应器内输送液态烷烃，输送量为 $18m^3/h$。已知操作条件下烷烃的密度为 $740kg/m^3$，饱和蒸气压为 $130kPa$；反应器内的压力是 $225kPa$，油罐液面上方为烃的饱和蒸气压；反应器内烃液出口比油罐内液面高 $5.5m$；吸入管路的阻力损失与排出管路的阻力损失分别是 $1.5m$ 和 $3.5m$；当地大气压为 $101.3kPa$。试判定库中型号为 65Y-60B 型的油泵是否能满足任务要求。如果能满足要求，安装高度应为多少？

2. 使用某离心泵在海拔 $1500m$ 的高原上将水从敞口贮水池送入某设备中，设当地大气压为 $8.6mH_2O$，水温为 $15℃$，工作点下流量为 $60m^3/h$，允许汽蚀余量为 $3.5m$，吸入管路的总阻力损失为 $2.3mH_2O$。试计算允许安装高度。

任务3 离心泵的操作维护及事故处理

 教学目标

能力目标：

1. 能进行离心泵的开停车操作及流量调节；
2. 能判断并处理简单的离心泵故障。

知识目标：

1. 掌握离心泵的工作点及其应用；
2. 掌握管路特性方程、曲线及管路特性的应用；
3. 掌握离心泵的工作点及流量调节；
4. 了解离心泵串联、并联操作的特点及应用；
5. 了解离心泵日常维护及故障处理方法。

 相关知识

一、离心泵的工作点及流量调节

在泵的叶轮转速一定时，一台泵在具体操作条件下所提供的流量和扬程可用 H-q_V 特性曲线上的一点来表示。至于这一点的具体位置，应视泵前后的管路情况而定。讨论泵的工作情况，不应脱离管路的具体情况。泵的工作特性由泵本身的特性和管路的特性共同决定。

1. 管路特性曲线

（1）管路的特性方程　对于给定的管路，其输送任务（流量）与完成任务所需要的压头之间存在一定的关系，这种通过某一特定管路的流量与其所需外加压头之间的关系，称为管路的特性。如图 2-17 所示，离心泵的管路特性可以通过在吸入液面及压出液面间列柏努利方程得到：

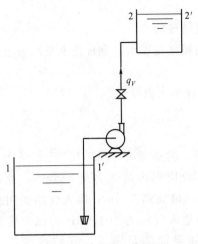

图 2-17　管路特性分析图

$$z_1 + \frac{p_1}{\rho g} + \frac{u_1^2}{2g} + H_e = z_2 + \frac{p_2}{\rho g} + \frac{u_2^2}{2g} + \sum H_{f,1-2}$$

（2-8）

整理外加压头计算式：

$$H_e = \Delta z + \frac{\Delta p}{\rho g} + \frac{u_2^2 - u_1^2}{2g} + \sum H_{f,1-2} \qquad (2-9)$$

上式中的压头损失为：

$$\sum H_{f,1-2} = \lambda \left(\frac{l + \sum l_e}{d} \right) \frac{u^2}{2g} = \frac{8\lambda}{\pi^2 g} \left(\frac{l + \sum l_e}{d^5} \right) q_{Ve}^2 \qquad (2-10)$$

式中　q_{Ve}——管路系统需要的流量，m^3/s。

若忽略上、下游截面的动压头差，则：

$$H_e = \Delta z + \frac{\Delta p}{\rho g} + \frac{8\lambda}{\pi^2 g} \left(\frac{l + \sum l_e}{d^5} \right) q_{Ve}^2$$

在固定的管路系统中，于一定条件下进行操作时，上式中的 Δz 与 $\frac{\Delta p}{\rho g}$ 均为定值，令

$$A = \Delta z + \frac{\Delta p}{\rho g}$$

对于特定管路，l、$\sum l_e$、d 均为定值，湍流时 λ 值变化很小，看成常数，令

$$B = \frac{8\lambda}{\pi^2 g} \left(\frac{l + \sum l_e}{d^5} \right) \qquad (2-11)$$

则

$$H_e = A + B q_{Ve}^2 \qquad (2-12)$$

上式称为管路的特性方程，表达了管路所需要的外加压头与管路流量之间的关系。

管路特性方程中 B 值较小的管路称为低阻管路，反之则称为高阻管路。

（2）管路的特性曲线　这种关系表示在压头与流量的关系图上，即 H-q_V 坐标中对应的曲线称为管路的特性曲线。如图 2-18 所示。

管路特性曲线反映了特定管路在给定操作条件下流量与压头的关系。

管路特性曲线的形状只与管路的铺设情况及操作条件有关，而与泵的特性无关。

2. 离心泵的工作点

当泵安装在指定管路时，流量与扬程之间的关系既要满足泵的特性，也要满足管路的特性。即泵所提供的的流量 q_V 和扬程 H 应与管路的所需的流量 q_{Ve} 和压头 H_e 相一致。如果泵的特性曲线和管路的特性曲线绘制在同一坐标图上，泵的特性曲线和管路特性曲线有一个

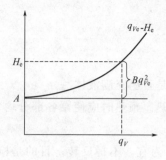

图 2-18 管路特性曲线

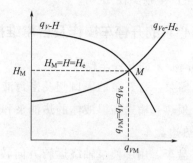

图 2-19 离心泵的工作点

交点，这个交点称为离心泵的工作点，如图 2-19 所示。离心泵的工作点对应的流量和扬程既是泵提供的，也是管路需要的。离心泵安装在特定管路中，只有一个稳定的工作点。如果不在稳定的工作点工作，就会出现泵提供给管路的能量与管路需要的能量不平衡的现象，系统就会自动调节，直至达到平衡，回到稳定工作点。

3. 离心泵的流量调节

由于生产任务的变化，管路需要的流量有时是需要改变的，这需要进行流量调节，实质就是要改变泵的工作点。由于泵的工作点由管路特性和泵的特性共同决定，因此改变泵的特性曲线和管路特性曲线均能改变工作点，从而达到调节流量的目的。

（1）改变出口阀门的开度　由式（2-11）可知，改变管路系统中的阀门开度可以改变 B 值，从而改变管路特性曲线的位置，使工作点也随之改变，如图 2-20 所示。由于用调节阀门开度的方法简单方便，且流量可连续变化，因此工业生产中主要采用此方法。缺点是当阀门关小时，局部阻力增加，要多消耗一部分动力。注意，离心泵即使吸入管路上有阀门，也不用于流量调节，其应保持全开，否则易引起汽蚀现象。

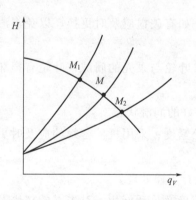

图 2-20 改变阀门的开度时的流量变化

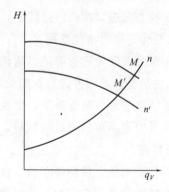

图 2-21 改变叶轮转速时的流量变化

（2）改变叶轮转速　转速改变，泵的性能改变（比例定律），离心泵的性能曲线改变，从而泵的工作点改变。这种调节流量的方法合理、经济，但操作不方便，需要变速装置，且难以做到流量连续调节，故生产中很少使用，如图 2-21 所示。

（3）改变叶轮直径　改变叶轮直径，可以改变泵的性能（切割定律），从而改变泵的工作点。这种调节方法实施起来不方便，需要车床，而且一旦车削便不能复原，且调节范围也不大，生产中很少使用。

二、离心泵的开停车操作及日常维护

1. 离心泵的开停车操作要点

① 灌泵。打开泵的入口阀及密封液阀，检查泵体内是否已充满液体。

② 预热。输送高温液体的热油泵和水泵启动时需预热。预热时应使泵各部分均匀受热，并边预热边盘车。

③ 盘车。用手使泵轴绕运转方向转动，每次以 180°为宜，不得反转。目的是检查润滑情况、密封情况、是否卡轴、是否堵塞或冻结等。

④ 关闭出口阀，启动电机。注意，关闭出口阀运转的时间应尽可能短，以免泵内液体因摩擦发热，发生汽蚀现象。对于耐腐蚀泵，为了减少腐蚀，常采用先打开出口阀的办法启动。

⑤ 调节流量。缓慢打开出口阀门，调节到指定流量。

⑥ 停泵前，为防止出口管路中的高压流体向泵体内倒灌，以致对设备造成破坏，需先关闭出口阀后方可停机。

⑦ 两泵切换。在生产过程中经常遇到两台泵切换的操作，应先启动备用泵，慢慢打开其出口阀，然后缓慢关闭原运行泵的出口阀，在这过程中要保持与中央控制室的联系，维持离心泵输出流量的稳定，避免因流量波动造成系统停车。

2. 离心泵的日常维护

(1) 运行过程中的检查　检查被抽出液罐的液面，防止物料抽空；检查泵的出口压力或流量指示是否稳定；检查端面密封液的流量是否正常；检查泵体有无泄漏；检查泵体及轴承系统有无异常声及振动；检查泵轴的润滑油是否充满完好。

(2) 离心泵的维护

① 检查泵进口阀前的过滤器，看滤网是否破损，如有破损应及时更换，以免焊渣等颗粒进入泵体；定时清洗滤网。

② 泵壳及叶轮进行解体、清洗重新组装；调整好叶轮与泵壳的间隙；叶轮有损坏及腐蚀情况的应分析原因并进行及时处理。

③ 清洗轴封、轴套系统；更换润滑油，以保持良好的润滑状态。

④ 及时更换填料密封的填料，并调节至合适的松紧度；采用机械密封的应及时更换动环和密封液。

⑤ 检查电机。长期停车后，再开车前应将电机进行干燥处理。

⑥ 检查现场及遥控的一、二次仪表的指示是否正确及灵活好用，对失灵的仪表及部件进行维修或更换。

⑦ 检查泵的进、出口阀的阀体，是否有因磨损而发生内漏等情况，如有内漏应及时更换阀门。

三、离心泵的故障处理

离心泵常见故障、原因及处理方法见表 2-1。

表 2-1 离心泵设备常见故障原因及排除方法

故障	产生原因	排除方法
打坏叶轮	①离心泵在运转中产生汽蚀现象,液体剧烈的冲击叶片和转轴,造成整个泵体颤动,毁坏叶轮 ②检修后没有很好地清理现场,致使杂物进入泵体,启动后打坏叶轮片	①修改吸入管路的尺寸,使安装高度等合理,泵入口处有足够的有效汽蚀余量 ②严格管理制度,保证检修后清理工作的质量,必要时在入口阀前加装过滤器
烧坏电机	①泵壳与叶轮之间间隙过小并有异物 ②填料压得太紧,开泵前未进行盘车	①调整间隙,清除异物 ②调整填料松紧度,盘车检查 ③电机线路安装熔断器,保护电机
进出口阀门芯子脱落	①阀门的制造质量问题 ②操作不当,用力过猛	①更换新阀门 ②更换新阀门
烧坏填料函或机械密封动环	①填料函压得过紧,致使摩擦生热而烧坏填料,造成泄漏 ②机械密封的动、静环接触面过紧,不平行	①更换新填料,并调节至合适的松紧度 ②更换动环,调节接触面找正平
转轴颤动	①安装时不对中,找平未达标 ②润滑状况不好,造成转轴磨损	①重新安装,严格检查对中及找平 ②补充油脂或更换新油脂
泵输不出液体	①注入液体不够 ②泵或吸入管内存气或漏气 ③吸入高度超过泵的允许范围 ④管路阻力太大 ⑤泵或管路内有杂物堵塞	①重新注满液体 ②排除空气及消除漏气处,重新灌泵 ③降低吸入高度 ④清扫管路或修改 ⑤检查清理
流量不足或扬程太低	①吸入阀或管路堵塞 ②叶轮堵塞或严重磨损腐蚀 ③叶轮密封环磨损严重,间隙过大 ④泵体或吸入管漏气	①检查,清扫吸入阀及管路 ②清扫叶轮或更换 ③更换密封环 ④检查、消除漏气处
电流过大	①填料压得太紧 ②转动部分与固定部分发生摩擦	①拧松填料压盖 ②检查原因,消除机械摩擦
轴承过热	①轴承缺油或油不净 ②轴承已损伤或损坏 ③电机轴与转轴不在同一中心线上	①加油或换油并清洗轴承 ②更换轴承 ③校正两轴的同轴度
泵振动大,有杂音	①电机轴与泵轴不在同一中心线上 ②泵轴弯曲 ③叶轮腐蚀、磨损,转子不平衡 ④叶轮与泵体摩擦 ⑤基础螺栓松动 ⑥泵发生汽蚀	①校正电机轴与泵轴的同轴度 ②校直泵轴 ③更换叶轮,进行静平衡 ④检查调整,消除摩擦 ⑤紧固基础螺栓 ⑥调节出口阀,使之在规定的性能范围内运转
密封处漏损过大	①填料磨损 ②轴或轴套磨损 ③泵轴弯曲 ④动、静密封环端面腐蚀、磨损或划伤 ⑤静环装配歪斜 ⑥弹簧压力不足	①更换填料 ②修复或更换磨损件 ③校直或更换泵轴 ④修复或更换坏的动环或静环 ⑤重装静环 ⑥调整弹簧压缩量或更换弹簧

 技能训练

离心泵的仿真操作

1. 训练要求

熟练掌握离心泵的启动、停车、正常操作和事故处理技能。

2. 工艺流程

来自某一设备约 40℃的带压液体经调节阀 LV101 进入带压罐 V101，罐液位由液位控制器 LIC101 通过调节 V101 的进料量来控制；罐内压力由 PIC101 分程控制，PV101A、PV101B 分别调节进入 V101 和出 V101 的氮气量，从而保持罐压恒定在 5.0atm（表压）。罐内液体由泵 P101A/B 抽出，泵出口流量在流量调节器 FIC101 的控制下输送到其他设备。现场图及 DCS 图如图 2-22、图 2-23 所示。

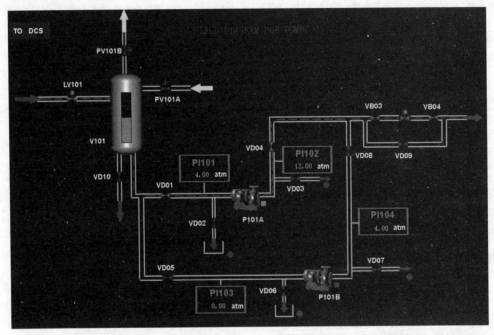

图 2-22　离心泵现场图

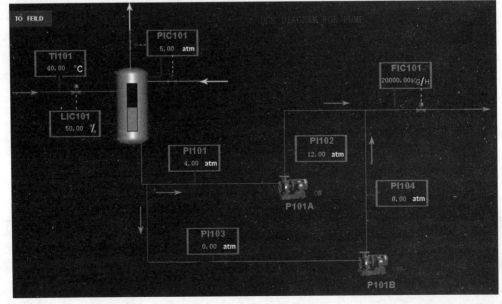

图 2-23　离心泵 DCS 图

3. 培训方案

培训方案见表 2-2。

表 2-2　离心泵培训方案

编号	项目名称	教学目的及重点
1	系统冷态开车操作规程	掌握装置的常规开车操作
2	系统正常操作规程	掌握装置的常规操作
3	系统正常停车操作规程	掌握装置的常规停车操作
4	P101A 泵坏	掌握故障处理操作
5	FIC101 阀卡	掌握故障处理操作
6	P101A 泵入口管线堵	尽快分析原因,恢复进料
7	P101A 泵汽蚀	掌握故障处理操作
8	P101A 泵气缚	掌握故障处理操作

4. 操作规程

（1）冷态开车

① 罐 V101 充液、充压。打开 LIC101 调节阀,开度约为 30%,向 V101 罐充液;待 V101 罐液位大于 5% 后,缓慢打开分程压力调节阀 PV101A 向 V101 罐充压。当 LIC101 达到 50% 时,LIC101 设定 50%,投自动;当压力升高到 5.0atm 时,PIC101 设定 5.0atm,投自动。

② 灌泵。待 V101 罐充压充到正常值 5.0atm 后,打开 P101A 泵入口阀 VD01,向离心泵充液,打开 P101A 泵后排气阀 VD03 排放泵内不凝性气体,当有液体溢出时,显示标志变为绿色,标志着 P101A 泵已无不凝性气体,关闭 VD03。

③ 启动离心泵 P101A 泵,调整操作参数。待 PI102 指示比入口压力大 1.5～2.0 倍后,打开 P101A 泵出口阀 VD04。将 FIC101 调节阀的前阀、后阀打开,逐渐开大调节阀 FIC101 的开度,使 PI101、PI102 趋于正常值。微调 FV101 调节阀,在测量值与给定值相对误差 5% 范围内且较稳定时,FIC101 设定到正常值,投自动。

（2）停车操作

① V101 罐停进料。LIC101 置手动,并手动关闭调节阀 LV101,停 V101 罐进料。

② 停泵。待罐 V101 液位小于 10% 时,关闭 P101A（或 B）泵的出口阀（VD04）;停 P101A 泵;关闭 P101A 泵前阀 VD01。FIC101 置手动并关闭调节阀 FV101 及其前、后阀（VB03、VB04）。

③ 泵 P101A 泄液。打开泵 P101A 泄液阀 VD02,观察 P101A 泵泄液阀 VD02 的出口,当不再有液体泄出时,显示标志变为红色,关闭 P101A 泵泄液阀 VD02。

④ V101 罐泄压、泄液。待罐 V101 液位小于 10% 时,打开 V101 罐泄液阀 VD10;待 V101 罐液位小于 5% 时,打开 PIC101 泄压阀;观察 V101 罐泄液阀 VD10 的出口,当不再有液体泄出时,显示标志变为红色,待罐 V101 液体排净后,关闭泄液阀 VD10。

（3）正常运行及流量调节控制

正常工况操作参数：

① P101A 泵出口压力 PI102：12.0atm。

② V101 罐液位 LIC101：50.0%。

③ V101 罐内压力 PIC101：5.0atm。

④ 泵出口流量 FIC101：20000kg/h。

⑤ P101A 泵功率正常值：15kW。

改变泵、按键的开关状态、手操阀的开度及液位调节阀、流量调节阀、分程压力调节阀的开度，观察流量变化。

（4）P101A 泵汽蚀操作规程

事故现象：

① P101A 泵入口、出口压力上下波动；

② P101A 泵出口流量波动（大部分时间达不到正常值）。

处理方法：

按泵的切换步骤切换到备用泵 P101B。

（5）P101A 泵气缚操作规程

事故现象：

① P101A 泵入口、出口压力急剧下降；

② FIC101 流量急剧减少。

处理方法：

按泵的切换步骤切换到备用泵 P101B。

 知识拓展

离心泵的串、并联

1. 离心泵的串联

液体被第一台泵压出后送入第二台泵的操作，称为离心泵的串联操作，如图 2-24 所示。显然，两相同泵串联时，流过每一台泵的流量相同，而液体经过每台泵获得的压头也相等，因此，串联泵组的特性曲线可以通过单台泵的特性曲线及"同一流量，扬程相加"的串联特点绘制。

从图 2-24 可以看出，串联泵组的工作点 $M_{串}$ 与单台泵的工作点 M 是不同的，由于泵的串联，使流量从 q_{V1} 增加到 q_{V2}，而串联时，每台泵均在 D 点状态下工作。不难看出，由于每台泵均在较大流量和较低压头下操作，所以串联泵组的总压头并不等于单台泵单独操作时压头的两倍，而是略小一些；其总效率等于单台泵在 $q_{V串}$ 下的工作效率。

2. 离心泵的并联

液体被两台泵各自吸液再汇合排液的操作，称为离心泵的并联操作，如图 2-25 所示。显然，两相同泵并联时，流过每一台泵的流量是相同的，而液体经过每台泵获得的压头也是相等的，并联泵组的特性曲线可以通过单台泵的特性曲线及"同一扬程，流量相加"的并联特点绘制。

从图 2-25 可以看出，并联泵组的工作点 $M_{并}$ 与单台泵的工作点 M 是不同的，由于泵的并联，使流量从 q_{V1} 增加到 q_{V2}，而并联时，每台泵均在 D 点状态下工作。不难看出，由于

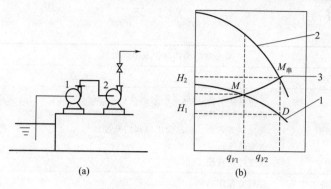

图 2-24　串联泵组的特性分析

1—单泵；2—串联；3—管路

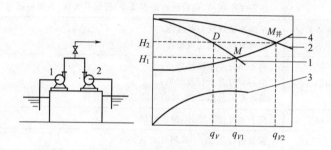

图 2-25　并联泵组的特性分析

1—单泵；2—并联；3—效率线；4—管路

每台泵均在较大压头和较低流量下操作，所以并联泵组的总流量并不等于单台泵单独操作时流量的两倍，而是略小一些；其总效率为等于单台泵在 $1/2q_{V并}$ 下的工作效率。

3. 离心泵组合方式的选择

两台相同的离心泵经过串联或并联组合后，流量压头均有所增加，但究竟采取何种组合方式才能获得最佳经济效果，还要考虑输送任务的具体要求及管路的特性，通常选择方法如下。

① 如果单台泵提供的最大压头小于管路上下游的 $(\Delta z + \Delta p/\rho g)$ 值，只能采用串联组合；

② 对于高阻型管路，采用串联组合比采用并联组合能获得更大的流量和压头，宜采用串联组合方式，对于此种管路，还要采取措施减少管路的阻力；

③ 对于低阻型管路，采用并联组合比采用串联组合能获得更大的流量和压头，宜采用并联组合方式；

④ 实际生产中，通常不采用串联或并联的办法来增加流量或压头，因为这样做通常使操作效率下降，且一旦两台泵在调节上出现不同的特性，可能会带来不利的结果，只有当无法用一台泵满足生产任务要求时或一台大型泵起动电流过大足以对电力系统造成影响时，才考虑串联或并联组合操作；

⑤ 在连续生产中，泵均是并联安装的，但并不是并联操作，而是一台操作，一台备用。

学习评价

工作任务	考核内容		考核要点
		离心泵的操作维护及事故处理	
离心泵的流量调节	基础知识		管路特性方程、曲线及影响因素； 离心泵的工作点； 流量调节方法——改变出口阀门开度； 改变转速； 改变叶轮直径
	现场考核	准备工作	穿戴劳保用品
		操作程序	缓慢关小阀门,阀后流量是否减小,缓慢开大阀门,阀后流量是否增大
			缓慢关小阀门,电流指示是否下降,缓慢开大阀门,电流指示是否上升
			缓慢关小阀门,阀后压力是否减小,缓慢开大阀门,阀后压力是否增大
		安全及其他	按国家法规或企业规定； 在规定时间内完成操作
离心泵的操作	基础知识		离心泵开停车操作要点； 离心泵日常运行及维护； 离心泵的故障处理;离心泵串联、并联操作
	仿真操作		离心泵开停车操作;故障处理
	现场考核	准备工作	穿戴劳保用品、工具用具准备
		操作程序	做好离心泵启动前准备:检查各连接部位是否紧固;关闭泵所有阀门;打开进口阀及压力表引阀;盘车;送电
			按启动电钮
			打开出口阀,调整流量
			检查机泵运行情况
			关闭出口阀门
			按关闭电钮
		安全及其他	按国家法规或企业规定； 在规定时间内完成操作

 自测练习

一、选择题

1. 离心泵停车时应首先（　　）。

A. 关闭出口阀　　　　　　　　　　　B. 打开出口阀

C. 关闭入口阀　　　　　　　　　　　D. 同时关闭入口阀和出口阀

2. 离心泵最常用的调节方法是（　　）。

A. 改变吸入管路中阀门开度　　　　　B. 改变出口管路中阀门开度

C. 安装回流支路,改变循环量的大小　　D. 车削离心泵的叶轮

3. 试比较离心泵下述三种流量调节方式能耗的大小：（1）阀门调节（节流法）；（2）旁路调节；（3）改变泵叶轮的转速或切削叶轮。（　　　）

A. (2)＞(1)＞(3)　　　　　　　　　B. (1)＞(2)＞(3)

C. (2)＞(3)＞(1)　　　　　　　　　D. (1)＞(3)＞(2)

4. 下列说法正确的是（　　）。

A. 泵只能在工作点下工作

B. 泵的设计点即泵在指定管路上的工作点

C. 管路的扬程和流量取决于泵的扬程和流量

D. 改变离心泵工作点的常用方法是改变转速

5. 离心泵的工作点是指（　　）。

A. 与泵最高效率时对应的点　　　　B. 由泵的特性曲线所决定的点

C. 由管路特性曲线所决定的点　　　D. 泵的特性曲线与管路特性曲线的交点

6. 离心泵的调节阀（　　）。

A. 只能安装在进口管路上　　　　　B. 只能安装在出口管路上

C. 安装在进口管路或出口管路上均可　D. 只能安装在旁路上

二、判断题

（　　）1. 由离心泵和某一管路组成的输送系统，其工作点由泵铭牌上的流量和扬程所决定。

（　　）2. 离心泵最常用的流量调节方法是改变吸入阀的开度。

（　　）3. 调节离心泵流量的实质就是改变离心泵的工作点。

（　　）4. 离心泵停车时，先关闭泵的出口阀门，以避免压出管内的液体倒流。

三、计算题

IS 型 65-40-200 型离心泵在转速为 1450rpm 时的流量-扬程数据如下表。

$q_V/(m^3/h)$	5	7.5	12.5	15
H/m	13.3	13.2	12.5	11.8

现用此泵将水从低位槽送至高位槽，请用图解法确定工作点的流量。设两槽液面间的垂直距离是 4.0m，管路的计算长度（包括局部元件的当量长度）为 80m，管子的规格是 $\phi45mm×2.5mm$，摩擦系数为 0.02。

任务4　其他类型泵的操作

 教学目标

能力目标：

认识往复泵、旋涡泵、齿轮泵、螺杆泵的结构，熟悉其工作性能。

知识目标：

1. 掌握往复泵的结构、特点、性能及操作维护方法；

2. 了解齿轮泵、旋涡泵、螺杆泵的结构、特点、性能。

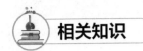 **相关知识**

一、往复泵

往复泵是容积式泵的一种型式，通过活塞或柱塞在泵缸内的往复运动来改变工作容积，进而使液体的能量增加。当流量小于 $100m^3/h$，排出压力大于 10MPa 时，有较高的效率和良好的运行性能。往复泵包括活塞泵、柱塞泵、隔膜泵、计量泵等。主要适用于小流量、高扬程的场合，输送高黏度液体时效果要好于离心泵，但是不能输送腐蚀性液体和有固体粒子的悬浮液。

1. 往复泵的结构与工作原理

往复泵的主要构件有泵缸、活塞（或柱塞）、活塞杆及若干个单向阀等，如图 2-26 所示。泵缸、活塞及阀门间的空间称为工作室。当活塞从左向右移动时，工作室容积增加而压力下降，吸入阀在内外压差的作用下打开，液体被吸入泵内，而排出阀则因内外压力的作用而紧紧关闭；当活塞从右向左移动时，工作室容积减小而压力增加，排出阀在内外压差的作用下打开，液体被排到泵外，而吸入阀则因内外压力的作用而紧紧关闭。如此周而复始，实现泵的吸液与排液。

活塞在泵内左右移动的端点叫"死点"，两"死点"间的距离为活塞从左向右运动的最大距离，称为冲程。在活塞往复运动的一个周期里，如果泵只吸液一次，排液一次，称为单动往复泵；如果各两次，称为双动往复泵。人们还设计了三联泵，三联泵的实质是三台单动泵的组合，只是排液周期相差了三分之一。

2. 往复泵的主要性能

（1）流量　往复泵的流量是不均匀的，如图 2-27 所示。但双动泵要比单动泵均匀，而三联泵又比双动泵均匀。其流量的这一特点限制了往复泵的使用。工程上，有时通过设置空气室使流量更均匀。

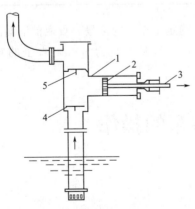

图 2-26　往复泵结构简图
1—泵缸；2—活塞；3—活塞杆；
4—吸入阀；5—排出阀

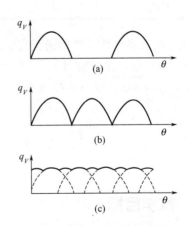

图 2-27　往复泵流量曲线图

从工作原理不难看出，往复泵的理论流量只与活塞在单位时间内扫过的体积有关，因此往复泵的理论流量只与泵缸数量、泵缸的截面积、活塞的冲程、活塞的往复频率及每一周期内的吸排液次数等有关，而与管路特性无关。由于密封不严造成泄漏、阀启闭不及时等原因，实际流量要比理论值小，如图 2-28 所示。

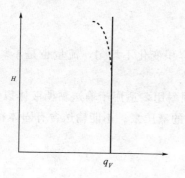

图 2-28　往复泵的性能曲线

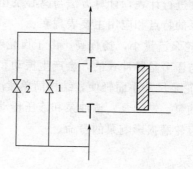

图 2-29　往复泵旁路调节
1—旁路阀；2—安全阀

（2）压头　往复泵的压头与泵的几何尺寸及流量均无关系。只要泵的机械强度和原动机械的功率允许，系统需要多大的压头，往复泵就能提供多大的压头，如图 2-28 所示。

（3）功率与效率　计算方法与离心泵相同。但效率比离心泵高，通常在 0.72～0.93 之间，蒸汽往复泵的效率可达到 0.83～0.88。

3. 往复泵的使用与维护

使用往复泵时应注意以下几点。

① 往复泵有自吸能力，因此启动前无需灌泵。实际操作时为避免干摩擦，一般在初次启动前注满液体。

② 往复泵流量调节通常采用旁路调节法，如图 2-29 所示，也可以改变活塞行程或往复频率实现流量调节。往复泵不能在排液管路上用阀门调节流量，泵在工作时也不能将排出阀完全关闭。否则，泵内压力会急剧升高，造成泵体、管路及电动机损坏。

③ 在排液管路上设置安全阀。因为往复泵的排出压力取决于管路情况及泵本身的动力、强度及密封情况，所以每台泵的允许排出压力是确定的。安全阀的开启压力不超过泵的允许排出压力。

④ 泵的安装高度应不超过允许安装高度。因为往复泵和离心泵一样，也是靠吸入液面与泵入口处的压力差吸上液体的，在大气压力不同的地区、输送性质及温度不同的液体时，泵的安装高度是不同的，如果安装高度超出允许值，也会发生汽蚀现象。

往复泵的维护参照国家标准中 SHS 01014—2004《往复泵维护检修规程》的规定进行。

二、齿轮泵

齿轮泵是通过两个相互啮合的齿轮的转动对液体做功的，一个为主动轮，一个为从动轮。齿轮将泵壳与齿轮间的空隙分为两个工作室，其中一个因为齿轮的打开而呈负压与吸入管相连，完成吸液；另一个则因为齿轮啮合而呈正压与排出口相连，完成排液，如图 2-30 所示。

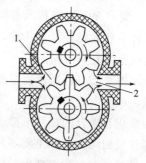

图 2-30　齿轮泵结构
1—吸入腔；2—排出腔

齿轮泵和往复泵一样也是一种容积泵，因此使用方法也与往复泵类似。常采用旁路调节法进行流量调节。在泵启动前必须把排液管路中的阀门全部打开，如果泵内流道表面有液体存在，在不灌泵的情况下可以正常启动；齿轮泵的安装高度也须低于其允许值，在缺乏安装高度数据的情况下，可根据泵的吸上真空度进行计算，计算方法与离心泵相同。

齿轮泵的特点和应用主要表现在：

① 齿轮泵流量小，扬程高；由于齿轮啮合间容积变化不均匀，流量也是不均匀的，产生的流量与压力是脉冲式的，会产生振动和噪声。

② 齿轮泵尺寸小而轻便，结构简单紧凑，坚固耐用，适用于输送黏稠液体以至膏状物，可作润滑油泵、燃油泵、输油泵和液压传动装置中的液压泵。不能输送含有固体粒子的悬浮液，以防齿轮磨损影响泵的寿命。

三、旋涡泵

旋涡泵也是依靠离心力对液体做功的泵，但其壳体是圆形而不是蜗牛形的，因此易于加工，叶片很多，而且是径向的，吸入口与排出口在同侧并由隔舌隔开，如图 2-31 所示。工作时，液体在叶片间反复运动，多次接受原动机械的能量，因此能形成比离心泵更大的压头，其扬程范围从 15m 至 132m、流量范围从 0.36m³/h 到 16.9m³/h。由于流体在叶片间的反复运动，造成大量能量损失，因此效率比离心泵低，效率约在15%～40%。

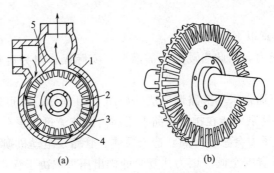

(a)   (b)

图 2-31 旋涡泵结构图

1—叶轮；2—叶片；3—泵壳；4—引液道；5—隔舌

旋涡泵适用于输送流量小、压头高而黏性不大的液体。其性能曲线除功率-流量线与离心泵相反外，其他与离心泵相似。旋涡泵流量采用旁路调节。

四、螺杆泵

螺杆泵是由一根或多根螺杆构成的。按螺杆根数，通常可分为单螺杆泵、双螺杆泵、三螺杆泵和五螺杆泵等几种，它们的工作原理基本相似，只是螺杆齿形的几何形状有所差异，适用范围有所不同。

图 2-32(a) 所示为单螺杆泵，螺杆在具有内螺纹的泵壳中偏心转动，将液体沿轴向推进，最终由排出口排出。图 2-32(b) 所示为双螺杆泵，实际上与齿轮泵十分相似，它利用两根相互啮合的螺杆来排送液体。液体从螺杆两端进入，由中央排出。图 2-32(c) 所示为三螺杆泵的结构，其主要零件是一个泵套和三根相互啮合的螺杆，其中一根与原动机连接的称主动螺杆（简称主杆），另外两根对称配置于主动螺杆的两侧，称为从动螺杆。这 4 个零件组装在一起就形成一个个彼此隔离的密封腔，把泵的吸入口与排出口隔开。当主动螺杆转动

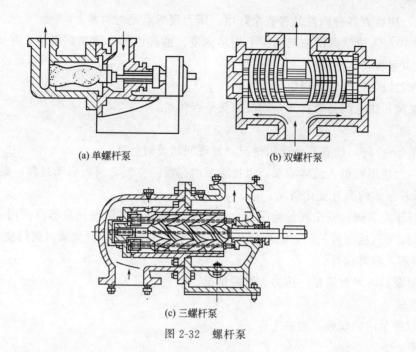

(a) 单螺杆泵　　　　　　(b) 双螺杆泵

(c) 三螺杆泵

图 2-32　螺杆泵

时，密封腔内的液体沿轴向移动，从吸入口被推至排出口。

螺杆泵在启动前应将排液管路中的阀门全部打开，泵的安装高度也必须低于其允许值，在缺乏数据时可根据吸上真空度计算，计算方法与离心泵相同。由于螺杆泵的流量也与排出压力无关，因此流量调节也采用旁路调节法。

螺杆泵的特点和应用主要表现在。

① 压力和流量稳定，脉动很小。液体在泵内做连续而均匀的直线流动，无搅拌现象。

② 螺杆越长，则扬程越高。三螺杆泵具有较强的自吸能力，无需装底阀或抽真空的附属设备。

③ 相互啮合的螺杆磨损甚少，泵的使用寿命长。

④ 泵的噪声和振动极小，可在高速下运转。

⑤ 结构简单紧凑、拆装方便、体积小、重量轻。

⑥ 适用于输送不含固体颗粒的润滑性液体，可作为一般润滑油泵、输油泵、燃油泵、胶液输送泵和液压传动装置中的供压泵。在合成纤维、合成橡胶工业中应用较多。

总之，泵的类型很多，在接受生产任务时，要根据任务需要与特点，做出合理选择，以节约能量，提高经济性。

 技能训练

往复泵的操作

1. 开、停车操作

往复泵属于容积式泵，它具有排出压力高，可输送有一定黏度和一定温度的液体，因此许多化工厂用它输送热水和溶液，它的转速低和输出量小，但也应该精心使用与维护。

（1）运行前的准备

① 严格检查往复泵的进、出口管线及阀门、盲板等，如有异物堵塞管路的情况，一定

要予以清除。应检查各种附件是否齐全好用，压力表指示是否为零。

② 机体内加入清洁润滑油至油窗上指示刻度。油杯内加入清洁润滑油，并微微开启针形阀，使往复泵保持润滑。

③ 检查盘根的松动、磨损情况。

④ 疏水阀和防空阀是否打开，润滑油孔是否畅通。

（2）启动

① 盘车 2～3 转，检查有无受阻情况，发现问题及时处理。

② 第一次使用要引入液体灌泵，以排除泵内存留的空气，缩短启动过程，避免干摩擦。引入液体后看泵体的温升变化情况。

③ 打开压力表阀、安全阀的前手阀。检查完毕后，就可缓慢开启蒸汽阀门对蒸汽缸预热，待疏水阀见汽后即可关闭，然后打开泵的放空阀和进液阀。开大蒸汽阀门使泵运行，随之关闭放空阀，正常运行。

④ 启动泵后，观察流量、压力、泄漏情况。

（3）停车

① 做好停泵前的联系、准备工作。

② 停泵。

③ 关闭泵的出、入口阀门。

④ 关压力表阀、安全阀。

⑤ 放掉油缸内压力。

⑥ 打开汽缸放水阀，排缸内存水。

⑦ 做好防冻工作，搞好卫生。

2. 事故处理

往复泵常见故障及处理方法见表 2-3。

表 2-3 往复泵常见故障及排除方法

故障	产生原因	排除方法
泵开不动	①进气阀阀芯折断,使阀门打不开 ②汽缸内有积水 ③摇臂销脱落或圆锥销切断 ④汽、油缸活塞环损坏 ⑤汽缸磨损间隙过大 ⑥气门阀板、阀座接触不良 ⑦蒸汽压力不足 ⑧活塞杆处于中间位置,致使气门关闭 ⑨排出阀阀板装反,使出口关死	①更换阀门或阀芯 ②打开放水阀,排除缸内积水 ③装好摇臂销和更换圆锥销 ④更换汽、油缸活塞环 ⑤更换汽缸或活塞环 ⑥刮研阀板及阀座 ⑦调节蒸汽压力 ⑧调整活塞杆位置 ⑨重新将排出阀安装正确
泵抽空	①进口温度太高产生汽化,或液面过低吸入气体 ②进口阀未开或开得小 ③活塞螺帽松动 ④由于进口阀垫片吹坏使进、出口被连通 ⑤油缸套磨损,活塞环失灵	①降低进口温度,保证一定液面或调节往复次数 ②打开进口阀至一定开度或调节往复次数 ③上紧活塞螺帽 ④更换进口阀垫片 ⑤更换缸套或活塞环

续表

故障	产生原因	排除方法
产生响声或振动	①活塞冲程过大或汽化抽空 ②活塞螺帽或活塞杆螺帽松动 ③缸套松动 ④阀敲碎后,碎片落入缸内 ⑤地脚螺栓松动 ⑥十字头中心架连接处松动	①调节活塞冲程与往复次数 ②拧紧活塞螺帽和活塞杆螺帽 ③拧紧缸套螺钉 ④扫除缸内碎片,更换阀 ⑤固定地脚螺栓 ⑥修理或更换十字头
压盖漏油漏气	①活塞杆磨损或表面不光滑 ②填料损坏 ③填料压盖未上紧或填料不足	①更换活塞杆 ②更换填料 ③加填料或上紧压盖
汽缸活塞杆过热	①注油器单向阀失灵 ②润滑不足 ③填料过紧	①更换单向阀 ②加足润滑油 ③松填料压盖
压力不稳	①阀关不严或弹簧弹力不均匀 ②活塞环在槽内不灵活	①研磨阀或更换弹簧 ②调整活塞环与槽的配合
流量不足	①阀不严 ②活塞环与缸套间隙过大 ③冲程次数太少 ④冲程太短	①研磨或更换阀门,调节弹簧 ②更换活塞环或缸套 ③调节冲程次数 ④调节冲程

 知识拓展

计量泵

在连续或半连续的生产过程中,往往需要按照工艺流程的要求来精确地输送定量的液体,有时还需要将若干种液体按比例输送,计量泵就是为了满足这些要求而设计制造的。计量泵是往复泵的一种,从基本构造和操作原理看和往复泵相同。计量泵有两种基本形式,即柱塞式和隔膜式,其结构如图2-33及图2-34所示。它们都是通过偏心轮把电动机的旋转运动变成柱塞的往复运动。由于偏心轮的偏心距离可以调整,使柱塞的冲程随之改变。若单位时间内柱塞的往复次数不变,则泵的流量与柱塞的冲程成正比,所以可通过调节冲程而达到比较严格地控制和调节流量的目的。计量泵送液量的精确度一般在±1%以内,有的甚至可

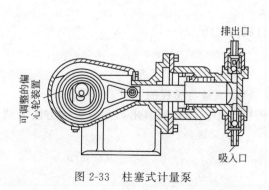

图 2-33 柱塞式计量泵

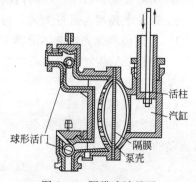

图 2-34 隔膜式计量泵

125

达±0.5%。

　　隔膜式计量泵最大的特点是采用隔膜薄膜片将柱塞与被输送的液体隔开，隔膜一侧均用防腐蚀材料或复合材料制成。另一侧则装有水、油或其他液体。当工作时，借助柱塞在隔膜泵缸内做往复运动，迫使隔膜交替地向两边弯曲，使其完成吸入和排出的工作过程，被输送介质不与柱塞接触。

　　计量泵适用于要求输液量十分准确而又需要便于调整的场合，如向化工厂的反应器中输送液体。有时还可通过一台电动机带动几台计量泵的方法，使每股液体的流量既稳定且各股液体流量的比例也固定。

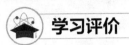 **学习评价**

其他类型泵的操作		
工作任务	考核内容	考核要点
其他类型泵的操作	基础知识	往复泵的结构、工作原理、性能、流量调节、适用场合及操作维护； 旋涡泵的结构、工作原理、性能、流量调节、适用场合； 齿轮泵的结构、特点、性能、流量调节、适用场合； 螺杆泵的结构、特点、性能、流量调节、适用场合
	能力训练	对四种泵(离心泵、往复泵、齿轮泵、旋涡泵)在结构、工作原理、流量调节方法、安装高度、是否有自吸能力、特点及适用场合等方面进行比较

 **自测练习**

一、选择题

1. 输送膏状物应选用（　　）。

A. 离心泵　　　　　　　　B. 往复泵　　　　　　　C. 齿轮泵　　　　　　　D. 压缩机

2. 将含晶体10%的悬浊液送往料槽宜选用（　　）。

A. 离心泵　　　　　　　　B. 往复泵　　　　　　　C. 齿轮泵　　　　　　　D. 喷射泵

3. 往复泵的流量调节采用（　　）。

A. 入口阀开度　　　　B. 出口阀开度　　　　C. 出口支路　　　　D. 入口支路

4. 对于往复泵，下列说法错误的是（　　）。

A. 有自吸作用，安装高度没有限制

B. 实际流量只与单位时间内活塞扫过的面积有关

C. 理论上扬程与流量无关，可以达到无限大

D. 启动前必须先用液体灌满泵体，并将出口阀门关闭

5. 离心泵与往复泵的相同之处在于（　　）。

A. 工作原理　　　　　　　　　　　　B. 流量的调节方法

C. 安装高度的限制　　　　　　　　　D. 流量与扬程的关系

6. 在①离心泵、②往复泵、③旋涡泵、④齿轮泵中，能用调节出口阀开度的方法来调节流量的有（　　）。

　　A. ①②　　　　　　B. ①③　　　　　　C. ①　　　　　　D. ②④

7. 往复泵适应于（　　）。

A. 大流量且要求流量均匀的场合　　　B. 介质腐蚀性强的场合

C. 流量较小、压头较高的场合　　　　D. 投资较小的场合

8. 齿轮泵的工作原理是（　　）。

A. 利用离心力的作用输送流体　　　　B. 依靠重力作用输送流体

C. 依靠另外一种流体的能量输送流体　D. 利用工作室容积的变化输送流体

9. 启动往复泵前其出口阀必须（　　）。

A. 关闭　　　　　　B. 打开　　　　C. 微开　　　　D. 无所谓

10. 齿轮泵的流量调节可采用（　　）。

A. 进口阀　　　　　B. 出口阀　　　　C. 旁路阀　　　　D. 都可以

二、判断题

（　　）1. 往复泵没有汽蚀现象。

（　　）2. 往复泵的流量随扬程增加而减少。

（　　）3. 往复泵有自吸作用，安装高度没有限制。

（　　）4. 旋涡泵当流量为零时轴功率也为零。

（　　）5. 往复泵理论上扬程与流量无关，可以达到无限大。

任务5　压缩机的操作

教学目标

能力目标：

能进行离心式压缩机的操作。

知识目标：

1. 掌握往复式压缩机的构造、工作原理、性能及操作；

2. 掌握离心式压缩机的构造、工作原理、性能及操作。

相关知识

一、往复式压缩机

1. 往复式压缩机的结构和工作原理

（1）往复式压缩机的构造　往复式压缩机的构造和工作原理与往复泵相似，主要由气缸、活塞、活门构成，也是通过活塞的往复运动对气体做功，但是其工作过程与往复泵不同，因气体进出压缩机的过程完全是一个热力学过程。另外，由于气体本身没有润滑作用，因此必须使用润滑油以保持良好润滑，为了及时除去压缩过程产生的热量，缸外必须设冷却水夹套，活门要灵活、紧凑和严密。这种不同是气体的可压缩性造成的，下面简要说明。

（2）往复式压缩机的工作原理

① 理想（无余隙）工作循环。如图2-35所示，假设被压缩气体为理想气体，气体流经阀门无阻力、无泄漏、无余隙（排气终了时活塞与气缸端面间没有空隙）等，则单缸单作用

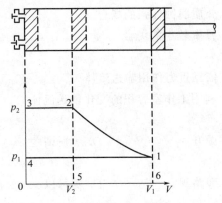

图 2-35　往复式压缩机的理想循环

往复压缩机的理想工作循环包含三个阶段。

a. 压缩阶段。当活塞位于气缸的最右端时气缸内气体的体积为 V_1，压力为 p_1，其状态点 1 所示。当活塞由点 1 向左推进时，由于吸入及排出阀门都是关闭的，故气体体积缩小而压力上升，直到压力升到 p_2 压缩终止，此阶段气体的状态变化过程如图中曲线 1-2 所示。

b. 压出阶段。当压力升到 p_2，排气活门被顶开，排气开始，气体从缸内排出，直至活塞移至最左端，气体完全被排净，气缸内气体体积降为零，压出阶段气体的变化过程如图中水平线 2-3 所示。

c. 吸气阶段。当活塞从气缸最左端向右移动时，缸内的压力立刻下降到 p_1，气体状况达到点 4。此时，排出活门关闭，吸入活门打开，压力为 p_1 的气体被吸入缸内，直至活塞移至最右端（图中点 1）。吸气阶段气体的状态变化如图中水平线 4-1 所示。

综上所述，无余隙往复压缩机的理想工作循环是由压缩过程、恒压下的排气和吸气过程所组成的。但实际压缩机是存在余隙（防止活塞与气缸的碰撞）的，由于排气结束，余隙中残存少量压力为 p_2 的高压气体，因此往复式压缩机的实际工作过程分为 4 个阶段（比理想工作循环多了膨胀阶段）。

② 实际（有余隙）工作循环。如图 2-36 所示，实际工作循环分为四个阶段。活塞从最右侧向左运动，完成了压缩阶段及排气阶段后，达到气缸最左端，当活塞从左向右运动时，因有余隙存在，进行的不再是吸气阶段，而是膨胀阶段，即余隙内压力为 p_2 的高压气体因体积增加而压力下降，如图中曲线 3-4 所示，直至其压力降至吸入气压 p_1（图中点 4），吸入活门打开，在恒定的压力下进行吸气过程，当活塞回复到气缸的最右端截面（图中点 1）时，完成一个工作循环。

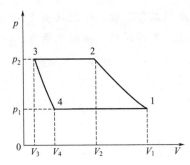

图 2-36　往复式压缩机的实际工作循环

综上所述，往复式压缩机的实际压缩循环由压缩、排气、膨胀、吸气四个过程所组成。在每一循环中，尽管活塞在气缸内扫过的体积为 (V_1-V_3)，但一个循环所能吸入的气体体积为 (V_1-V_4)。同理想循环相比，由于余隙的存在，实际吸气量减少了，而且功耗也增加了，因此应尽量减少余隙。

2. 往复式压缩机的主要性能

往复式压缩机的主要性能有排气量、轴功率与效率。

（1）排气量　是指在单位时间内压缩机排出的气体体积，并以入口状态计算，也称压缩机的生产能力，用 q_V 表示，单位 m^3/s。与往复泵相似，其理论排气量只与气缸的结构尺寸、活塞的往复频率及每一工作周期的吸气次数有关，但由于余隙内气体的存在、摩擦阻力、温度升高、泄漏等因素，其实际排气量要小。往复式压缩机的流量也是脉冲式的、不均匀的。为了改善流量的不均匀性，压缩机出口均安装油水分离器，这样既能起缓冲作用，又能除油沫水沫等，同时吸入口处需安装过滤器，以免吸入杂物。

(2) 功率与效率 实际所需的轴功率比理论轴功率大，其原因是：实际吸气量比实际排气量大，凡吸入的气体都经过压缩，多消耗了能量；气体在气缸内脉动及通过阀门等的流动阻力，也要消耗能量；压缩机的运动部件的摩擦，要消耗能量。所以压缩机的效率范围大约为 0.7～0.9，设计合理的压缩机效率应大于 0.8。

如果压缩比过大，则造成出口温度很高，温度过高有可能使润滑油变稀或着火，且增加功耗等。因此，当压缩比大于 8 时，常采用多级压缩，以提高容积系数、降低压缩机功耗及避免出口温度过高。所谓多级压缩是指气体依次经过若干个气缸压缩，达到需要的压缩比的压缩过程，每经过一次压缩，称为一级，级间设置冷却器及油水分离器。理论证明，当每级压缩比相同时，多级压缩所消耗的功最少。

3. 往复式压缩机的选用

往复式压缩机的类型很多，按照不同的分类依据可以有不同名称。常见的方法是按被压缩气体的种类分类，比如空压机、氧压机、氨压机等等；按气体受压缩次数分为单级、双级及多级压缩机；按气缸在空间的位置分为立式、卧式、角式和对称平衡式；另外，按一个工作周期内的吸排气次数分为单动与双动压缩机；按出口压力分为低压（$<10^3\,kPa$）、中压（$10^3\sim10^4\,kPa$）、高压（$10^4\sim10^5\,kPa$）和超高压（$>10^5\,kPa$）压缩机；按生产能力分为小型（$10m^3/min$）、中型（$10\sim30m^3/min$）和大型（$>30m^3/min$）往复式压缩机。

在选用压缩机时，首先要根据被压缩气体的种类确定压缩机的类型，比如压缩氧气要选用氧压机，压缩氨用氨压机，再根据厂房的具体情况，确定选用压缩机的空间形式，比如，高大厂房可以选用立式，最后根据生产能力与终压选定具体型号。

4. 往复式压缩机的使用与维护

(1) 往复式压缩机的操作

① 启动前的检查和准备。往复式压缩机在启动前应做好如下准备工作。

a. 检查压力表、温度表、电气仪表及安全阀等是否齐全、完好，是否在校验的有效期内；调整和检查连锁装置、报警装置、切断装置等各种保护装置，以及流量、压力、温度调节等控制回路。对空气压缩机还应检查吸入管防护罩、滤清器是否完好，防止吸入易燃易爆气体或粉尘，避免积炭和引起燃烧爆炸事故。

b. 检查外部油油箱、冷却油油箱及内部油油箱是否加入了足够的油量，天气寒冷时油温下降，需用蒸汽进行加热。启动辅助油泵或与机组不相连的其他油泵（如外部齿轮油泵、内部气缸注油器及冷却油泵），向各注油点注油，并使其在规定的油压、油温下运行。

c. 启动内部油泵并调节流量，特别要注意气阀设在气缸头部的高压气缸，若启动前注油量过多，当压缩机启动时残存在气缸内的润滑油会对活塞产生液体撞击，导致活塞破坏发生事故。

d. 检查水路是否畅通、水温是否符合要求。方法是打开进水阀并观察排水管中是否有冷却水流出。在压缩机的运转过程中冷却水的温度并不是越低越好，因为当压缩临界温度较高的气体时，气缸冷却水温度过低会使气缸内气体出现液化现象；压缩含水蒸气的湿气体时会使水蒸气在气缸表面凝结，造成气缸的润滑恶化而增加气缸磨损。因此冷却水的温度应以设计说明书的规定为准。

e. 启动可燃性气体压缩机前，应用惰性气体置换气缸配管中的空气，确认氧的含量在4％以下。启动氧气和乙炔气压缩机前，经惰性气体置换后氧含量的最高限度为2％，而且应根据压缩机性能和操作规程规定的压力进行试车，氧含量不得超过。

f. 盘车一圈以上或瞬时接通主电动机的开关转几次，检查是否有异常现象，取下电动盘车装置的手轮，装上遮断件并锁紧。

② 启动。启动准备工作完成后，与前后各相关岗位联系，确认无问题后，报告有关人员经同意后方可开车。启动的程序如下。

a. 启动主电动机；

b. 调整外部齿轮油泵的油压使其在规定的范围内；

c. 检查气缸注油器，确认已注油；

d. 调节压力表阀的手轮使指针稳定；

e. 检查周围是否有异常撞击声；

f. 监视轴承的温度及吸入和排出气体的压力、温度，并与以前的记录进行比较，确定是否有异常现象；

g. 启动加速过程中为避免电动机超负荷，应关闭进排气管、全开旁通阀，进行空负荷启动。

以上只是往复式压缩机启动的大致过程，不同的压缩机其启动程序也不一样，所以生产中必须严格按操作规程执行。

③ 停车。压缩机的停车有正常停车和事故停车。在正常停车之前应放出气体，使压缩机处于无负荷状态，并依次打开分离器的排油阀，排尽冷凝液，然后再切断主电动机的开关；当压缩机安全停转后，依次停止内部注油器、冷却油泵和外部齿轮油泵，待气缸冷却后停供冷却水，停供通向各级间冷却器、油冷却器的冷却水。在冬季停车时应采取可靠的防冻措施，以防冻坏管道和设备。

在下列情况出现时就紧急停车：断水、断电和断润滑油时；填料函及轴承温度过高并冒烟时；电动机声音异常，有烧焦味或冒火星时；机身强烈振动而减振无效时；缸体、阀门及管路严重漏气时；有关岗位发生重大事故或调度命令停车时等。

（2）往复式压缩机的运行和日常维护　往复式压缩机的运行和日常维护应注意以下几个方面：

① 压缩机在运行时必须认真检查和巡视，经常"看、听、摸、闻"，注视吸排气压力及温度、排气量、油压、油温、供油量和冷却水等各项控制指标，发现隐患及时处理。注意异常响声，每隔一定时间记录一次。

② 禁止压缩机在超温、超压和超负荷下运行，如遇超温、超压、缺油、缺水或电流增高等异常现象，应及时排除并报告有关人员。遇易燃、易爆气体大量泄漏而紧急停车时，非防爆型电气开关、启动器禁止在现场操作，应通知电工在变电所内断电源。

③ 压缩机在大、中修时，对主轴、连杆、活塞杆等主要部件应进行无损检测，对附属的压力容器应按《压力容器安全技术监察规程》的要求进行检验。对可能产生积炭的部位必须进行全面、彻底检查，将积炭清除后方可用空气试车，防止积炭在高温下爆炸。有条件的企业可用氮气试车。

④ 特殊气体（如氧气）的压缩机，对其设备、管道、阀门及附件，严禁用含油纱布擦

拭，也不得被油类污染，检修后应进行脱脂处理。压缩机房内严禁任意堆放易燃物品，如破油布、棉纱及木屑等。

（3）往复式压缩机运行中的常见故障和排除方法　往复式压缩机运行中的常见故障和排除方法见表2-4。

表 2-4　往复式压缩机运行中的常见故障和排除方法

故障	产生原因	排除方法
排气量不足	①气阀泄漏 ②活塞杆与填料处泄漏 ③活塞环磨损，间隙变大而泄漏 ④气缸磨损（特别是单边磨损），间隙增大而漏气 ⑤气缸余隙过大，特别是一级气缸余隙过大	①检查气阀，修理或更换气阀 ②拧紧填料压盖螺栓，仍泄漏时则修理或更换 ③更换活塞环 ④用镗削或研磨的方法修理，严重时更换缸套 ⑤调整气缸余隙容积
某级压力高于正常值	①后一级的吸排气阀漏气，使前一级排气压力增大 ②活塞环泄漏引起排气量不足 ③本级吸排气阀因各种原因产生泄漏	①更换后一级的吸排气阀 ②更换活塞环 ③检修气阀并采取相应措施
某级压力低于正常值	①本级吸排气阀漏气 ②第一级的吸排气阀故障，引起排气量不足，第一级活塞环泄漏过大 ③内泄漏 ④吸入管阻力太大	①检修气阀，更换损坏的零件 ②检修气阀，更换损坏的零件检查活塞环并修复 ③检查内泄漏部位，并采取相应措施 ④检查管路使之通畅
气缸内声音异常	①油和水被带入气缸造成水击 ②气阀有故障 ③活塞杆螺母松动或活塞弯曲，气缸声音异常 ④润滑油太少或断油，引起气缸拉毛 ⑤活塞环断裂 ⑥气缸余隙太小 ⑦异物掉入气缸内	①减少油量，提高油水分离效果 ②检查气阀并消除故障 ③紧固螺母，或校正、更换活塞杆 ④增加油量，修复拉毛处 ⑤更换活塞环 ⑥适当加大余隙 ⑦清除异物
气缸发热	①冷却水太少或中断 ②润滑油质量不良，供油量太少或中断 ③气缸与活塞的装配间隙过小	①检查冷却水的供应情况 ②选择适当的润滑油，检查油的供应情况 ③调整气缸间隙
活塞杆填料处发热或漏气	①润滑油过少或中断 ②活塞杆与填料配合不当 ③密封环损坏	①清洗并适当加大油量 ②调整间隙、重新装配 ③更换密封环
轴承或十字头滑道发热	①配合间隙过小 ②两摩擦面贴合不均匀或安装时有偏斜 ③供油量不足或中断 ④润滑油质量低劣或有污垢	①调整间隙 ②用涂色法刮研，调整间隙 ③检查供油系统的工作情况 ④更换润滑油
气缸发生不正常振动	①支撑不当或垫片松动 ②配管振动 ③气缸内有异物	①调整支撑间隙或垫片 ②消除配管振动 ③清除异物
曲轴箱振动并有异常声音	①连杆螺栓、轴承盖螺栓、十字头螺母松动或断裂 ②主轴承、连杆大小头轴瓦、十字头滑道等间隙过大 ③各轴瓦与轴承盖接触不良，有间隙 ④曲轴与联轴器配合松动	①紧固或更换损坏件 ②检查并调整间隙 ③刮研轴瓦瓦背 ④检查并采取相应措施
吸排气时有敲击声	①气阀阀片断裂 ②气阀弹簧松软 ③气阀松动	①更换阀片 ②更换弹簧 ③检查并拧紧螺栓

二、离心压缩机

1. 离心压缩机的结构和工作原理

离心压缩机又称透平压缩机,其结构、工作原理与离心泵相似,但由于一个叶轮不可能产生很高的压力,故离心压缩机都是多级的,叶轮的级数多,通常 10 级以上。叶轮转速高,一般在 5000r/min 以上,因此可以产生很高的出口压强。如图 2-37 所示,主轴与叶轮均由合金钢制成。气体经吸入管 1 进入到第一个叶轮 2 内,在离心力的作用下,其压力和速率都得到提高,在每级叶轮之间设有扩压器,在从一级压向另一级的过程中,气体在蜗形通道中部分动能转化为压力能,进一步提高了气体的压力。经过逐级增压作用,气体最后将以较大的压力经与蜗壳 6 相连的压出管向外排出。

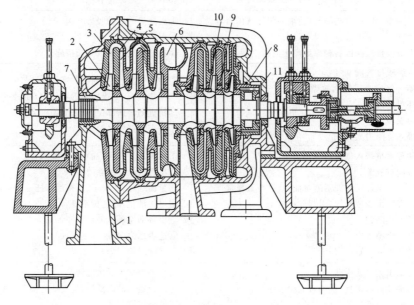

图 2-37 离心压缩机典型结构图

1—吸入室;2—叶轮;3—扩压器;4—弯道;5—回流器;

6—蜗室;7,8—轴端密封;9—隔板密封;10—轮改密封;11—平衡盘

由于气体的体积变化较大,温度升高也较显著,故离心压缩机常分成几段,每段包括若干级,叶轮直径逐段缩小,叶轮宽度也逐级有所缩小。段与段间设有中间冷却器将气体冷却,避免气体终温过高。

近年来在化工生产中,除了要求终压特别高的情况外,离心压缩机的应用已日趋广泛。离心压缩机的主要优点:体积小,重量轻,运转平稳,排气量大而均匀,占地面积小,操作可靠,调节性能好,备件需要量少,维修方便,压缩绝对无油,非常适宜处理那些不宜与油接触的气体。主要缺点:制造精度要求高,不易加工,给气量变动时压力不稳定、负荷不足时效率显著下降等。

国产离心压缩机的型号代号的编制方法有许多种。有一种与离心鼓风机型号的编制方法相似,例如,DA35-61 型离心压缩机表示单侧吸入,流量为 350m³/min,有 6 级叶轮,第 1次设计的产品。另一种型号代号编制法,以所压缩的气体名称的头一个拼音字母来命名。例如,LTl85-13-1,为石油裂解气离心压缩机,流量为 185m³/min,有 13 级叶轮,是第 1 次设计的产品。离心压缩机作为冷冻机使用时，型号代号表示出其冷冻能力。其他型号代号编制法可参看其使用说明书。

2. 离心压缩机的主要性能

(1) 离心压缩机的性能曲线　离心压缩机的性能曲线与离心泵的特性曲线相似，由实验测得。图 2-38 为典型的离心压缩机性能曲线，通常由 q_V-ε、q_V-p、q_V-η 三条曲线组成。但在讨论压缩机的工作点及其气量调节中，为了讨论的方便，常用出口压力 p_2 来代替压缩比 ε，即用 q_V-p 曲线来代替 q_V-ε 曲线。对大多数透平式压缩机而言，q_V-ε（或 q_V-p）曲线有一最高点，为设计点，实际流量等于设计流量时，效率 η 最高；流量与设计流量偏离越大，则效率越低；一般流量越大，压缩比 ε 越小，即进气压力一定时流量越大，出口压力越小。在一定范围内，透平式压缩机的功率、效率随流量增大而增大，但当增至一定限度后，却随流量增大而减小。

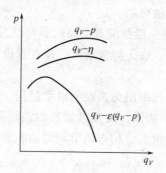

图 2-38　离心压缩机性能曲线

(2) 离心压缩机的喘振现象　离心压缩机的最小流量 q_V 不等于零。当实际流量小于性能曲线所表明的最小流量时，离心压缩机就会出现一种不稳定工作状态，称为喘振。喘振现象开始时，由于压缩机的出口压强突然下降，不能送气，出口管内压强较高的气体就会倒流入压缩机。发生气体倒流后，使压缩机内的气量增大，至气量超过最小流量时，压缩机又按性能曲线所示的规律正常工作，重新把倒流进来的气体压送出去。压缩机恢复送气后，机内气量减少，至气量小于最小流量时，压强又突然下降，压缩机出口处压强较高的气体又重新倒流入压缩机内，重复出现上述的现象。这样，周而复始地进行气体的倒流与排出。在这个过程中，压缩机和排气管系统产生一种低频率高振幅的压强脉动，使叶轮的应力增加，噪声加重，整个机器强烈振动，无法工作。由于离心压缩机有可能发生喘振现象，它的流量操作范围受到相当严格的限制，不能小于稳定工作范围的最小流量。一般最小流量为设计流量的 $70\%\sim85\%$。压缩机的最小流量随叶轮的转速的减小而降低，也随气体进口压强的降低而降低。

(3) 离心压缩机的调节　离心压缩机的调节方法如下。

① 调整出口阀的开度。这种方法操作简便，但由于关小排气阀时消耗较多的能量，不经济，一般只在小型压缩机上使用。

② 调整入口阀的开度。这种方法操作简便，能耗比调整出口阀门开度少，流量可调范围大，经济性较好，因而被广泛采用。

③ 改变叶轮的转速。此法流量调节范围大，且不会产生附加的能耗，是一种最经济的调节方法。工作中需要经常变工况的大型压缩机常采用此调节方法，但需要驱动机是可调速

的，对汽轮机或燃气轮机驱动的压缩机较合适，如为电动机驱动，则可加设变速箱或采用大型的直流电动机，但会使设备复杂化，增加成本。

3．离心压缩机的使用与维护

（1）开车前的准备工作

① 检查管路系统内是否有异物和残存的液体，并用气体吹扫干净。检查管路架设是否处于正常支承状态、膨胀节的锁口是否已打开。防止管路的热膨胀、振动和重力影响到压缩机的缸体。

② 检查润滑油和密封系统。要求油系统清洗调整合格，油箱内油位不低于油箱高度的2/3且经化验质量合乎要求；冷却系统畅通无渗漏现象，蓄压器按规定压力充氮，主油泵和辅助油泵正常输油，密封油保持液封等。

③ 检查电气线路和仪表系统是否完好。要求各种仪表、调节阀门经检验合格，动作灵活准确，自控保安系统应动作灵敏可靠。

④ 检查机器本身。大型机组一般都配有电动机驱动的盘车装置，小型机组配置盘车杠，通过盘车检查转子转动是否顺利、有无异常现象；检查管道和缸体内积液是否排尽，中间冷却器的冷却水是否畅通。

（2）启动　以电动机驱动的压缩机为例说明启动过程。

① 启动油系统，调整油温、油压，检查过滤器的油压降、高位油箱的油位，通过窥镜检查支持轴承和止推轴承的回油情况，检查调节动力油和密封油系统，启动辅助油泵并与主油泵交替开停。

② 电动机与齿轮变速器（或压缩机）脱开，由电气人员负责进行检查和单体运行。一般是先启动电动机 10～15s，检查声音与旋转方向，有无冲击碰撞现象；然后连续运行 8h以上，检查电流、电压、电动机的振动和温度、轴承温度和油压是否都达到了电动机试车时的要求。

③ 电动机与齿轮变速器（或压缩机）串联试运转。为了防止启动过程中电动机的负荷过大，关闭进气阀的同时打开回流阀，使压缩机空负荷启动且不受排气管路的影响。一般是先启动 10～15s，检查变速箱和压缩机内部的声音、有无振动，检查推力轴承的窜动；然后再次启动，当压缩机达到额定转速后连续运转 5min，检查运转有无杂音、轴承温度和油温；运转 30min 后再一次检查压缩机的振动幅度、运转声音、油温、油压和轴承温度；连续运转 8h 后进行全面检查，待机组无异常现象后才允许逐渐增加负荷。

④ 压缩机加负荷的重要步骤是慢慢打开进气管路上的节流阀，使其吸气量增加，同时逐渐关闭手动放空阀和回流阀，使压力逐渐上升，按规定的时间将负荷加满。加压时要注意压力表，当达到设计压力时立即停止关闭放空阀或回流阀，不允许压力超过设计值。压缩机满负荷后在设计压力下必须连续运转 24h 才算试运转合格。

⑤ 当工艺气体不允许与空气混合时，在油系统正常运行后即可用氮气置换压缩机中的空气，要求压缩机内气体氧的含量小于 0.5％。然后再用工艺气体置换氮气到符合要求，并将工艺气体加压到规定的入口压力，加压要缓慢，并使密封油压与气体压力相适应。

以上只是离心式压缩机启动的大致过程，不同的压缩机其启动程序也不一样，所以生产中必须严格按操作规程执行。

（3）停车　离心式压缩机的正常停车与启动顺序相反。首先是打开放空阀或回流阀，关闭工艺管路上的送气阀，使压缩机与工艺系统脱开，进行自循环。关闭进口阀，启动辅助油泵，在压缩机流量减小快要达到喘振流量前切断电动机的电源。停机后油系统还要继续运行一段时间，一般每隔 15min 盘车一次。当润滑油的回油温度降到 40℃ 左右时再停止辅助油泵，关闭油冷却器中的冷却水以保护转子、轴承和密封系统。最后关闭压缩机中间冷却器的冷却水。如果工艺气体是易燃易爆或对人身有害的，需在停车后继续向密封系统注油，以确保易燃易爆或有害气体不漏到机外。如果停车时间较长，在将进出口阀都关闭后应使机内卸压，并用氮气置换，再用空气进一步置换后，才能停止油系统的工作。

遇到下列情况时，应作紧急停车处理：

① 断电、断油、断蒸气时；

② 油压迅速下降，超过规定极限而联锁装置不工作时；

③ 轴承温度超过报警值仍继续上升时；

④ 电机冒烟有火花时；

⑤ 轴位计指示超过指标，保安装置不工作时；

⑥ 压缩机发生剧烈振动或异常声响时。

（4）离心压缩机的运行和维护　离心式压缩机的运行和日常维护应注意以下几个方面。

① 认真作好操作记录。包括压缩机轴承温度，各级的振动情况，各级进出口的气体温度和压力，润滑油、密封油的油温和油压，油箱的油位高度，中间冷却器、油冷却器和后冷却器进出口冷却水的温度，电动机的电流读数等。必要时测试、记录冷凝液的 pH 值。

② 运行中进行监视。包括异常喘振和振动监视、气体泄漏检测，密封压力差，密封油的喷淋量和工艺过程的压力、温度变化的监视，轴承温度，润滑油、密封油的压力、温度和油的质量等项目的监视。

③ 严防压缩机抽空和倒转现象发生，以免损坏设备。

④ 大型压缩机的保护装置和调节系统与压缩机本身同样重要。因此在压缩机的启动和运转中也要对保护装置和调节系统的工作情况进行监视。对汽轮机驱动的压缩机，在运行中随着出口压力的调高，汽轮机的转速可能有些下降，这时也要进行调整，使机组在额定转速下运行。

 技能训练

离心压缩机的仿真操作

1. 训练要求

熟练掌握离心式压缩机启动、停车、正常操作和事故处理方法。

2. 工艺流程

如图 2-39、图 2-40 所示，在生产过程中产生的压力为 1.2～1.6atm（绝压），温度为 30℃ 左右的低压甲烷经 VD01 阀进入甲烷贮罐 FA311，罐内压力控制在 300mmH$_2$O。甲烷从贮罐 FA311 出来，进入压缩机 GB301，经过压缩机压缩，出口排出压力为 4.03atm（绝压），温度为 160℃ 的中压甲烷，然后经过手动控制阀 VD06 进入燃料系统。

该流程为了防止压缩机发生喘振，设计了由压缩机出口至贮罐 FA311 的返回管路，即由压缩机出口经过换热器 EA305 和 PV304B 阀到贮罐的管线。返回的甲烷经冷却器 EA305 冷却。另外贮罐 FA311 有一超压保护控制器 PIC303，当 FA311 中压力超高时，低压甲烷可以经 PIC303 控制放火炬，使罐中压力降低。压缩机 GB301 由蒸汽透平 GT301 同轴驱动，蒸汽透平的供汽为压力 15atm（绝压）的来自管网的中压蒸汽，排汽为压力 3atm（绝压）

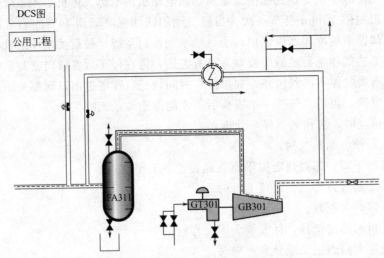

图 2-39 离心压缩机现场图

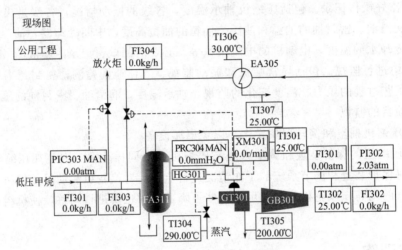

图 2-40 离心压缩机 DCS 图

的降压蒸汽，进入低压蒸汽管网。

流程中共有两套自动控制系统：PIC303 为 FA311 超压保护控制器，当贮罐 FA311 中压力过高时，自动打开放火炬阀。PRC304 为压力分程控制系统，当此调节器输出在 50%～100% 范围内时，输出信号送给蒸汽透平 GT301 的调速系统，即 PV304A，用来控制中压蒸汽的进汽量，使压缩机的转速在 3350～4704r/min 之间变化，此时 PV304B 阀全关。当此调节器输出在 0～50% 范围内时，PV304B 阀的开度对应在 100%～0 范围内变化。透平在起始升速阶段由手动控制器 HC311 手动控制升速，当转速大于 3450r/min 时可由切换开关切换到 PIC304 控制。

3. 操作规程

（1）开车操作

① 开车前准备工作

a. 启动公用工程；b. 油路开车；c. 盘车；d. 暖机；e. 冷却水投用。

② 罐 FA311 充低压甲烷

a. 打开 PIC303 调节阀放火炬，开度为 50%；

b. 打开 FA311 入口阀 VD11 开度为 50%、微开 VD01；

c. 打开 PV304B 阀，缓慢向系统充压，调整 FA311 顶部安全阀 VD03 和 VD01，使系统压力维持 $300\sim500\mathrm{mmH_2O}$；

d. 调节 PIC303 阀门开度，使压力维持在 0.1atm。

③ 透平单级压缩机开车

a. 手动升速；

b. 跳闸实验（视具体情况决定此操作的进行）；

c. 重新手动升速；

d. 启动调速系统；

e. 调节操作参数至正常值。

（2）压缩机防喘振操作

a. 启动调速系统后，必须缓慢开启 PV304A 阀，此过程中可适当打开出口安全阀旁路阀调节出口压力，以防喘振发生；

b. 当有甲烷进入燃料系统时，应关闭 PIC303 阀；

c. 当压缩机转速达全速时，应关闭出口安全旁路阀。

（3）停车操作

① 正常停车过程

a. 停调速系统；b. 手动降速；c. 停 FA311 进料。

② 紧急停车

a. 按动紧急停车按钮；

b. 确认 PV304B 阀及 PIC303 置于打开状态；

c. 关闭透平蒸汽入口阀及出口阀；

d. 甲烷气由 PIC303 排放火炬；

e. 其余同正常停车。

（4）事故处理　事故处理见表 2-5 所示。

表 2-5　事故处理

事故名称	主要现象	处理方法
入口压力过高	FA311 罐中压力上升	适当地手动打开放火炬阀 PV303
出口压力过高	压缩机出口压力上升	开大甲烷去燃料系统手阀 VD06
入口管道破裂	FA311 中压力下降	紧急停车
出口管道破裂	压缩机出口压力下降	紧急停车
入口温度过高	TI301 及 TI302 指示值上升	紧急停车

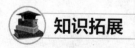 知识拓展

离心式压缩机控制方案

1. 离心式压缩机调节方案

离心式压缩机是一个重要的气体输送机械，为了保证压缩机能够在工艺所要求的工况下安全进行，必须配备一系列自控系统。一台大型离心式压缩机通常有下列调节系统：

① 气量调节系统，即负荷调节系统，一般对原动机-汽轮机实现调速，要求汽轮机的转

速有一定的可调范围，以满足压缩机气量调节的需要；

②防喘振控制系统，因为喘振是离心式压缩机的固有特性，下面将介绍喘振会使压缩机损坏的危险性；

③压缩机的油系统，如密封油、控制油、润滑油等控制系统；

④主轴振动、位移指示及保护系统。

2. 离心式压缩机的防喘振控制

喘振是由于气体的可压缩性而造成的离心式压缩机的固有特性，压缩机在喘振状态运行是不允许的，为了防止出现喘振工况，就必须设置防喘振控制系统。

(1) 离心压缩机喘振的原因　压缩机产生喘振的原因，首先得从对象特性上找，离心式压缩机的压缩比 p_2/p_1 与流量 q_V 的曲线关系大体如图 2-41 所示。各种转速下的曲线都有一个 p_2/p_1 值的最高点。在此点之右的曲线上工作，压缩机是稳定的。在曲线左面的流量范围内，由于气体的可压缩性，产生了一个不稳定状态，当流量逐渐减小到喘振线以下时，一旦压缩比下降，使流量进一步减小，由于输出管线中气体压力高于压缩机出口压力，被压缩了的气体很快倒流入压缩机，待管线中压力下降后，气体流动方向又反过来，周而复始。产生喘振时，机体发生振动，并波及相邻的管网。喘振强烈时，能使压缩机严重破坏。

喘振是离心式压缩机所固有的特性，每台离心式压缩机都有一定的喘振区域。因此只能采取相应的防喘振控制方案以防发生喘振。另一方面喘振与管网特性有关，管网容量越大，喘振的振幅越大，频率越低；管网容量越小，喘振的振幅越小，频率越高。

此外，被压缩气体吸入状态，如温度、压力等的变化，也是造成压缩机喘振的因素。

(2) 防喘振控制系统　在正常情况下，压缩机的喘振是因负荷减少，被输送的气体流量小于该工况下特性曲线的喘振点流量所致。因此，只能在必要时采取部分回流的办法，使之既适应工艺低负荷生产要求，又满足压缩机的流量大于最小极限值的需要。

目前生产上采用两种不同的防喘振控制方案，即固定极限流量法与可变极限流量法。

①固定极限流量法。固定极限流量防喘振系统就是使压缩机的流量始终保持大于某一定值流量，从而避免进入喘振区运行。图 2-42 中所示 q_{Vp} 这一流量值就是极限流量，只要压缩机在转速 n_1、n_2、n_3 状态运行的任何时刻流量均大于 q_{Vp} 压缩机就不会产生喘振。流量 q_V 由旁路阀的打开和关闭进行控制。

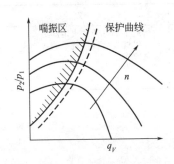

图 2-41　离心式压缩机的特性曲线

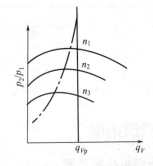

图 2-42　固定极限流量防喘振控制特性曲线

本方法的优点是控制系统简单，使用仪表少，系统可靠性高，所以大多数压缩机都采用这种方法。此方法的缺点是在转速降低、压缩机低负荷运行时，防喘振控制系统投运过早，回流量较大，因此能量损耗较大。

② 可变极限流量法。可变极限流量防喘振控制系统为了减少压缩机的能量消耗，在压缩机负荷有可能通过调速来改变的场合，因为不同转速工况下其极限喘振流量是一个变数，它随着转速的下降而变小，所以最合理的防喘振控制方案应是留有适当安全裕量，使防喘振调节器沿着喘振极限流量曲线右侧的一条安全操作线工作。为此需要解决两方面的问题：一是获得描述这一安全操作线的数字方程；二是通过仪表实现这些运算规律，最后构成实际可用的控制方案。

 学习评价

压缩机的操作		
工作任务	考核内容	考核要点
往复式压缩机的操作	基础知识	往复式压缩机的构造、特点、原理、工作循环、主要性能； 往复式压缩机的多级压缩； 往复式压缩机的流量调节方法、使用与维护要点
	能力训练	往复式压缩机的使用与维护
离心式压缩机的操作	基础知识	离心式压缩机的构造、特点、原理、主要性能； 离心式压缩机的喘振； 离心式压缩机的流量调节方法、使用与维护要点
	仿真操作	离心式压缩机的开停车操作

 自测练习

一、选择题

1. 下列流体输送机械中必须安装稳压装置和除热装置的是（ ）。

A. 离心泵　　　　　　B. 往复泵　　　　　　C. 往复压缩机　　　　D. 旋转泵

2. 喘振是（ ）时，所出现的一种不稳定工作状态。

A. 实际流量大于性能曲线所表明的最小流量

B. 实际流量大于性能曲线所表明的最大流量

C. 实际流量小于性能曲线所表明的最小流量

D. 实际流量小于性能曲线所表明的最大流量

3. 对于压缩气体属于易燃易爆性质时，在启动往复式压缩机前，应该采用（ ）将缸内、管路和附属容器内的空气或其他非工作介质置换干净，并达到合格标准，杜绝爆炸和设备事故的发生。

A. 氮气　　　　　　　B. 氧气　　　　　　　C. 水蒸气　　　　　　D. 过热蒸汽

4. 透平式压缩机属于（ ）压缩机。

A. 往复式　　　　　　B. 离心式　　　　　　C. 轴流式　　　　　　D. 流体作用式

5. 下列说法正确的是（ ）。

A. 离心通风机的终压小于 $1500mmH_2O$ 柱

B. 离心鼓风机的终压为 $1500mmH_2O$ 柱～$3kgf/cm^2$，压缩比大于 4

C. 离心压缩机终压为 $3kgf/cm^2$（表压）以上，压缩比大于 4

D. 离心鼓风机的终压为 $3kgf/cm^2$，压缩比大于 4

二、判断题

( ) 1. 离心压缩机采用调整入口阀门开度进行流量调节，其经济性比出口阀门好。

( ) 2. 压缩机铭牌上标注的生产能力，通常是指常温状态下的体积流量。

( ) 3. 离心压缩机工作时流量的操作范围受到严格控制。

( ) 4. 离心压缩机的"喘振"现象是由进气量超过上限所引起的。

( ) 5. 往复式压缩机的实际工作循环由压缩、排气、膨胀、吸气四个过程组成。

任务6　通风机、鼓风机、真空泵的操作

 教学目标

能力目标：

认识通风机、鼓风机的分类、结构，熟悉其工作性能。

知识目标：

1. 了解轴流式通风机的结构及特点；

2. 掌握离心式通风机的结构、工作原理、性能、操作及选用；

3. 掌握离心鼓风机、罗茨鼓风机的结构、工作原理、特点及使用要点；

4. 了解常见真空泵的分类、结构与工作原理。

 相关知识

一、通风机

1. 轴流式通风机

轴流式通风机主要由圆筒形机壳及带螺旋桨式叶片的叶轮构成，如图2-43所示。由于流体进入和离开叶轮都是轴向的，故称为轴流式通风机。工作时，原动机械驱动叶轮在圆筒形机壳内旋转，气体从集流器进入，通过叶轮获得能量，提高压力和速率，然后沿轴向排出。轴流通风机的布置形式有立式、卧式和倾斜式三种，小型的叶轮直径只有100mm左右，大型的可达20m以上。

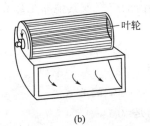

(a) (b)

图2-43　两种轴流式风机

小型低压轴流式通风机［见图2-43(a)］由叶轮、机壳和集流器等部件组成，通常安装在建筑物的墙壁或天花板上；大型高压轴流式通风机［见图2-43(b)］由集流器、叶轮、流

线体、机壳、扩散筒和传动部件组成。轴流式通风机叶片均匀布置在轮毂上，数目一般为2～24。叶片越多，风压越高；叶片安装角一般为10°～45°，安装角越大，风量和风压越大。轴流式通风机的主要零件大都用钢板焊接或铆接而成。

轴流式通风机可分为 T35、BT35、T40、GD30K-12、JS20-11、GD 系列、SS 系列和DZ 系列等。它具有风压低、风量大的特点，用于工厂、仓库、办公室、住宅等地方的通风换气，目前，也广泛用于凉水塔中。

　　2. 离心式通风机

　　(1) 离心式通风机的结构　离心通风机的结构与单级离心泵大同小异，如图 2-44 所示。它的机壳也是蜗壳形，壳内逐渐扩大的气体通道及其出口的截面有方形和圆形两种，一般中、低压通风机多为方形，高压的多为圆形。通风机叶轮上叶片数目较多且长度较短，叶片有平直的，有后弯的，亦有前弯的。中、高压通风机的叶片是弯曲的，因此，高压通风机的外形和结构与单级离心泵更为相似。

离心通风机主要用于气体输送。根据所生产的压头大小，可将离心式通风机分为：

低压离心通风机：出口风压低于 0.9807×10^3 Pa（表压）；

中压离心通风机：出口风压为 $0.9807 \times 10^3 \sim 2.942 \times 10^3$ Pa（表压）；

高压离心通风机：出口风压为 $2.942 \times 10^3 \sim 14.7 \times 10^3$ Pa（表压）。

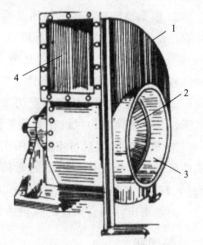

图 2-44　离心通风机
1—机壳；2—叶轮；3—吸入口；4—排出口

　　(2) 离心式通风机的工作原理　离心通风机的工作原理和离心泵一样，在蜗壳中有一高速旋转的叶轮，借助叶轮旋转时所产生的离心力将气体速率与压力增大，并在气体流向边缘时一部分动压头转化为静压头而排出。同时中心处产生低压，将气体由吸入口不断吸入机体内。

　　(3) 离心式通风机的主要性能

　　① 风量。风量是指单位时间内从通风机的出口排出的气体体积，并以风机进口处的气体状态计，以 q_V 表示，单位为 m^3/s。

　　② 风压。风压是指单位体积的气体经过通风机所获得的能量，以 H_T 表示，单位为 Pa，又称为全风压。

全风压包括静风压 H_{st}、动风压 H_k。

$$H_T = H_{st} + H_k \tag{2-13}$$

　　其中　　　　　　　　$H_{st} = p_2 - p_1$　　　　$H_k = \dfrac{\rho u_2^2}{2}$

式中　　p_1，p_2——风机进、出口压力，Pa；

　　　　　　ρ——风机进口处气体的密度，kg/m^3；

　　　　　　u_2——风机出口处气体的流速，m/s。

风机铭牌或性能表上所列的风压除非特别说明，均指全风压。风机性能表上所列的风压是以空气作为介质，在 293K、101.3kPa 条件下测得的，当实际输送介质或输送条件与上述条件不同时，应对风压进行校正。

③ 功率与效率。通风机的输入功率，即轴功率，可由下式计算

$$P = \frac{H_T q_V}{1000\eta} \tag{2-14}$$

式中　P——通风机的轴功率，kW；

　　　η——通风机的效率，由全风压定出，因此也叫全压效率，其值可达 90%。

（4）离心式通风机的选用　通风机的类型很多，必须合理选型，以保证经济性。其选型也可以参照离心泵的选型办法类似处理。建议使用现有的风机选型软件进行选取。

① 根据被输送气体的性质及所需的风压范围确定风机的类型。比如，被输送气体是否清洁、是否高温、是否易燃易爆等。

② 确定风量。如果风量是变化的，应以最大值为准，可以增加一定的裕量（5%～10%），并以风机的进口状态计。

③ 确定完成输送任务需要的实际风压。根据管路条件及柏努利方程，确定需要的实际风压，并通过换算为风机在实验条件下的风压。

④ 根据实际风量与实验风压在相应类型的系列中选取合适的型号。选用时要使所选风机的风量与风压比任务需要的要稍大一些。如果用系列特性曲线（选择曲线）来选，要使 (q_V, H_T) 点落在泵的 q_V-H_T 线以下，并处在高效区。

必须指出，符合条件的风机通常会有多个，应选取效率最高的一个。

二、鼓风机

1. 离心式鼓风机

离心式鼓风机又称透平鼓风机，常采用多级（级数范围为 2～9 级），故其基本结构和工作原理与多级离心泵较为相似。图 2-45 所示的为五级离心式鼓风机，气体由吸气口吸入后，经过第一级的叶轮和第一级扩压器，然后转入第二级叶轮入口，再依次逐级通过以后的叶轮和扩压器，最后经过蜗形壳由排气口排出，其出口表压力可达 300kPa。

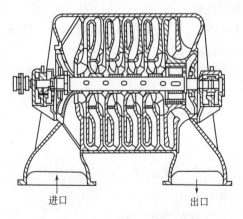

进口　　　　　出口

图 2-45　五级离心式鼓风机

由于在离心鼓风机中气体的压缩比不大，所以无需设置冷却装置，各级叶轮的直径也大致上相等，其选用方法与离心式通风机相同。

2. 罗茨鼓风机

罗茨鼓风机是两个相同转子形成的一种压缩机械，转子的轴线互相平行，转子之间、转子与机壳之间均具有微小的间隙，避免相互接触。两转子反向旋转，使机壳内形成两个空间，即低压区和高压区。气体由低压区进入，从高压区排出，见图 2-46。改变转子的旋转方向，吸入口和压出口互换。由于转子之间、转子与机壳之间间隙很小，所以运行时不需要往气缸内注润滑油，不需要油气分离器辅助设备。转子之间不存在机械摩擦，因此具有机械效率高、整体发热少、输出气体清洁、使用寿命长等优点。

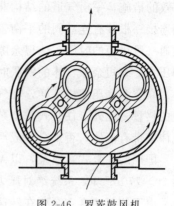

图 2-46　罗茨鼓风机

罗茨鼓风机的风量与转速成正比，当转速一定时，风量可大体保持不变，几乎不受出口压力变化的影响。其风量范围为 $2\sim500\text{m}^3/\text{min}$，出口表压力一般在 80kPa 以内。风机的出口应安装气体稳压罐与安全阀，流量采用旁路调节。操作温度不超过 85℃，否则会引起转子受热膨胀而卡住。

三、真空泵

1. 真空泵的特点及主要性能

真空泵的特点主要表现为：

① 进气压力与排气压力之差最多为大气压力，但随着进气压力逐渐趋于真空，压缩比将要变得很高，因此，必须尽可能地减小其余隙容积和气体泄漏；

② 随着真空度的提高，设备中的液体及其蒸气也将越容易与气体同时被抽吸进来，造成可以达到的真空度下降；

③ 因为气体的密度很小，所以气缸容积和功率对比就要大一些。

真空泵可分为干式和湿式两种，干式真空泵只能从容器中抽出干燥气体，通常可以达到96％～99.9％真空度，湿式真空泵在抽吸气体时，允许带有较多的液体，它只能产生85％～90％真空度。

真空泵的主要性能参数有：

① 极限真空度或残余压力，指真空泵所能达到的最高真空度；

② 抽气速率，是指单位时间内真空泵在残余压力和温度条件下所能吸入的气体体积，即真空泵的生产能力，单位 m^3/h。

选用真空泵时，应根据生产任务对两个指标的要求，并结合实际情况而选定适当的类型和规格。

2. 常见真空泵

真空泵的型式很多，如往复真空泵、液环真空泵、喷射泵等。

（1）往复式真空泵　往复式真空泵是一种干式真空泵，其构造和工作原理与往复式压缩机相同，但它们的用途不同。压缩机是为了提高气体的压力；而真空泵则是为了降低入口处气体的压力，从而得到尽可能高的真空度，这就希望机器内部的气体排除得尽量完全、彻底。因此，往复式真空泵的结构与往复式压缩机相比较有如下不同之处。

① 采用的吸、排气阀（俗称"活门"）要求比压缩机更轻巧，启闭更方便；所以，它的阀片都较压缩机的要薄，阀片弹簧也较小。

② 要尽量降低余隙的影响，提高操作的连贯性；在气缸左右两端设置平衡气道是一种有效的措施，平衡气道的结构非常简单，可以在气缸壁面加工出一个凹槽（或在气缸左右两端连接一根装有连动阀的平衡管），使活塞在排气终结时，让气缸两端通过凹槽（或平衡管）连通一段很短的时间，使得余隙中残留的气体从活塞一侧流向另一侧，从而降低余隙中气体的压力，缩短余隙气体的膨胀时间，提高操作的连贯性。

真空泵和压缩机一样，在气缸外壁也需采用冷却装置，以除去气体压缩和部件摩擦所产生的热量。此外，往复式真空泵是一种干式真空泵，操作时必须采取有效措施，以防止抽吸气体中带有液体，否则会造成严重的设备事故。

国产的往复式真空泵，以 W 为其系列代号，有 W-1 型到 W-5 型共五种规格，其抽气量为 $60\sim770m^3/h$，系统绝对压力可降低至 $10^{-4}MPa$ 以下。

由于往复式真空泵存在转速低、排量不均匀、结构复杂、易于磨损等缺陷，近年来已有被其他型式的真空泵取代的趋势。

（2）水环真空泵 图 2-47 所示为水环真空泵，外壳中偏心地安装叶轮，叶轮上有许多径向叶片，运转前，泵内充有约机壳容积一半的水。当叶轮旋转时，形成的水环内圆正好与叶轮在叶片根部相切，使机内形成一个月牙截面的空间，此空间被叶片分隔成许多大小不等的小室。当叶轮逆时针旋转时，由于水的活塞作用，左边的小室逐渐增大，气体由吸入口进入机内，右边的小室逐渐缩小，气体从出口排出。

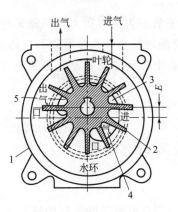

图 2-47　水环真空泵

1—外壳；2—叶片；3—水环；4—吸入口；5—排出口

水环真空泵属湿式真空泵，最高真空度可达 85％。这种泵结构简单、紧凑，易于制造和维修，由于旋转部分没有机械摩擦，故使用寿命较长，操作性能可靠。适宜抽吸含有液体的气体，尤其在抽吸有腐蚀性和爆炸性气体时更为适宜。但其效率较低，约为 30％～50％，所能造成的真空度受泵体中液体的温度（或饱和蒸气压）所限制。

（3）喷射式真空泵 喷射式真空泵是利用流体流动时的静压能与动能相互转换的原理来吸、排流体的，它既可用于吸送气体，也可用于吸送液体。其构造简单、紧凑，没有运动部件，可采用各种材料制造，适应性强。但是其效率很低、工作流体消耗量大，且由于系统流体与工作流体相混合，因而其应用范围受到一定限制。故一般多作真空泵使用，而不作为输送设备用。在化工厂中，喷射泵常用于抽真空，故称为喷射式真空泵，其工作流体可以是蒸气也可以是液体。

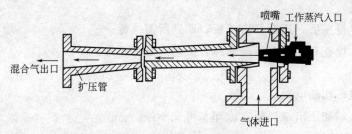

图 2-48 单级蒸汽喷射泵

① 蒸汽喷射泵。图 2-48 所示的为单级蒸汽喷射泵。工作蒸汽在高压下以很高的速度从喷嘴喷出，在喷射过程中，蒸汽的静压能转变为动能，产生低压，将气体从吸入口吸入。吸入的气体与蒸汽混合后进入扩散管，速度逐渐降低，压力随之升高，而后从压出口排出。

蒸汽喷射泵可使系统的绝对压力低至 4～5.4kPa，用于产生高真空较为经济。

单级蒸汽喷射泵仅能获得 90% 的真空。若要得到 95% 以上的真空，可将几个喷射泵串联起来使用。如五级蒸汽喷射泵则可使系统的绝对压力降低至 0.007～0.13kPa。

② 水喷射真空泵。在化工生产中，当要求的真空度不太高时，也可以用一定压力的水作为工作流体的水喷射泵产生真空，水喷射速度一般在 15～30m/s 左右。图 2-49 所示为水喷射真空泵。利用它可从设备中抽出水蒸气并加以冷凝，使设备内维持真空。水喷射真空泵的效率通常在 30% 以下，但其结构简单，能源普遍。虽比蒸汽真空泵所产生的真空度低，但由于它具有产生真空和冷凝蒸汽的双重作用，故应用甚广，被广泛适用于真空蒸发设备，既作为冷凝器又作为真空泵，所以也常称其为水喷射冷凝器。

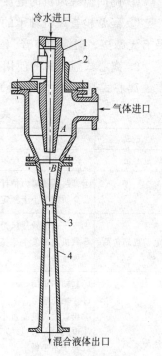

图 2-49 水喷射真空泵
1—喷嘴；2—螺母；
3—喉管；4—扩压管

 技能训练

一、离心式风机的操作

1. 离心式风机的操作主要注意事项

（1）启动前的检查

① 检查轴承是否有润滑油和轴承冷却水，它们是否畅通无阻。

② 检查联轴器及防护装置，是否有妨碍转动的物品。

③ 检查轴承座的地脚螺栓，是否有松动。

（2）启动

① 风机启动时，关闭入口侧挡板和出口侧挡板。

② 检查叶轮的转向必须正确，是否倒转，如倒转必须立即改正。

③ 启动风机。

④ 达到额定转速后，逐渐开启挡板，调到所需位置。

⑤ 运行中，检查有无摩擦、碰撞声，振动声是否正常。

（3）停车

① 关闭风机，切断电源。

② 关闭吸入端和压出端挡板，冷却水可先不停。

（4）操作注意事项

① 随时监视风机的电流，因为它不仅是风机负荷的标志，也是一些异常事故的预报。

② 经常检查风机轴承的润滑油、冷却水是否通畅，轴瓦温度、轴承振动是否正常，以及有无摩擦、碰撞的声音。

2. 离心式通风机的使用与维护

离心式通风机的故障处理见表 2-6。

表 2-6　离心式通风机的常见故障及排除方法

故障	产生原因	排除方法
风量不足	管路系统阻力超过风机规定风压	减小管路阻力
风压不足	①管路系统阻力估计过高 ②介质密度小于额定数据	用调节门调节阻力
电动机超负荷	①风压过低致使风量过大 ②风机内部发生摩擦碰撞 ③风管漏气	①关小调节门 ②解体修理 ③堵漏
振动	①基础不牢固 ②主轴变形 ③出口阀门控制过小,产生振动 ④电机轴与风机轴不同心 ⑤转子不平衡 ⑥进油温度过低 ⑦地脚螺栓松动 ⑧管路振动	①加固基础 ②换轴 ③适当开大阀门 ④重新校调 ⑤消除不平衡 ⑥关小冷却水量 ⑦紧固地脚 ⑧加固
轴承温升过高	①润滑油有杂质 ②冷却水不充足 ③电动机与风机轴心不一致 ④转子失去平衡,发生振动	①换油 ②增加冷却水量 ③校正 ④消除不平衡

3. 离心式鼓风机常见故障及处理方法

离心式鼓风机常见故障及处理方法见表 2-7。

表 2-7　离心式鼓风机的常见故障及排除方法

故障	产生原因	排除方法
轴承温度高	①油脂过多 ②轴承有烧痕 ③对中不好 ④机组振动	①更换油脂 ②更换轴承 ③重新找正 ④频谱测振分析

故障	产生原因	排除方法
机组振动	①转子不平衡 ②转子结垢 ③主轴弯曲 ④密封间隙过小,磨损 ⑤找正不好 ⑥轴承间隙过大 ⑦转子与壳体扫膛 ⑧基础下沉、变形 ⑨联轴器磨损、倾斜 ⑩管道或外部因素	①做动、静平衡 ②清洗 ③校正 ④更换、修理 ⑤重新对中找正 ⑥调整 ⑦解体调整 ⑧加固 ⑨更换、修理 ⑩检查支座
转动声音不正常	①定子、转子摩擦 ②杂质吸入 ③齿轮联轴器齿圈损坏 ④进口叶片拉杆坏 ⑤喘振 ⑥轴承损坏	①解体检查 ②清理 ③更换 ④重新固定 ⑤调节风量 ⑥更换
性能降低	①转速下降 ②叶轮粘有杂质 ③进口叶片控制失灵 ④进口消声器过滤网堵 ⑤壳体内积灰尘多 ⑥轴封漏 ⑦进、出口法兰密封不好	①检查电源 ②清洗 ③检查修理 ④解体清理 ⑤清理 ⑥更换修理 ⑦换垫

二、罗茨鼓风机的操作

1. 使用维护

罗茨鼓风机的出口应安装气体稳压罐与安全阀,流量采用旁路调节,出口阀不能完全关闭。启动前必须检查转子旋转方向是否倒转,才能正式开车。操作温度不超过 85℃,否则引起转子受热膨胀,发生碰撞。

罗茨鼓风机的操作及注意事项主要有以下几个方面。

（1）运行前的准备工作

① 检查地脚螺栓和各结合面螺栓是否紧固。

② 手动盘车,鼓风机在旋转一周的范围内,运转是否均匀,有无摩擦现象。

③ 检查各润滑点是否润滑到位,油箱油位是否符合要求。

④ 检查冷却水阀是否完好,冷却水是否畅通。

（2）运行

① 单独运行油泵,检查油泵的声音、振动是否正常。调整油泵的出口油压,使其达到要求油压。

② 打开鼓风机的进、出口阀门。

③ 启动电动机,检查电动机的运转方向是否正确,电流是否正常。

④ 检查机组的声音、振动是否正常,鼓风机内部是否有异常响声。

⑤ 检查润滑系统供油是否正常,油温、油压是否正常。

⑥ 检查机组和出口管线上有无漏气点,以及密封装置的密封效果。

⑦ 检查仪表指示和自动控制是否正常。

⑧ 检查轴承温度是否过高，轴承的工作温度一般在 $50 \sim 65 ℃$，不应超过 $70 ℃$。

⑨ 检查附属装置，如消声器、安全阀等，有无缺陷。

当机组在启动过程中，发现机组存在以上缺陷时，应当紧急停车，针对具体缺陷做出相应的处理，直到解决问题后，才能重新试车，试车合格后，才能正式运行或者作为备用。

（3）日常维护

① 检查机组的连接螺栓。

② 检查机组润滑情况，油温、油压及冷却水供应情况。

③ 按照润滑制度规定要求，定期加油和换油。

④ 经常检查鼓风机的运行状态、压力、流量是否平稳，机组的声音、振动是否正常。

⑤ 检查仪表指示和联锁情况。

⑥ 检查电动机的电流、振动情况。

2. 故障处理

罗茨鼓风机故障处理见表 2-8。

表 2-8 罗茨鼓风机的常见故障及排除方法

故障	产生原因	排除方法
风量波动或不足	①叶轮与机体因磨损而引起间隙增大 ②转子各部分间隙大于技术要求 ③系统有泄漏	①更换或修理磨损零件 ②按要求调整间隙 ③检查后排除
电动机过载	①进口过滤网堵塞,或其他原因造成阻力增高,形成负压(在出口压力不变的情况下压力增高) ②出口系统压力增加	①检查后排除 ②检查后排除
轴承发热	①润滑系统失灵,油不清洁,油黏度过大或过小 ②轴上油环没转动或转动慢带不上油 ③轴与轴承偏斜,鼓风机轴与电动机轴不同心 ④轴瓦刮研质量不好,接触弧度过小或接触不良 ⑤轴瓦表面有裂纹、擦伤、磨痕、夹渣等 ⑥轴瓦端与止推垫圈间隙过小 ⑦轴承压盖太紧,轴承内无间隙 ⑧滚动轴承损坏,滚子支架破损	①检修润滑系统换油 ②修理或更换 ③找正,使两轴同心 ④刮研轴瓦 ⑤修理或重新浇轴瓦 ⑥调整间隙 ⑦调整轴承压盖衬垫 ⑧更换轴承
密封环磨损	①密封环与轴套不同心 ②轴弯曲 ③密封环内进入硬性杂物 ④机壳变形使密封环一侧磨损 ⑤转子振动过大,其径向振幅大于密封径向间隙 ⑥轴承间隙超过规定间隙值 ⑦轴瓦刮研偏斜或中心与设计不符	①调整或更换 ②调正轴 ③清洗 ④修理或更换 ⑤检查压力调节阀,修理继电器 ⑥调整间隙,更换轴承 ⑦调整各部间隙或重新换瓦
振动超限	①转子平衡精度低 ②转子平衡被破坏(如煤焦油结垢) ③轴承磨损或损坏 ④齿轮损坏 ⑤紧固件松动	①按 G6.3 级要求校正 ②检查后排除 ③更换 ④修理或更换 ⑤检查后紧固
机体内有碰擦声	①转子相互之间摩擦 ②两转子径向与外壳摩擦 ③两转子端面与墙板摩擦	解体修理

 **学习评价**

通风机、鼓风机、真空泵的操作		
工作任务	考核内容	考核要点
通风机的操作	基础知识	轴流式通风机的结构及特点； 离心式通风机的结构、工作原理及主要性能； 离心式通风机的操作维护； 离心式通风机的选用方法
	能力训练	离心式通风机的操作； 离心式通风机的选用
鼓风机的操作	基础知识	离心式鼓风机的结构、工作原理及特点、适用场合； 离心式鼓风机使用要点； 罗茨鼓风机的结构、工作原理及特点、适用场合； 罗茨鼓风机的使用要点
	能力训练	离心式鼓风机的操作； 罗茨鼓风机的操作
真空泵的操作	基础知识	往复式真空泵、水环真空泵、喷射式真空泵的结构、工作原理及特点
	能力训练	喷射式真空泵的操作

 自测练习

一、选择题

1. 离心通风机铭牌上的风压是 $100mmH_2O$ 意思是（　　）。

A. 输送任何条件的气体介质的全风压都达到 $100mmH_2O$

B. 输送空气时不论流量的多少，全风压都可达到 $100mmH_2O$

C. 输送任何气体介质当效率最高时，全风压为 $100mmH_2O$

D. 输送 $20℃$，$101325Pa$ 的空气，在效率最高时全风压为 $100mmH_2O$

2. 在选择离心通风机时根据（　　）。

A. 实际风量、实际风压　　　　　　　　　　B. 标准风量、标准风压

C. 标准风量、实际风压　　　　　　　　　　D. 实际风量、标准风压

3. 与液体相比，输送相同质量流量的气体，气体输送机械的（　　）。

A. 体积较小　　　　　　　　　　　　　　　B. 压头相应也更高

C. 结构设计更简单　　　　　　　　　　　　D. 效率更高

4. 通风机日常维护保养要求做到（　　）。

A. 保持轴承润滑良好，温度不超过 $65℃$

B. 保持冷却水畅通，出水温度不超过 $35℃$

C. 注意风机有无杂音、振动、地脚螺栓和紧固件是否松动，保持设备清洁，零部件齐全

D. 以上三种要求

二、判断题

（　　）1. 罗茨鼓风机流量采用旁路调节。

（　　）2. 气体输送机械按照终压和压缩比分可分为离心式、往复式、旋转式及流体作用式风机。

（　　）3. 往复真空泵是湿式真空泵。

项目 3
传热操作技术

传热，即热量传递，是自然界中和工程技术领域中普遍存在的一种传递过程。在化工、能源、冶金、机械、建筑等工业部门都会涉及很多传热问题。

化学工业与传热过程的关系尤为密切。因为无论是生产中的化学反应过程，还是化工单元操作，几乎都伴有热量的传递。传热在化工生产过程中的应用主要有以下方面。

1. 为化学反应创造必要的条件

化学反应是化工生产的核心，几乎所有的化学反应都要求有一定的温度条件，如合成氨的操作温度为 470～520℃；为了达到要求的反应温度，在化工生产中须对原料进行加热，对于放热或吸热反应，为了保持最佳反应温度，又必须及时移出或补充热量。

2. 为单元操作创造必要的条件

对某些单元操作，如蒸发、结晶、蒸馏和干燥等，往往需要输入或输出热量，才能保证操作的正常进行。例如精馏操作中，需要向塔釜内的液体输入热量从而使液体不断汽化得到操作必需的上升蒸气，同时，又需要从塔顶冷凝器中移出热量从而使塔顶出来的蒸气冷凝得到回流液和液体产品。

3. 热能的合理利用和余热的回收

如合成氨生产过程，合成塔出口气体的温度很高，而将反应产物与原料气分离又必须降温，可通过设置废热锅炉生产蒸汽，达到回收余热，合理利用热能的目的。

4. 隔热与节能

化工生产中为了维持系统温度，减少热量（或冷量）的损失，降低能耗及保护劳动环境，往往需要对设备和管道进行保温。

化工生产过程中对传热的要求可分为两种情况：一是强化传热，如各种换热设备中的传热，要求传热速率快，传热效果好；另一种是削弱传热，如设备和管道的保温，要求传热速率慢，以减少热量（或冷量）的损失。

传热设备不仅在化工厂的设备投资中占有很大的比例，而且它们所消耗的能量也是相当可观的。因此，传热过程直接影响着企业的建设投资和经济效益。

任务1　认识传热系统

 教学目标

能力目标：

1. 认识换热系统，了解其构成及各部分的作用；
2. 认识列管换热器的结构，熟悉部件名称、作用。

知识目标：

1. 对传热过程产生感性认识，了解传热在化工生产中的应用；
2. 了解工业换热方法及换热器的分类；
3. 了解传热的基本方式及特点；
4. 了解稳定传热的特点；
5. 掌握列管换热器的分类、结构、特点；
6. 了解其他类型换热器的结构、特点；
7. 了解工业生产对换热器的基本要求及各种类型换热器的性能比较。

 相关知识

一、工业换热方法及案例

工业生产中，在满足工艺要求的前提下，考虑经济性，传热过程可以从生产实际出发，采取不同的换热方法和换热器。

1. 间壁式换热

间壁式换热是指在间壁式换热器内进行的传热，在此类换热器中，需要进行热量交换的两流体被固体壁面分开，互不接触，热量由热流体通过壁面传给冷流体。该类换热器的特点是两流体在换热过程中不混合。化工生产中往往要求两流体进行换热时不能有丝毫混合，因

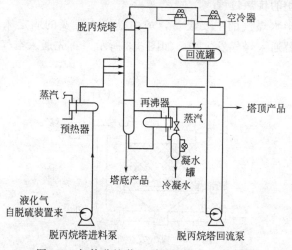

图 3-1　气体分馏装置脱丙烷塔工艺流程图

此，间壁式换热器应用最广，形式多样，各种管式和板式结构的换热器均属此类。

案例：炼油厂气体分馏车间脱丙烷塔的传热过程

炼油厂气体分馏车间脱丙烷塔的进料预热器及塔底再沸器均为列管式换热器，选用饱和水蒸气作为加热介质，通过间壁给物料加热，原料液经过预热器后温度达到进料要求，釜液经过再沸器加热后部分汽化并返回塔内，提供塔内必需的上升气体。

脱丙烷塔顶的空冷器也是间壁式换热器，以空气作为冷却介质，对管内气体进行冷凝，见图 3-1。

2. 混合式换热

混合式换热是指在混合式换热器内进行的传热，在此类换热器中，两流体直接接触，相互混合进行换热。该类型换热器结构简单，设备及操作费用均较低，传热效率高，适用于两流体允许混合的场合。常见的这类换热器有凉水塔、洗涤塔、喷射冷凝器等。

案例：冷却塔的传热过程

冷却塔是工业循环冷却水系统中主要设备之一，用来冷却换热器中排出的热水，是循环冷却水蒸发降温的关键设备，抽风逆流式机械通风冷却塔如图 3-2 所示。在冷却塔中，热水从塔顶向下喷溅成水滴或水膜状，空气则由下向上与水滴或水膜逆向流动，或水平方向交错流动，在汽水接触过程中，进行热交换，使水温降低。

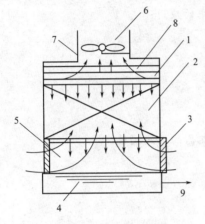

图 3-2 抽风逆流式机械通风冷却塔
1—配水系统；2—淋水系统；3—百叶窗；
4—集水池；5—空气分配区；6—风机；
7—风筒；8—热空气和水；9—冷水

3. 蓄热式换热

蓄热式换热是指在蓄热式换热器内进行的传热，蓄热式换热器，简称蓄热器，是借助蓄热体将热量由热流体传给冷流体的。在此类换热器中，热、冷流体交替进入，热流体将热量储存在蓄热体中，然后由冷流体取走，从而达到换热的目的。此类换热器结构简

单，可耐高温，其缺点是设备体积庞大，传热效率低且不能完全避免两流体的混合。常用于高温气体热量的回收或冷却，如煤制气过程的气化炉、蓄热式加热炉等。

案例：煤气发生炉的传热过程

煤气发生炉是制半水煤气的主要设备，炉中是煤或焦炭的固定床层。采用间歇法造气时，空气和水蒸气交替通入煤气发生炉，如图 3-3 所示。首先通入空气，主要目的是提高炉

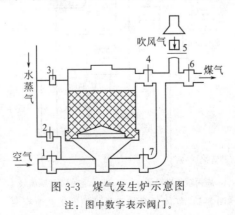

图 3-3 煤气发生炉示意图
注：图中数字表示阀门。

温（蓄热），然后吹入水蒸气，利用热量制气。为了充分利用热量和保证安全，实际生产过程中，一个循环为五个阶段，煤气发生炉内的气体流向见表 3-1。

表 3-1 煤气发生炉气体流向

阶段	阀门开闭情况						
	1	2	3	4	5	6	7
吹风（空气）	○	×	×	○	○	×	×
蒸汽一次上吹	×	○	×	○	○	○	×
蒸汽下吹	×	×	×	○	×	○	×
蒸汽二次上吹	×	○	×	○	×	×	×
空气吹净	○	×	×	○	×	○	×

注：○—阀门开；×—阀门关闭。

二、传热的基本方式

根据传热机理的不同，热量传递有三种基本方式：热传导、热对流和热辐射。传热可依靠其中的一种或几种方式进行。无论以何种方式传热，净的热量总是由高温处向低温处传递。

1. 热传导

热传导又称导热，是借助物质的分子、原子或自由电子的运动来传递热量的过程。无论是物体内部还是紧密接触的两个物体，只要存在温度差，就必然发生热传导。在热传导过程中，没有物质的宏观位移。热传导不仅发生在固体中，同时也是流体内的一种传热方式。

气体、液体、固体的热传导进行的机理各不相同。在流体中热传导是由分子的振动或热运动来实现的；在非金属固体中，热传导是由晶格的振动来实现的；在金属固体中，热传导主要依靠自由电子的迁移来实现。

2. 对流

对流（又称给热）是借助流体中质点发生相对运动来实现的热量传递。对流只发生在流体中。根据引起流体质点相对运动的原因不同，又可分为强制对流和自然对流。若相对运动是由外力作用（如泵、风机、搅拌器等）而引起的，则称为强制对流；若相对运动是由流体内部各部分温度的不同而产生密度的差异，使流体质点发生相对运动的，则称为自然对流。流体在发生强制对流时，往往伴随着自然对流，但一般强制对流的强度比自然对流的强度大得多。需要说明的是对流的同时总是伴随着热传导。

3. 热辐射

因热的原因物体发出辐射能的过程称为热辐射。它是一种通过电磁波传递能量的方式。具体地说，物体将热能转变成辐射能，以电磁波的形式在空中进行传播，当遇到另一个能吸收辐射能的物体时，即被其部分或全部吸收并转变为热能。辐射传热就是不同物体间相互辐射和吸收能量的结果。由此可知，辐射传热不仅是能量的传递过程，同时还伴有能量形式的转换。热辐射不需要任何媒介，换言之，可以在真空中传播。这是热辐射不同于其他传热方式的另一特点。应予指出，只有物体温度较高时，辐射传热才能成为主要的传热方式。

实际上，传热过程往往不是以某种传热方式单独出现的，而是两种或三种传热方式的组合。例如生产中普遍使用的间壁式换热器中的传热，主要是以对流和热传导相结合的方式进行的。

三、稳定传热与不稳定传热

1. 稳定传热

在传热过程中，若传热系统（例如换热器）中各点温度随位置改变，不随时间而变，此种传热称为稳定传热，其特点是系统中不积累能量，即输入的能量等于输出的能量，在同一热流方向上单位时间内传递的热量（传热速率）为常量。

2. 不稳定传热

若传热系统中各点的温度既随位置变化又随时间变化，此种传热称为不稳定传热。

连续工业生产多涉及稳定传热过程，本篇只讨论稳定传热过程。

四、传热系统的构成

在化工生产过程中，传热过程通常是在两种流体间进行的，故称换热。换热系统由换热设备、换热管路、流体输送设备、测量与控制仪表组成。

通常把换热设备称为换热器。两种流体借助管路系统进入和流出换热器。在换热器中，温度较高放出热量的流体称为热流体，温度较低吸收热量的流体称为冷流体。为了克服冷、热两种流体在管路系统和换热器内的流动阻力，需要使用流体输送设备对流体进行输送。为了对传热过程进行监测和控制，需要测量及控制仪表系统测量和控制温度、压力、流量及液位等参数。

五、换热器的结构及分类

由于物料的性质和传热的要求各不相同，因此，换热器种类繁多，结构形式多样。换热器可按多种方式进行分类。

（一）换热器的分类

1. 按换热器的用途分类

换热器按用途分类见表 3-2。

表 3-2   换热器按用途分类

名称	适用场合
加热器	用于把流体加热到所需的温度,被加热流体在加热过程中不发生相变
预热器	用于流体的预热,以提高整套工艺装置的效率
过热器	用于加热饱和蒸气,使其达到过热状态
蒸发器	用于加热液体,使之蒸发汽化
再沸器	是蒸馏过程的专用设备,用于加热塔底液体,使之受热汽化
冷却器	用于冷却流体,使之达到所需的温度
冷凝器	用于冷凝饱和蒸气,使之放出潜热而凝结液化

2. 按换热器的作用原理分类

按作用原理分类，换热器可分为间壁式换热器、混合式换热器、蓄热式换热器及中间载热体式换热器。

3. 按换热器传热面形状和结构分类

（1）管式换热器   管式换热器通过管子壁面进行传热。按传热管的结构不同，可分为列管式换热器、套管式换热器、蛇管式换热器和翅片管式换热器等几种。管式换热器应用最广。

（2）板式换热器 板式换热器通过板面进行传热。按传热板的结构形式，可分为平板式换热器、螺旋板式换热器、板翅式换热器和板式换热器等几种。

（3）特殊型式换热器 这类换热器是指根据工艺特殊要求而设计的具有特殊结构的换热器，如回转式换热器、热管换热器、同流式换热器等。

4．按换热器所用材料分类

（1）金属材料换热器 金属材料换热器是由金属材料制成的。常用金属材料有碳钢、合金钢、铜及铜合金、铝及铝合金、钛及铁合金等。由于金属材料的热导率较大，故该类换热器的传热效率较高，生产中用到的主要是金属材料换热器。

（2）非金属材料换热器 非金属材料换热器是由非金属材料制成的。常用非金属材料有石墨、玻璃、塑料及陶瓷等。该类换热器主要用于具有腐蚀性的物料。由于非金属材料的导热性能较差，所以其传热效率较低。

工业生产中间壁式换热器应用最为广泛，因此本篇主要讨论间壁式换热器。

（二）管式换热器

1．列管式换热器

（1）结构类型及特点。列管式换热器又称管壳式换热器，具有结构简单、坚固耐用、用材广泛、清洗方便、适用性强等优点，在生产中得到广泛应用，在换热设备中占主导地位。列管换热器根据热补偿方式不同，分为以下几种，见表3-3。

表3-3 列管式换热器的分类

名称	结构	特点	应用
固定管板式换热器	结构如图3-4所示，由壳体、封头、管束、管板等部件构成,管束两端固定在两管板上	优点是结构简单、紧凑、管内便于清洗。缺点是壳程不能进行机械清洗,且当壳体与换热管的温差较大(大于50℃)时产生的温差应力(又叫热应力)具有破坏性,需在壳体上设置膨胀节,因而壳程压力受膨胀节强度限制不能太高	适用于壳程流体清洁且不结垢,两流体温差不大或温差较大但壳程压力不高的场合
浮头式换热器	结构如图3-5所示。其结构特点是一端管板不与壳体固定连接,可以在壳体内沿轴向自由伸缩,该端称为浮头	优点是当换热管与壳体有温差存在,壳体或换热管膨胀时,互不约束,消除了热应力;管束可以从管壳抽出,便于管内和管间的清洗。其缺点是结构复杂,用量大,造价高	应用十分广泛,适用于壳体与管束温差较大或壳程流体容易结垢的场合
U形管式换热器	结构如图3-6所示。其结构特点是只有一个管板,管子呈U形,管子两端固定在同一管板上。管束可以自由伸缩,解决了热补偿问题	优点是结构简单,运行可靠,造价低;管间清洗较方便。其缺点是管内清洗较困难;管板利用率低	适用于管、壳程温差较大或壳程介质易结垢而管程介质不易结垢的场合
填料函式换热器	结构如图3-7所示。其结构特点是管板只有一端与壳体固定,另一端采用填料函密封。管束可以自由伸缩,不会产生热应力	优点是结构较浮头式换热器简单,造价低;管束可以从壳体内抽出,管、壳程均能进行清洗,维修方便。其缺点是填料函耐压不高,一般小于4.0MPa;壳程介质可能通过填料函外漏	适用于管壳程温差较大或介质易结垢需要经常清洗且壳程压力不高的场合
釜式换热器	结构如图3-8所示。其结构特点是在壳体上部设置蒸发空间。管束可以为固定管板式、浮头式或U形管式	清洗方便,并能承受高温、高压	适用于液-气式换热(其中液体沸腾汽化),可作为简单的废热锅炉

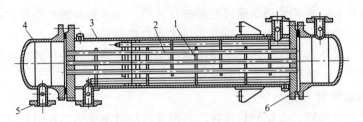

图 3-4　固定管板式换热器

1—折流挡板；2—管束；3—壳体；4—封头；5—接管；6—管板

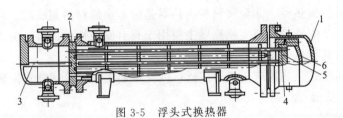

图 3-5　浮头式换热器

1—壳盖；2—固定管板；3—隔板；4—浮头钩圈法兰；5—浮动管板；6—浮头盖

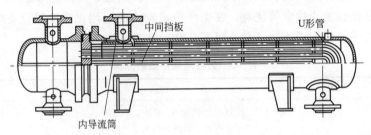

图 3-6　U 形管式换热器

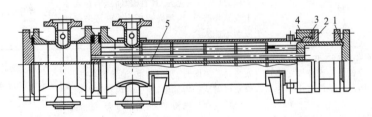

图 3-7　填料函式换热器

1—活动管板；2—填料压盖；3—填料；4—填料函；5—纵向隔板

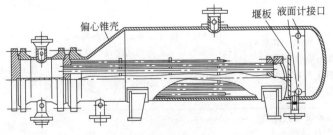

图 3-8　釜式换热器

为改善换热器的传热，工程上常用多程换热器。若流体在管束内来回流过多次，则称为多管程。一般除单管程外，管程数为偶数，有二、四、六、八程等，但随着管程数的增加，流动阻力迅速增大，因此管程数不宜过多，一般为二、四管程。在壳体内，也可在与管束轴线平行方向设置纵向隔板使壳程分为多程，但是由于制造、安装及维修上的困难，工程上较少使用，通常采用折流挡板，以改善壳程传热。

（2）管程结构

① 封头和管箱。封头和管箱是换热器的主要部件，位于壳体两端，其作用是控制及分配管程流体。如管内流体有腐蚀性，封头或管箱所用的材料应与管子和管板相匹配。当壳体直径较小时，常采用封头，但当检查或清洗管子时，必须卸下封头。壳径较大的换热器，大多采用管箱。管箱具有一个可卸盖板，因此在检查或清洗管子时，无须卸下管箱，管箱上的接管可不受干扰。管箱维修方便，但价格较高。

② 管子排列。管子排列如图3-9所示，有正三角形、正四边形和同心圆三种基本形式。传热管的排列应使其在整个换热器圆截面上均匀而紧凑地分布，在管板上尽量排满，这不仅可以获得最大的传热面积，而且可以减少管束周围流体走短路的现象，同时还要考虑流体性质、管箱结构及加工制造等方面的问题。

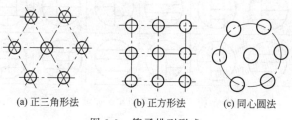

(a) 正三角形法　　(b) 正方形法　　(c) 同心圆法

图3-9　管子排列形式

一般来说正三角形排列最紧凑，而且管外表面传热系数较大，但管外机械清洗较难，流动阻力也较大。正方形排列在相同的管板面积上可排管子最少，但管外易于机械清洗，所以管外壁面需用机械法清洗时，应采用正方形排列。同心圆排列方式的优点在于靠近壳体的地方管子分布较为均匀，在壳体直径较小的换热器中可排的传热管数比正三角形排列还多。

对于多管程换热器，常采用组合排列方法。每一程内都采用正三角形排列，而在各程之间为了便于安装隔板，采用矩形排列方法。

③ 管子与管板的连接。管板和管子的连接是管壳式换热器制造中最主要的问题。连接方法有胀接和焊接。

由于胀接是靠管子的变形来达到密封和压紧的一种机械连接方法，当温度升高时，材料的刚性下降，热膨胀应力增大，可能引起接头脱落或松动，发生泄漏。因此在高温下，不宜用胀接。近年来焊接法所占的比重日益增加，一般认为，焊接比胀接更能保证严密性。对于碳钢或低合金钢，温度在300℃以上，大都采用焊接连接。对于高温高压管子，目前广泛采用焊接加胀接。这种方法能够提高接头的抗疲劳性能，并且能消除应力腐蚀和间隙腐蚀，从而延长接头的使用寿命。

④ 管束的分程。换热器如果采用多管程，则需要在管箱中安装分程隔板。分程时应使各程管子数目大致相等，隔板形式要简单，密封长度要短。为制造、维修和操作方便，一般采用偶数管程。

管束分程方法常采用平行和 T 形方式。其前后管箱中隔板形式和介质的流通顺序见图 3-10。

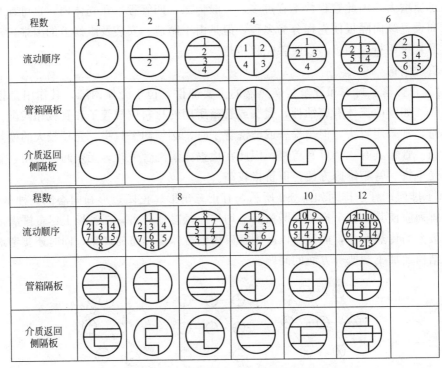

程数	1	2	4			6	
流动顺序							
管箱隔板							
介质返回侧隔板							

程数	8				10	12
流动顺序						
管箱隔板						
介质返回侧隔板						

图 3-10　隔板形式和介质流通顺序

（3）壳程结构

① 折流板。列管换热器的壳程流体流通面积比管程流通截面积大，为增加壳程流体的流速，增加湍动程度，提高传热系数，需设置折流板。折流板有纵向折流板和横向折流板两种。单壳程换热器只需设置横向折流挡板，多壳程换热器不但需要横向折流挡板，而且需要设置纵向折流板将换热器分成多程结构。设置纵向折流板的目的不仅在于提高壳程流体的流速，而且是为了实现多壳程结构，提高平均温差。但由于制造、安装及维修上的困难，故很少采用。

横向折流板同时还可起到支撑管束、防止产生振动的作用。常用折流板形式有弓形、盘环形等，如图 3-11 所示。弓形折流板结构简单，性能优良，在实际中最为常用，常用的缺口大小为 20%～25%。对于低压气体系统，为了尽量减小压降，缺口大小常达 40%～45%。大多数换热器采用水平缺口的折流板，但它不适用于水平放置的冷凝器，因为不利于凝液的排放；也不适用于较脏的流体，因为脏物可能沉积在折流板之间。这时应采用垂直缺口，折流板缺口方位如图 3-12 所示。为了使折流板能够固定好，通常设置一定数量的拉杆和定距杆。

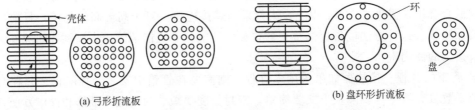

(a) 弓形折流板　　　　　　　　　　　　(b) 盘环形折流板

图 3-11　常用折流板形式

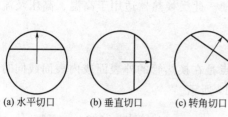

(a) 水平切口　　(b) 垂直切口　　(c) 转角切口

图 3-12　折流板缺口方位示意图

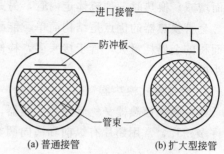

(a) 普通接管　　(b) 扩大型接管

图 3-13　进口接管和防冲板的布置

② 防冲板。在壳程进口接管处常装有防冲挡板，以防止进口流体直接撞击管束上部的传热管，产生冲蚀，引起振动。图 3-13 所示为两种进口接管和防冲板的布置。图 3-13（a）是普通接管，为了不使进口处局部阻力过大，必须抽出一些管子，传热面积因而略有减小。图 3-13（b）是扩大型接管，防冲板放在扩大部分，不影响管数。

一般当壳程介质为气体和蒸汽时，应设置防冲板。对于液体物料，则以其密度和入口管内流速平方的乘积来确定是否需要设置防冲板。当非腐蚀性和非磨蚀性物料 $\rho u^2 > 2230 \mathrm{kg}/(\mathrm{m \cdot s^2})$ 时，一般液体当 $\rho u^2 > 740 \mathrm{kg}/(\mathrm{m \cdot s^2})$ 时需设置防冲板。

2. 蛇管换热器

蛇管换热器根据操作方式不同，分为沉浸式和喷淋式两类，见表 3-4。

表 3-4　蛇管换热器

名称	结构	特点
沉浸式蛇管换热器	以金属管弯绕而成，制成适应容器的形状，沉浸在容器内的液体中。管内流体与容器内液体隔着管壁进行换热。几种常用的蛇管形状如图 3-14 所示	结构简单、造价低廉、便于防腐、能承受高压。为提高传热效果，常需加搅拌装置
喷淋式蛇管换热器	各排蛇管均垂直地固定在支架上，结构如图 3-15 所示，冷却水由蛇管上方的喷淋装置均匀地喷洒在各排蛇管上，并沿着管外表面淋下	优点是检修清洗方便、传热效果好，蛇管的排数根据所需传热面定。缺点是体积庞大，占地面积多；冷却水耗用量较大，喷淋不均匀。通常置于室外通风处，常用于冷却管内热流体

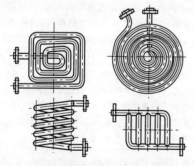

图 3-14　沉浸式蛇管的形式

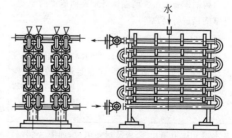

图 3-15　喷淋式蛇管换热器

3. 套管换热器

套管换热器是由两种直径不同的直管套在一起组成同心套管，然后将若干段这样的套管连接而成的，其结构如图 3-16 所示。每一段套管称为一程，程数可根据所需传热面积的多少而增减。换热时一种流体走内管，另一种流体走环隙，传热面为内管壁。

套管换热器的优点是结构简单，能耐高压，传热面积可根据需要增减。其缺点是单位传热面积的金属耗量大，管子接头多，检修清洗不方便。此类换热器适用于高温、高压及流量较小的场合。

4. 翅片管式换热器

翅片管式换热器又称管翅式换热器，其结构特点是在换热管的外表面或内表面或同时装有许多翅片，常用翅片有纵向和横向两类，如图 3-17 所示。

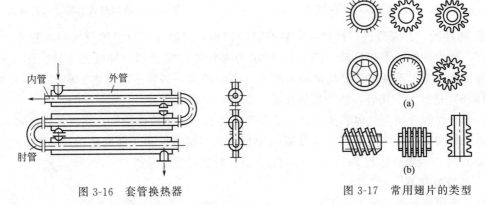

图 3-16 套管换热器　　　　　　　　图 3-17 常用翅片的类型

化工生产中常遇到气体的加热或冷却，当换热的另一方为液体或发生相变时，在气体一侧设置翅片，既可增大传热面积，又可增加气体的湍动程度，提高传热效率。工业上常用翅片换热器作为空气冷却器，用空气代替水，这种换热器不仅可在缺水地区使用，即使在水源充足的地方也较经济。

（三）板式换热器

板式换热器结构、特点及应用见表 3-5。

表 3-5 板式换热器结构、特点及应用

名称	结构	特点及应用
螺旋板式换热器	螺旋板式换热器结构如图 3-18 所示，由焊在中心隔板上的两块金属薄板卷制而成，两薄板之间形成螺旋形通道，两板之间焊有定距柱以维持通道间距，螺旋板的两端焊有盖板。两流体分别在两通道内流动，通过螺旋板进行换热	优点是结构紧凑；单位体积传热面积大；流体在换热器内作严格的逆流流动，可在较小的温差下操作，能充分利用低温热源；由于流向不断改变，且允许选用较高流速，故传热效果好；又由于流速较高，同时有惯性离心力的作用，污垢不易沉积。其缺点是制造和检修都比较困难；流动阻力较大；操作压力和温度不能太高，一般压力在 2MPa 以下，温度则不超过 400℃
夹套换热器	夹套换热器的结构如图 3-19 所示，主要用于反应器的加热或冷却。它由一个装在容器外部的夹套构成，与反应器或容器构成一个整体，器壁就是换热器的传热面	优点是结构简单，容易制造；缺点是传热面积小，器内流体处于自然对流状态，传热效率低；夹套内部清洗困难。夹套内的加热剂和冷却剂一般只能使用不易结垢的水蒸气、冷却水和氨等。夹套内通蒸气时，应从上部入，冷凝水从底部排出；夹套内通液体载热体时，应从底部进入，从上部流出
板翅式换热器	基本单元体由翅片、隔板及封条组成，如图 3-20(a) 所示。翅片上下放置隔板，两侧边缘由封条密封，即组成一个单元体。板翅式换热器是将一定数量的单元体组合起来，并进行适当排列，然后焊在带有进出口的集流箱上，如图 3-20(b)～(d) 所示。一般用铝合金制造	板翅式换热器是一种轻巧、紧凑、高效的换热装置，优点是单位体积传热面积大，传热效果好，操作温度范围较广，适用于低温或超低温场合；允许操作压力较高，可达 5MPa。其缺点是易堵塞，流动阻力大，清洗检修困难，故要求介质洁净。其应用领域已从航空、航天、电子等少数部门逐渐发展到石油化工、天然气液化、气体分离等更多的工业部门

续表

名称	结构	特点及应用
热板式换热器	热板式换热器是一种新型高效换热器,其基本单元为热板,热板结构如图 3-21 所示。它是将两层或多层金属平板点焊或滚焊成各种图形,并将边缘焊接密封成一体。平板之间在高压下充气形成空间,得到最佳流动状态的流道形式。各层金属板的厚度可以相等,也可以不相等,板数可以为双层,也可以为多层,这样就构成了多种热板传热表面形式	热板式换热器具有流动阻力小、传热效率高、根据需要可做成各种形状等优点,可用于加热、保温、干燥、冷凝等多种场合。作为一种新型换热器,具有广阔的应用前景
平板式换热器	平板式换热器的结构如图 3-22 所示。它是由若干块长方形薄金属板叠加排列,夹紧组装于支架上构成。两相邻板的边缘衬有垫片,压紧后板间形成流体通道。板片是板式换热器的核心部件,常将板面冲压成各种凹凸的波纹状	优点是结构紧凑,单位体积传热面积大;组装灵活方便;有较高的传热效率,可随时增减板数,有利于清洗和维修。其缺点是处理量小;受垫片材料性能的限制,操作压力和温度不能过高。适用于需要经常清洗、工作环境要求十分紧凑、操作压力在 2.5MPa 以下、温度在 $-35 \sim 200℃$ 的场合

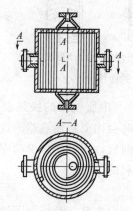

图 3-18 螺旋板式换热器

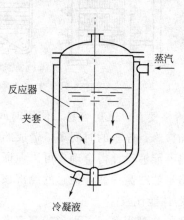

图 3-19 夹套换热器

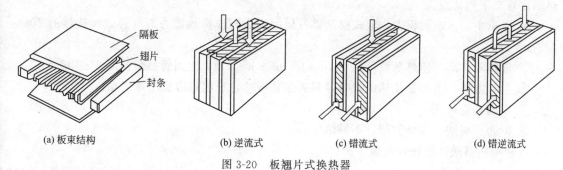

(a) 板束结构　　(b) 逆流式　　(c) 错流式　　(d) 错逆流式

图 3-20 板翅片式换热器

（四）换热器的性能比较

1. 换热器的基本要求

① 传热效率高,单位传热面上能传递的热量多。在一定的热负荷下,即每小时要求传递热量一定时,传热效率（通常用传热系数表示）越高,需要的传热面积越小。

② 换热器的结构能适应所规定的工艺操作条件,运转安全可靠,密封性好,清洗、检修方便,流体阻力小。

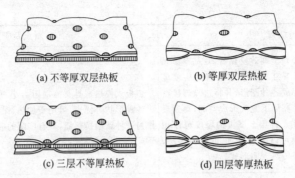

(a) 不等厚双层热板　　(b) 等厚双层热板

(c) 三层不等厚热板　　(d) 四层等厚热板

图 3-21　热板式换热器的热板传热表面形式

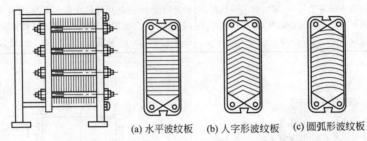

(a) 水平波纹板　(b) 人字形波纹板　(c) 圆弧形波纹板

图 3-22　平板式换热器及常见板片的形状

③ 要求价格便宜，维护容易，使用时间长。在化工生产中所使用的换热设备往往需要频繁地清洗和检修，停车的时间多，造成的经济上损失有时会比更新换热器的代价更大。因此，如果换热器能够设计得合理，可以保证连续运转的时间长，同时能减少功率消耗，则换热器本身价格虽然略高一些，但总的经济核算也可能是有利的。

2. 换热器性能比较

换热设备的类型很多，各种形式都有它特定的应用范围。在某一种场合下性能很好的换热器，如果换到另一种场合则可能传热效果和性能会有很大的改变。板式换热器与列管式换热器比较有下列优点。

① 体积小，占地面积少。板式换热器占地面积为同样换热能力的列管式换热器的30%左右。

② 传热效率高。传热系数可达 16700kJ/(m²·h·℃)，比列管换热器高 2～4 倍。

③ 组装方便，当增加换热面积时，只需多装板片，进出口方位不需变动。

④ 金属消耗量低。

⑤ 拆卸、清洗、检修方便，不易结垢。

各种换热器的性能比较见表 3-6。

表 3-6　各种换热器的性能比较

换热器型式	允许最大操作压力/MPa	允许最高操作温度/℃	单位体积传热面积/(m²/m³)	传热系数/[W/(m²·K)]	结构是否可靠	传热面是否便于调整	是否具有热补偿能力	清洗是否方便	检修是否方便	是否能用脆性材料制作
固定管板式	84	1000～1500	40～164	849～1698	○	×	×	△	×	×
U 形管式	100	1000～1500	30～130	849～1698	○	×	○	△	×	△

续表

换热器型式	允许最大操作压力/MPa	允许最高操作温度/℃	单位体积传热面积/(m²/m³)	传热系数/[W/(m²·K)]	结构是否可靠	传热面是否便于调整	是否具有热补偿能力	清洗是否方便	检修是否方便	是否能用脆性材料制作
浮头式	84	1000～1500	35～150	849～1698	△	×	○	○	○	△
板式	2.8	360	250～1500	6978	△	○	○	○	○	×
螺旋板式	4	1000	100	698～2908	○	×	○	×	×	△
板翅式	5	-269～500	250～4370	35～349(气,气)	△	×	○	×	×	×
套管	100	800	20		○	○	○	○	○	○
沉浸盘管	100		15		○	×	○	△	○	○
喷淋式	10		16		△	○	○	○	○	○

注：○—好；△—尚可；×—不好。

 技能训练

认识换热器的结构

1. 训练要求

① 认识换热器的类型、特点。

② 掌握列管换热器的结构，熟悉部件名称、作用。

③ 掌握冷热介质流程、流向。

2. 工具与器材

小型浮头式换热器、扳手、龙门吊车架、手拉葫芦、吊装专用工具、煤油、清洗铁盒、手套、螺栓松动剂等。

3. 小型浮头式换热器的拆装步骤

浮头式换热器的结构见图 3-23，注意图中左侧封头为一张图上表示两种封头结构换热器形式，实际换热器只能选用其中一种结构。

① 用起吊工具将前封头吊住，将前封头与筒体螺栓松开，可用松动剂配合，注意对称松开，并留顶上一对螺栓不拆下，等最后起吊时拆下，放在垫木上，螺栓单独放好，如有必要请划好对齐线。

② 移动起重工具到后封头，将后封头吊住，同样松开螺栓，最后拧下顶上两个螺栓，并将后封头吊起，轻轻放在指定位置，用木块垫上。注意放稳，螺栓单独放在一起，不要与前封头螺栓混在一起。

③ 拆浮头。吊住浮头，拆下浮头与浮头钩圈螺柱，单独放在一起，注意落下的浮头钩别碰伤人，应拉住轻轻放在地上放倒，然后将浮头放到地上，并用木块垫好，注意放实。

④ 移动吊车至前封头的位置，用钢丝绳吊住管板吊耳，通过起吊时向前产生的分力，使管束往外拉，重新捆管束的位置，通过起吊的办法产生向前分力，继续使管束往外移动，一直到管束中心拉到筒体边缘时，捆住管束中心，将吊车移到外侧，吊起产生分力将管束拉出来，然后放在垫木上。若无吊耳，则应用钢丝绳捆住浮头侧的管板与管子连接处，并通过吊车拉手拉葫芦产生向前分力，使管束前进移动，若实在不行，可垫木块用外力使其水平移动。

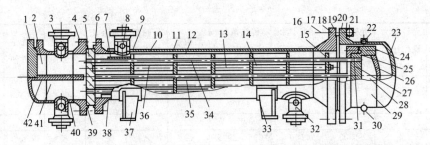

图 3-23　浮头式换热器的结构

1—平盖；2—平盖管箱；3—接管法兰；4—管箱法兰；5—固定管板；6—壳体法兰；7—防冲板；
8—仪表接口；9—补强圈；10—圆筒；11—折流板；12—旁路管板；13—拉杆；14—定距管；
15—支持板；16—螺栓；17—螺母；18—垫片；19,20—法兰；21—吊耳；22—放气口；
23—封头；24—浮头法兰；25—浮头垫片；26—球面封头；27—浮头管板；28—浮头盖；
29—外头盖；30—排液口；31—钩圈；32—接管；33—活动鞍座；34—换热管；
35—挡管；36—管束；37—固定鞍座；38—滑道；39—垫片；40—管箱短节；
41—封头管箱；42—分程隔板

⑤ 在拆卸过程中，指导教师讲解结构，学生按实训要求进行学习换热器的结构、冷热介质流程、流向等实训任务。

⑥ 小型浮头式换热器装配步骤

a. 装配按与拆卸顺序相反顺序进行。

b. 注意隔板的方向，螺栓与孔对齐，不许有歪斜现象，注意螺栓对角把紧。

c. 注意保证装配质量，否则须拆卸后重新装配。

4. 注意事项

① 注意安全第一。

② 准备好专用工具。

③ 注意人员之间的协作精神，并有专人指挥。

④ 通过图纸、资料的了解，分析拆卸顺序。

⑤ 若为第一次拆装，应将换热器内管置换清洗干净，并用蒸汽吹扫。

⑥ 记录拆卸先后顺序，专人保管拆下的各个零件，不能混，尽可能考虑做好各方面的准备上作。

 知识拓展

热管式换热器

热管换热器是用一种称为热管的新型换热元件组合而成的换热装置。目前使用的热管换热器多为箱式结构，由壳体、热管和隔板组成，把一组热管组合成一个箱形，中间用隔板分为热、冷两个流体通道，一般热管外壁上装有翅片，以强化传热效果，如图 3-24 所示。

热管是主要的传热元件，具有很高的导热性能。它主要由密封管子、吸液芯及蒸汽通道三部分组成。热管的种类很多，但其基本结构与工作原理基本相同。现以吸液芯热管为例作介绍。如图 3-25 所示，在一根密闭的金属管内充以适量的工作液，紧靠管子内壁处装有金属丝网或纤维等多孔物质，称为吸液芯。热管沿轴向分成三段：蒸发段、绝热段和冷凝段。在蒸发段，当热流体从管外流过时，热量通过管壁传给工作液，使其汽化，蒸汽在压差作用

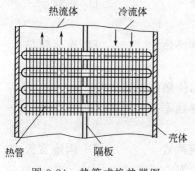

图 3-24 热管式换热器图

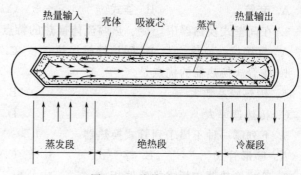

图 3-25 热管结构示意图

下，沿管子的轴向流动，在冷凝段向冷流体放出潜热而凝结，冷凝液在吸液芯内流回热端，再从热流体处吸收热量而汽化。如此反复循环，热量便不断地从热流体传给冷流体。绝热段的作用是当热源与冷源隔开时，使管内的工作液不与外界进行热量交换。

热管换热器的传热特点是热量传递汽化、蒸汽流动和冷凝三步同时进行，由于汽化和冷凝的对流强度都很大，蒸汽的流动阻力又较小，因此热管的传热热阻很小，即使在两端温度差很小的情况下，也能传递很大的热流量。因此，它特别适用于低温差传热的场合。热管换热器具有重量轻、结构简单、经济耐用、使用寿命长、工作可靠等优点，已应用于化工、电子、机械等工业部门。

 学习评价

认识传热系统		
工作任务	考核内容	考核要点
认识换热系统	基础知识	换热系统的构成及各部分的作用； 工业换热方法； 传热的基本方式； 稳定传热与不稳定传热； 换热器的分类、结构、特点
	现场考核	指出换热系统的构成； 认识列管换热器、螺旋板换热器、板式换热器； 认识仪表及控制装置
认识列管换热器的结构	基础知识	固定管板式、U 形管式、浮头式换热器的结构、特点、适用场合
	现场考核	浮头式换热器结构、各部件名称； 管箱结构、壳程折流挡板类型、作用； 冷热介质流程、流向

自测练习

一、选择题

1. 典型的热传导发生在（　　）中。

A. 固体　　　　　　B. 气体　　　　　　C. 液体　　　　　　D. 流体

2. 可在器内设置搅拌器的是（　　）换热器。

A. 套管　　　　　　　B. 釜式　　　　　　　C. 夹套　　　　　　　D. 热管

3. 在间壁式换热器中，冷、热两流体换热的特点是（　　　）。

A. 直接接触换热　　　　B. 间接接触换热　　　C. 间歇换热　　　　　D. 连续换热

4. 蛇管式换热器的优点是（　　　）。

A. 传热膜系数大　　　　　　　　　　　　B. 平均传热温度差大

C. 传热速率大　　　　　　　　　　　　　D. 传热速率变化不大

5. 下列哪一种不属于列管式换热器（　　　）。

A. U 形管式　　　　　　B. 浮头式　　　　　　C. 螺旋板式　　　　　D. 固定管板式

6. 管式换热器与板式换热器相比（　　　）。

A. 传热效率高　　　　　B. 结构紧凑　　　　　C. 材料消耗少　　　　D. 耐压性能好

7. 在设计列管式换热器中，设置折流挡板，用以提高（　　　）流体的传热膜系数。

A. 管程　　　　　　　　B. 壳程　　　　　　　C. 管程和壳程

8. 列管换热器中下列流体宜走壳程的是（　　　）。

A. 不洁净或易结垢的流体　　　　　　　　B. 腐蚀性的流体

C. 压力高的流体　　　　　　　　　　　　D. 被冷却的流体

9. 选用换热器时，在管壁与壳壁温度相差多少度时考虑需要进行热补偿？（　　　）

A. 20℃　　　　　　　　B. 50℃　　　　　　　C. 80℃　　　　　　　D. 100℃

10. 列管式换热器一般不采用多壳程结构，而采用（　　　）以强化传热效果。

A. 隔板　　　　　　　　B. 波纹板　　　　　　C. 翅片板　　　　　　D. 折流挡板

二、判断题

（　　　）1. 对夹套式换热器而言，用蒸汽加热时应使蒸汽由夹套下部进入。

（　　　）2. 在螺旋板式换热器中，流体只能做严格的逆流流动。

（　　　）3. 流体对流中始终伴随着热传导。

（　　　）4. 热辐射不仅是热量传递过程，而且还是能量传递过程。

（　　　）5. 多管程换热器的目的是强化传热。

（　　　）6. 浮头式换热器具有能消除热应力、便于清洗和检修方便的特点。

（　　　）7. 列管换热器中设置补偿圈的目的主要是为了便于换热器的清洗和强化传热。

（　　　）8. 在列管换热器中采用多程结构，可增大换热面积。

（　　　）9. 在列管式换热器，管间装设了两块横向的折流挡板，则该换热器变成双壳程的换热器。

（　　　）10. 列管换热器按照热补偿方式不同可分为固定管板式、U 形管式及浮头式三种。

任务 2　加热剂与冷却剂的选择及用量的确定

🎓 **教学目标**

能力目标：

能根据生产任务选择合适的加热剂与冷却剂，并确定其用量。

知识目标：
1. 掌握常用的加热剂与冷却剂及选择；
2. 掌握换热器热量衡算及传热量计算；
3. 了解工业生产中节能的途径。

相关知识

一、常用的加热剂与冷却剂

化工生产中的换热目的主要有两种，一是将工艺流体加热（汽化），二是将工艺流体冷却（冷凝）。若换热的目的是为了将冷流体加热，此时热流体称为加热剂；若换热的目的是为了将热流体冷却（或冷凝），此时冷流体则称为冷却剂。根据生产任务的需要，结合生产实际，采用的加热剂与冷却剂种类有很多。

1. 常用的加热剂

（1）水蒸气　水蒸气是最常用的加热剂。通常使用饱和水蒸气，在蒸汽过热程度不大（过热 20～30℃）的条件下，允许使用过热蒸汽。

优点：汽化潜热大，蒸汽消耗量相对较小；在给定压力下，冷凝温度恒定，故在有必要时，可通过改变加热蒸汽的压力来调节其温度；蒸汽冷凝时给热系数很大，能够在低的温度差下操作；价廉、无毒、无失火危险。

缺点：饱和温度与压力一一对应，且对应的压力较高，甚至中等饱和温度（200℃）就对应着相当大的压力（$1.56×10^6$ Pa），对设备的机械强度要求高，投资费用大。

用水蒸气加热的方法有两种：直接蒸汽加热和间接蒸汽加热。

当直接蒸汽加热时，水蒸气直接引入被加热介质中，并与介质混合。这种方法适用于允许被加热介质和蒸汽的冷凝液混合的场合。直接蒸汽由鼓泡器引入，鼓泡器通常布置在设备底部，鼓泡器一般为开有许多小孔的盘管。蒸汽鼓泡时，通过并搅拌液层，与介质直接换热。

间接蒸汽加热通过换热器的间壁传递热量。当蒸汽在换热器内没有完全冷凝时，一部分蒸汽将随冷凝液排出，造成蒸汽消耗量增加。为了使冷凝液能够顺利排出而不带走蒸汽，需要设置冷凝水排除器。最常用的排除器为浮球式冷凝水排除器，如图 3-26 所示。在冷凝水排除器内，始终维持一定的液位，以阻止蒸汽从冷凝水排除器内漏出。

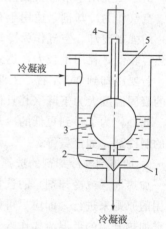

图 3-26　闭式浮球冷凝水排除器
1—外壳；2—针形阀；3—浮球；
4—导向筒；5—导向杆

（2）其他常用加热剂　化工生产中其他常用加热剂的种类、组成、温度范围及特点见表3-7。

此外，工业生产中，还可以利用液体金属和电等来加热。其中，液态金属可加热到300～800℃，电加热最高可加热到 3000℃。

2. 常用的冷却剂

工业生产中，使用最普遍的冷却剂是水和空气，可得到 10～30℃的冷却温度。

表 3-7　常用的加热剂及温度范围

加热剂	温度范围/K	组成	特点
热水或高压热水	373～573		无毒、腐蚀性小。可利用二次热源,节约能量。热水通常可使用锅炉热水和从换热器或蒸发器得到的冷凝水。和蒸汽冷凝相比,给热系数低许多,加热的均匀性不好。使用高压热水时对设备的强度要求和操作费用都很高
导热油	473～623	烃、醚、醇、硅油、含卤烃及含氮杂环	使用温度高(最高可达 400℃),蒸气压低,不用高压就能够得到高温,使用方便,既可用于加热又可用于冷却
熔盐	573～773	硝酸钠、硝酸钾和亚硝酸钠混合物	流动性好,最高工作温度可达 600℃的高温。熔盐加热装置应具有高度的气密性,并用惰性气体保护。由于硝酸盐和亚硝酸盐混合物具有强氧化性,因此应避免和有机物质接触
烟道气	873～1173	一氧化碳、二氧化碳等混合气体	流动性好,传热效率高,操作简单

　　水的主要来源是江河和地下,江河水的温度与当地气候以及季节有关,通常在 10～30℃左右,地下水的温度则较低,在 4～15℃左右。

　　为了节约用水和保护环境,生产上大多使用循环水,在换热器内用过的冷却水,送至凉水塔内,与空气逆流接触,部分汽化而冷却,再重新作为冷却剂使用。冷却水可用于间壁式换热器和混合式换热器中。

　　由于工业用水常常会被污染,要求在最终排放前,必须进行水质净化,达到排放标准。

　　空气作为冷却剂,适用于有通风机的冷却塔和有增大的传热面的换热器(如翅片式换热器)的强制冷却。空气作为冷却剂的优点是不会在传热面产生污垢。其缺点是给热系数小,比热容较低,耗用量较大,达到同样的冷却效果,空气的质量流量大约是水的 5 倍。

　　若要冷却到 0℃左右,工业上通常采用冷冻盐水(如氯化钙溶液),由于盐的存在,使水的凝固温度大为下降(其具体数值视盐的种类和含量而定),盐水的低温由制冷系统提供。

　　此外,为了得到更低的冷却温度或更好的冷却效果,还可借助于制冷技术,使用沸点更低的制冷剂,如液氨等。

　　3. 加热剂与冷却剂的选择

　　加热剂(或冷却剂)的选择需根据工艺物料被加热或冷却的程度决定,应本着能量综合利用的原则来进行,即应尽可能选用工艺上要求冷却降温的高温流体作加热剂,选用工艺上要求加热升温的低温流体作冷却剂,以达到降低生产成本、提高经济效益的目的。当生产系统中无可利用的作为加热剂(或冷却剂)的流体时,一般以水蒸气为加热剂,以水、空气为冷却剂。

二、换热器的热量衡算

　　1. 热量衡算

　　对于间壁式换热器,以单位时间为基准,换热器中热流体放出的热量等于冷流体吸收的热量加上与环境交换的热量(热损失),即:

$$Q_h = Q_c + Q_L \tag{3-1}$$

式中　Q_h——热流体放出的热量,W;

　　　　Q_c——冷流体吸收的热量,W;

　　　　Q_L——热损失,W。

2. 传热量计算

（1）焓差法　由于工业换热器中流体的进、出口压力差不大，故可近似为恒压过程。根据热力学定律，恒压过程交换的热量等于物系的焓差，则有：

$$Q_h = q_{mh}(h_{h1} - h_{h2}) \qquad (3-2)$$

或

$$Q_c = q_{mc}(h_{c2} - h_{c1}) \qquad (3-2a)$$

式中　q_{mh}，q_{mc}——热、冷流体的质量流量，kg/s；

　　　h_{h1}，h_{h2}——热流体的进、出口焓，J/kg；

　　　h_{c1}，h_{c2}——冷流体的进、出口焓，J/kg。

焓差法较为简单，但仅适用于流体的焓可查取的情况，本教材附录中列出了空气、水及水蒸气的焓，可供读者参考。

（2）显热法　若流体在换热过程中没有相变化，且流体的比热容可视为常数或可取流体进、出口平均温度下的比热容时，其传热量可按下式计算：

$$Q_h = q_{mh}C_{ph}(t_{h1} - t_{h2}) \qquad (3-3)$$

或

$$Q_c = q_{mc}C_{pc}(t_{c2} - t_{c1}) \qquad (3-3a)$$

式中　C_{ph}，C_{pc}——热、冷流体的定压比热容，J/(kg·K)；

　　　t_{h1}，t_{h2}——热流体的进、出口温度，K；

　　　t_{c1}，t_{c2}——冷流体的进、出口温度，K。

注意 C_p 的求取：一般由流体换热前后的平均温度（即流体进出换热器的平均温度）$(t_{h1} + t_{h2})/2$ 或 $(t_{c2} + t_{c1})/2$ 查得。教材附录中列有关于比热容的图（表），供读者使用。

必须指出，在 SI 单位制中，温度的单位是 K，但就温度差而言，其单位用 K 或℃是等效的，两者均可使用。

（3）潜热法　若流体在换热过程中仅仅发生恒温相变，其传热量可按下式计算：

$$Q_h = q_{mh}r_h \qquad (3-4)$$

或

$$Q_c = q_{mc}r_c \qquad (3-4a)$$

式中　r_h，r_c——热、冷流体的汽化潜热，J/kg。

 技能训练

一、冷却剂用量的确定

【例 3-1】　0.417kg/s、80℃的硝基苯，通过一换热器冷却到 40℃。冷却水初温为 30℃，出口温度不超过 35℃。如热损失可以忽略，试求冷却水用量；若其他条件不变，只将冷却水的流量增加到 6m³/h，问冷却水的终温是多少？已知硝基苯的比热容为 1.6kJ/(kg·℃)。

解　（1）由手册中查得水的比热容为 4.174kJ/(kg·℃)。

$$\begin{aligned}
Q_h &= q_{mh}C_{ph}(t_{h1} - t_{h2}) \\
&= 0.417 \times 1.6 \times (80 - 40) \\
&= 26.7(\text{kW})
\end{aligned}$$

依热量守恒原理可知，当 $Q_L = 0$ 时，则 $Q_h = Q_c$

得

$$q_{mh}C_{ph}(t_{h1} - t_{h2}) = q_{mc}C_{pc}(t_{c2} - t_{c1})$$

$$q_{mc} = \frac{q_{mh}C_{ph}(t_{h1} - t_{h2})}{C_{pc}(t_{c2} - t_{c1})} = \frac{26.7 \times 10^3}{4.174 \times 10^3 \times (35 - 30)} = 1.279(\text{kg/s}) = 4604(\text{kg/h})$$

（2）由 $q_{mh}C_{ph}(t_{h1}-t_{h2})=q'_{mc}C_{pc}(t'_{c2}-t_{c1})$

得 $t'_{c2}=\dfrac{q_{mh}C_{ph}(t_{h1}-t_{h2})}{q'_{mc}C_{pc}}+t_{c1}=\dfrac{26.7\times10^3}{4.174\times10^3\times\dfrac{6\times1000}{3600}}+30=33.84(℃)$

二、加热剂、冷却剂的选择

（1）训练任务（案例）

① 某化工厂需要将 $50m^3/h$ 液体苯从 80℃ 冷却到 35℃；

② 某化工厂需要将 40000kg/h 常压液态乙苯从 130℃ 加热为饱和蒸气。

（2）训练要求

① 选择加热剂（冷却剂），说明为什么选择该种加热剂（冷却剂），是否还有别的选择？

② 确定加热剂（冷却剂）的用量。

 **知识拓展**

化工生产中的节能途径

能源是一个国家经济生存、发展和人民生活必须依赖的一种资源。随着社会进步、经济增长和科学技术的发展，目前世界上对能源的需求在急剧增加。我国的能源资源还是比较丰富的，资源总量并不算少，但人均拥有量却不高。从能源的利用水平上看，能源的利用效率很低（大约只有30％），单位产值的能耗大。据统计，创造单位产值的综合能耗我国要比国外先进水平高出几倍甚至十几倍。因而，对于我国特别是高耗能的化工生产行业，节约能源显得尤为重要，而且有着巨大的潜力。随着世界能源供应的日趋紧张，节约能源、提高能源的综合利用率，对国民经济的可持续发展及环境保护都有着深远的意义。

节约能源，总的来说，应从两方面着手：一是提高管理水平，二是依靠技术进步。从具体措施上看，可以概括为以下几个方面。

1. 充分回收工艺过程中的废热

从能源利用的角度看，化工企业有着与其他工业部门不同的显著特点：例如有些化工企业，生产中既消耗大量能源，又可以释放出大量的化学反应热，成为一个既消耗能源又提供能源的供耗能体系。表3-8所列出的几个例子就很好地说明了这一点。

生产实践告诉我们，及时将一些放热反应中的反应热移走，并有效地加以利用，能大大降低综合能耗，提高企业的经济效益。比如，可将反应热引入"废热锅炉"，以生产高压或中压蒸汽，以此作为热源使用。

表 3-8 部分化工产品的理论能耗

产品名称	分子式	计算用的反应式	理论能耗/(kJ/t)
合成氨	NH_3	$0.883C+1.5H_2O+0.133O_2+0.5N_2 \longrightarrow NH_3+0.883CO_2$	2248
电石	$CaCl_2$	$CaCO_3 \longrightarrow CaO+CO_2$ $2CaO+5C \longrightarrow 2CaC_2+CO_2$	2847
纯碱	Na_2CO_3	$2NaCl+2NH_3+CO_2+H_2O \longrightarrow NaCO_3+2NH_4Cl$	-156.6
甲醛	$HCHO$	$CH_3OH+0.5O_2 \longrightarrow HCHO+H_2O$ （甲醇氧化）	-548.5
聚氯乙烯	$(C_2H_3Cl)_n$	$nC_2H_3Cl \longrightarrow (C_2H_3Cl)_n$	-150.7

除此之外，在有些化工厂的生产过程中，还会产生一定量的可燃性气体（如CO、H_2等）或高温气体（如石油裂解炉中的气体温度高达1600K左右），如果把它们充分利用起来，作为锅炉替代燃料，节能效果也是很显著的。

2. 合理使用不同质级的热能

根据热力学第二定律，一切实际过程都是不可逆过程，过程进行中总是要损失一部分能量。也就是说，热源每使用一次，其温度（或压力）要降低一些，即能量的品位会相应下降。所谓合理使用不同质级的热能，就是要根据用户所需能级要求，输入适当的能源形式，尽可能做到供需的能级匹配。比如冬季室内的采暖温度控制在20℃，如果采用温度为200℃以上的中、低压水蒸气加热，显然是不合理的；而以使用温度为几十摄氏度的冷却水、冷凝水等中温水最为经济。

为了实现合理用热，目前工程上一般采用对热能多次、逐次降级利用的方法。例如，某化工厂利用裂解炉中高达1350℃的高温气体来生产过热蒸汽，将此蒸汽先用来发电或驱动压缩机，之后再去供一般工艺使用，最后用来蒸煮、取暖或供浴室使用等。大型合成氨厂热能的综合利用率高，每吨合成氨的耗电量仅为40kW·h左右，而有些小化肥厂的吨氨耗电量竟高达1000kW·h以上。说明当前仍有一些化工企业没有按照合理用热、节约能源的观念去充分利用能源，而是将"废气（汽）"等直接排放到大气中，不但浪费了能源，还造成对空气的污染。

3. 加强管理，落实措施，减少热损

化工企业生产系统中，热损失是不可避免的，问题是如何使这种热损减少到最低程度。比如，消灭传热系统中的跑、冒、滴、漏，无论是从减少物料损失或能量损失上看，都应作为一种经常性的节约措施来落实。就减少热损失而言，可抓以下两条经常性措施。

① 在用汽设备或蒸汽管道中装设可靠的蒸汽疏水阀，能及时排除设备或管道中积存的冷凝水和空气而有效防止蒸汽的泄漏。这样，既节约了蒸汽又提高了设备的传热效果（水和空气的存在将大大降低冷凝传热系数和传热温差）。

② 对热（或冷）的管道或设备进行有效的绝热保温。据统计，经过有效保温的管道、设备，其热损失仅为未保温时的百分之几。

当然，节能的方法和措施还有许多。只要我们确立了节约能源的观念，便会时时处处、想方设法去节约每一点能源。

 学习评价

加热剂与冷却剂的选择及用量的确定		
工作任务	考核内容	考核要点
加热剂与冷却剂的选择及用量的确定	基础知识	常见的加热剂与冷却剂； 加热剂与冷却剂的选择原则； 热量衡算及传热量计算； 工业生产中节能的途径
	能力训练	根据给定换热任务完成加热剂（冷却剂）的选择、用量的确定

 **自测练习**

一、选择题

1. 在套管换热器中用冷却水冷却热流体，热流体质量流量和出入口温度一定，冷却水入口温度一定，如果增加冷却水用量，则冷却水出口温度（　　）。

A. 增大   B. 不变   C. 减小   D. 不确定

2. 用潜热法计算流体间的传热量（   ）。

A. 仅适用于相态不变而温度变化的情况

B. 仅适用于温度不变而相态变化的情况

C. 仅适用于既有相变化，又有温度变化的情况

D. 以上均错

3. 有一种 30℃流体需加热到 80℃，下列三种热流体的热量都能满足要求，应选（   ）有利于节能。

A. 400℃的蒸汽   B. 300℃的蒸汽   C. 200℃的蒸汽   D. 150℃的热流体

二、计算题

1. 在换热器中，欲将 2000kg/h 的乙烯气体从 100℃冷却至 50℃，冷却水进口温度为 30℃，进出口温度差控制在 8℃以内，试求该过程冷却水的消耗量。[已知乙烯的比热容为 1.9kJ/(kg·K)]

2. 用一列管换热器来加热某溶液，加热剂为热水。拟定水走管程，溶液走壳程。已知溶液的平均比热容为 3.05kJ/(kg·K)，进出口温度分别为 35℃和 60℃，其流量为 600kg/h；水的进出口温度分别为 90℃和 70℃。若热损失为热流体放出热量的 5%，试求热水的消耗量和该换热器的热负荷。

任务3　换热面积的确定

教学目标

能力目标：

1. 能确定换热器的面积；

2. 能选择换热器内流体的流动方向。

知识目标：

1. 了解傅里叶定律及牛顿冷却定律；

2. 理解对流传热的概念、机理、特点；

3. 掌握热导率的概念、影响因素及求取方法；

4. 掌握平壁与圆筒壁的导热计算；

5. 理解传热推动力及热阻的概念；

6. 理解传热系数的影响因素、各准数的意义及经验关联式，有相变对流传热的特点；

7. 了解间壁式换热器内的传热过程；

8. 掌握传热基本方程及热负荷、传热温度差、传热系数的计算；

9. 掌握换热器内流体的流动方向、特点及对传热温度差的影响。

相关知识

一、间壁式换热器内的传热过程

在间壁式换热器中，热流体和冷流体之间由固体间壁隔开，热量由热流体通过间壁传递

172

给冷流体。如图 3-27 所示，在传热方向上热量传递过程包括
三个步骤：

　　① 热流体以对流传热方式将热量传递到间壁的一侧；

　　② 热量自间壁一侧以热传导的方式传递至另一侧；

　　③ 以对流传热方式从壁面向冷流体传递热量。

　　在学习了热传导和对流传热的基础上，研究和探讨间壁
式换热器内热流体和冷流体之间如何进行热量交换，受哪些
因素的影响，怎样提高传热速率，为换热器的选用和操作提
供依据。

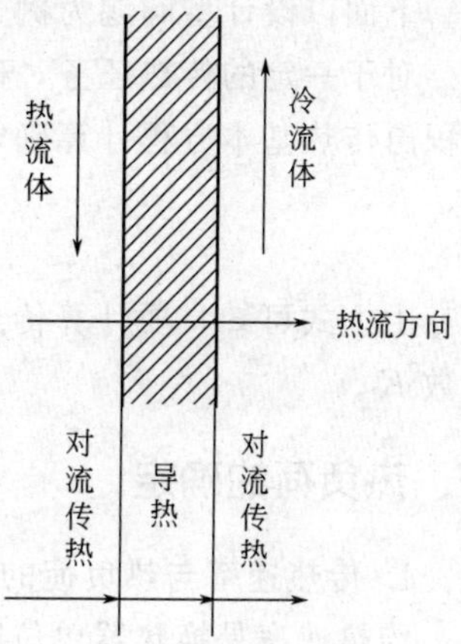

二、传热基本方程

　　1. 传热基本方程

图 3-27　间壁两侧流体间
的传热过程

　　间壁式换热器的传热速率与换热器的传热面积、传热推动
力等有关。理论及实践证明，传热速率与换热器的传热面积及传热平均推动力成正比，即：

$$Q \propto A \Delta t_m$$

引入比例系数写成等式，即：

$$Q = KA \Delta t_m \qquad (3-5)$$

或

$$Q = \frac{\Delta t_m}{\dfrac{1}{KA}} = \frac{\Delta t_m}{R} \qquad (3-5a)$$

式中　　　Q——传热速率，单位时间内传递的热量，W；

　　　　　K——传热系数，W/(m² · K)；

　　　　　A——传热面积，m²；

　　　　Δt_m——传热平均温度差，K；

　$R = 1/KA$——换热器的总热阻，K/W。

$$q = \frac{Q}{A} = \frac{\Delta t_m}{\dfrac{1}{K}} = \frac{\Delta t_m}{R'} \qquad (3-5b)$$

式中　　　q——热通量，单位时间单位面积上传递的热量，W/m²；

　$R' = 1/K$——换热器单位传热面积的总热阻，m² · K/W。

　　热阻对传热过程的分析和计算非常有用，当传热推动力（温度差）一定时，提高传热速
率的关键在于减小热阻。

　　总传热系数是描述传热过程强弱的物理量，传热系数越大，总热阻越小，则传热过程越
强烈，传热效果越好。在工程上总传热系数是评价换热器传热性能的重要参数。影响传热系
数 K 值的因素主要有换热器的类型、流体的种类和性质以及操作条件等。

　　式(3-5)、式(3-5a) 及式(3-5b) 称为传热基本方程，有关传热计算以及强化传热等都是
以这三个式子为核心和基础的。

　　2. 方程应用

　　化工过程的传热问题可分为两类：一类是设计型问题，即根据生产要求，选定（或设
计）换热器；另一类是操作型问题，即对于给定换热器，计算其传热量、流体的流量或温度

等。下面以设计型问题为例分析解决传热问题要涉及的有关内容。

对于一定的传热任务，确定换热器所需传热面积是选择（或设计）换热器的核心。传热面积由传热基本方程计算确定：

$$A = \frac{Q}{K \Delta t_m}$$

由上式可知，要计算传热面积，必须先求得传热速率 Q、传热平均温度差 Δt_m 以及传热系数 K。

三、热负荷的确定

1. 传热速率与热负荷的关系

传热速率是换热器单位时间能够传递的热量，代表换热器的生产能力。传热速率主要由换热器自身的性能决定。热负荷是生产上为达到一定的换热目的，要求换热器在单位时间内必须完成的传热量，由换热器的生产任务决定。为保证换热器能完成传热任务，应使换热器的传热速率大于至少等于其热负荷。

在换热器的选型或设计过程中，要确定传热面积必须已知传热速率，但当换热器还未选定或设计之前，传热速率无法确定，而热负荷则可由生产任务求得。所以可按如下方式处理：先用热负荷代替传热速率，求得传热面积后，再考虑一定的安全裕量，确保换热器能够按要求完成传热任务。

2. 热负荷的确定

（1）不考虑热损失 当换热器保温性能良好，热损失可以忽略不计时，依据热量衡算，有：

$$Q_h = Q_c$$

此时，热负荷 Q' 取 Q_h 或 Q_c 均可

$$Q' = Q_h = Q_c \tag{3-6}$$

式中 Q_h——热流体放出的热量，W；

Q_c——冷流体吸收的热量，W；

Q'——热负荷，W。

（2）考虑热损失 当换热器的热损失不能忽略时，$Q_h \neq Q_c$，此时热负荷取 Q_h 还是 Q_c，需根据具体情况而定。

必须指出，热负荷是要求换热器通过传热面的传热量。分析下面两种情况，可以得出热负荷应如何确定的结论。

以套管换热器为例，如图 3-28(a) 所示，热流体走管程，冷流体走壳程，可以看出，此时经过传热面（间壁）传递的热量为热流体放出的热量，因此，热负荷应取 Q_h；如图 3-28(b) 所示，冷流体走管程，热流体走壳程，经过传热面传递的热量为冷流体吸收的热量，因此，热负荷应取 Q_c。

总之，哪种流体走管程，就应取该流体的传热量作为换热器的热负荷。

$$Q' = Q_管 \tag{3-7}$$

冷、热流体传热量的计算方法见本项目任务 2。

【例 3-2】 在一套管换热器内用 0.16MPa 的饱和蒸汽加热空气，饱和蒸汽的消耗量为 10kg/h，冷凝后进一步冷却到 100℃，空气进、出口温度分别为 30℃ 和 80℃。空气走管程，

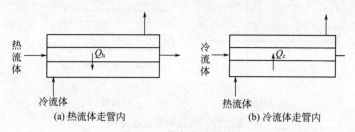

图 3-28 热负荷的确定

蒸汽走壳程。试求：（1）热损失，（2）换热器的热负荷。

解 （1）求热损失

要求热损失，必须先求出两流体的传热量。

① 蒸汽的传热量。对于蒸汽及冷凝水可用焓差法计算。

从附录中查得 $p=0.16\text{MPa}$ 的饱和蒸汽的有关参数：$T_s=113℃$，$h_{h1}=2698.1\text{kJ/kg}$ 100℃水的焓 $h_{h2}=418.68\text{kJ/kg}$。

则　　　$Q_h=q_{mh}(h_{h1}-h_{h2})=(10/3600)\times(2698.1-418.68)=6.33(\text{kW})$

② 空气的传热量

空气的进出口平均温度为 $t_m=(30+80)/2=55(℃)$

从附录中查得55℃下空气的比热容 $C_{pc}=1.005\text{kJ/(kg·K)}$。

则　　　$Q_c=q_{mc}C_{pc}(t_{c2}-t_{c1})=(420/3600)\times1.005\times(80-30)=5.86(\text{kW})$

故热损失为　$Q_L=Q_h-Q_c=6.33-5.86=0.47(\text{kW})$

（2）求热负荷

因为空气走管程，换热器的热负荷应为空气的传热量

$Q'=Q_c=5.86\text{kW}$

四、传热平均温度差

在很多情况下，换热器内冷、热两流体由于热量交换，沿传热壁面流动时温度发生变化，因此在传热过程中各传热截面的传热温度差也不相同。因此，需取平均值作为传热推动力，传热基本方程中的 Δt_m 即为换热器的传热平均温度差。传热平均温度差的大小及计算方法与两流体间的温度变化及相对流动方向情况有关。

1. 换热器内流体的流动方向

在间壁式换热器中，两流体间可以有四种不同的流动方式。若两流体的流动方向相同，称为并流；若两流体的流动方向相反，称为逆流；若两流体的流动方向垂直交叉，称为错流；若一流体沿一方向流动，另一流体反复折流，称为简单折流；若两流体均作折流，或既有折流，又有错流，称为复杂折流。折流和错流如图 3-29 所示。

套管换热器中可实现完全的并流或逆流；列管式换热器中，为了强化传热等原因，两流体并非做简单的并流和逆流，而是比较复杂的折流或错流。

错、折流可以增加流体的湍动性，有效地降低传热热阻，使换热器结构紧凑合理。

2. 恒温传热时的平均温度差

当两流体在换热过程中均只发生相变时，热流体温度 t_h 和冷流体温度 t_c 都始终保持不变，称为恒温传热。此时，冷、热流体的温度均不随位置变化，各传热截面的传热温度差处

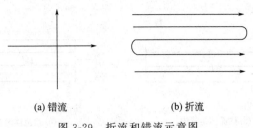

(a) 错流　　　　　　　　(b) 折流

图 3-29　折流和错流示意图

处相等，流体的流动方向对传热温度差没有影响。如蒸发器中，饱和蒸汽和沸腾液体间的传热过程可看作是恒温传热。因此，换热器的传热推动力可取任一传热截面上的温度差，即

$$\Delta t_m = t_h - t_c \tag{3-8}$$

3. 变温传热时的平均温度差

换热器中间壁一侧或两侧流体的温度沿换热器管长而变化的传热称为变温传热，可分为以下两种情况。

（1）一侧恒温、一侧变温传热　当两流体在换热过程中只有一个仅发生相变时，称为一侧恒温、一侧变温传热。例如，用饱和蒸汽加热冷流体，蒸汽冷凝温度不变，而冷流体的温度不断上升，如图 3-30(a) 所示；用烟道气加热沸腾的液体，烟道气温度不断下降，而沸腾的液体温度始终保持在沸点不变，如图 3-30(b) 所示。由图可知，此时各传热截面的传热温度差是变化的，需要计算平均传热温度差，但其值大小与流体的流动方向无关。

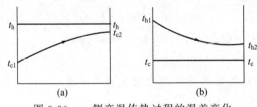

(a)　　　　　　　　　(b)

图 3-30　一侧变温传热过程的温差变化

（2）两侧变温传热　换热过程中冷、热流体的温度均沿着传热面发生变化，即两流体在传热过程中均不发生相变，称为两侧变温传热，其传热温度差显然也是变化的，也需要计算平均传热温度差，并且其值大小与两流体间的相对流动方向有关，即流动方向不同，传热平均温度差也不同，如图 3-31 所示。

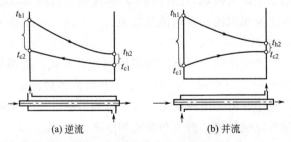

(a) 逆流　　　　　　　　(b) 并流

图 3-31　两侧变温传热过程的温差变化

两侧变温时逆流、并流比较：

① 传热温度差。沿换热器的传热面逆流操作时冷、热两种流体的传热温度差比较均匀；并流时传热温度差比较不均匀。

② 换热器出口温度。并流操作时冷流体出口温度永远小于热流体出口温度，而逆流时有可能大于热流体出口温度。

（3）变温传热平均温度差计算

① 一侧恒温、一侧变温传热及并、逆流时两侧变温传热的 Δt_m。由热量衡算和传热基本方程联立即可导出传热平均温度差计算式：

$$\Delta t_m = \frac{\Delta t_1 - \Delta t_2}{\ln \dfrac{\Delta t_1}{\Delta t_2}} \tag{3-9}$$

式中　Δt_m——对数平均温度差，K；

　　Δt_1，Δt_2——换热器两端冷热两流体的温差，K。

当一侧变温时，不论逆流或并流，平均温度差都相等；当两侧变温传热时，并流和逆流平均温度差不同。在计算时注意，一般取换热器两端 Δt 中数值较大者为 Δt_1，较小者为 Δt_2。

当 $\Delta t_1 / \Delta t_2 \leqslant 2$ 时，可以用算术平均值替代对数平均值，即：

$$\Delta t_m = \frac{\Delta t_1 + \Delta t_2}{2} \tag{3-10}$$

【例 3-3】　在套管换热器内，热流体温度由 180℃ 冷却至 140℃，冷流体温度由 60℃ 上升到 120℃。试分别计算：（1）两流体做逆流和并流时的平均温度差；（2）若在操作条件下，换热器的热负荷为 585kW，其传热系数 K 为 300W/(m²·K)，两流体做逆流和并流时所需的换热器的传热面积。

解　（1）传热平均温度差

逆流时　热流体温度　180℃→140℃

　　　　冷流体温度　120℃←60℃

　　　　两端温度差　60℃　　80℃

所以　　$\Delta t_m = \dfrac{\Delta t_1 - \Delta t_2}{\ln \dfrac{\Delta t_1}{\Delta t_2}} = \dfrac{80 - 60}{\ln \dfrac{80}{60}} = 69.5（℃）$

并流时　热流体温度　180℃→140℃

　　　　冷流体温度　60℃→120℃

　　　　两端温度差　120℃　20℃

所以　　$\Delta t_m = \dfrac{\Delta t_1 - \Delta t_2}{\ln \dfrac{\Delta t_1}{\Delta t_2}} = \dfrac{120 - 20}{\ln \dfrac{120}{20}} = 55.8（℃）$

（2）所需传热面积

逆流时　$A = \dfrac{Q}{K \Delta t_m} = \dfrac{585 \times 10^3}{300 \times 69.5} = 28.06（m^2）$

并流时　$A = \dfrac{Q}{K \Delta t_m} = \dfrac{585 \times 10^3}{300 \times 55.8} = 34.95（m^2）$

综上所述，两侧变温传热，当 t_{h1}、t_{h2}、t_{c1}、t_{c2} 一定时，$\Delta t_{m逆} > \Delta t_{m并}$；当 Q、K 一定时，所需的 $A_逆 < A_并$，说明逆流优于并流。

② 错、折流时两侧变温的 Δt_m。对于错流和折流时传热平均温度差的求取，由于其复杂性，不能像并、逆流那样，直接推导出其计算式。计算方法通常先按逆流计算对数平均温度差 $\Delta t_{m逆}$，再乘以一个恒小于 1 的校正系数 $\varphi_{\Delta t}$，即：

$$\Delta t_m = \Delta t_{m逆} \varphi_{\Delta t} \tag{3-11}$$

　　式中，$\varphi_{\Delta t}$ 称为温度差校正系数，其大小与流体的温度变化有关，可表示为两参数 P 和 R 的函数，即：

$$\varphi_{\Delta t} = f(P, R)$$

$$P = \frac{t_{c2} - t_{c1}}{t_{h1} - t_{c1}} = \frac{冷流体的温升}{两流体的最初温度差} \tag{3-12}$$

$$R = \frac{t_{h1} - t_{h2}}{t_{c2} - t_{c1}} = \frac{热流体的温降}{冷流体的温升} \tag{3-13}$$

　　$\varphi_{\Delta t}$ 可根据 P 和 R 两参数由图 3-32 查取。图 3-32(a)～(d) 为折流过程的 $\varphi_{\Delta t}$ 算图，分

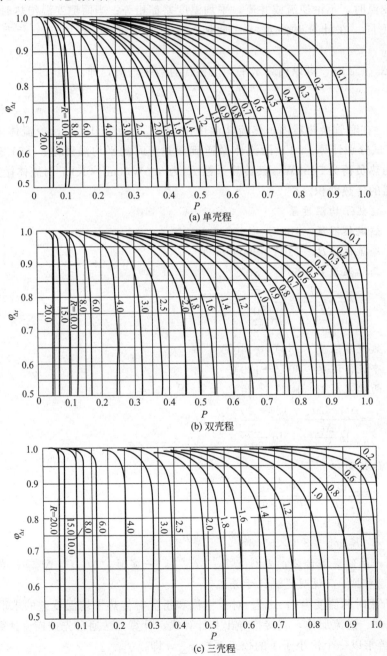

(a) 单壳程

(b) 双壳程

(c) 三壳程

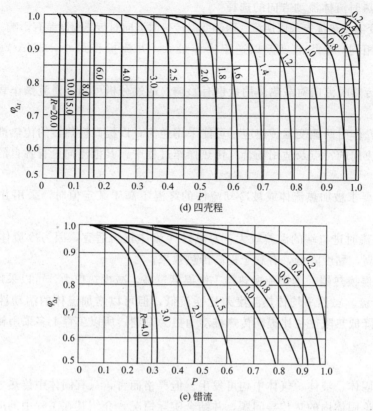

图 3-32　温差校正系数图

别为单壳程、双壳程、三壳程、四壳程，每个壳程内的管程可以是二程、四程、六程、八程；图 3-32(e) 为错流过程的 $\varphi_{\Delta t}$ 算图。为了提高传热效率，通常换热器的 $\varphi_{\Delta t}$ 必须大于 0.8。

【例 3-4】　在一单壳程、二管程的列管换热器中，用水冷却热油。水走管程，进口温度为 20℃，出口温度为 40℃，热油走壳程，进口温度为 100℃，出口温度为 50℃。试求传热平均温度差。

解　先按逆流计算，即

热流体温度　100℃→50℃

冷流体温度　40℃←20℃

两端温度差　60℃　　30℃

$$\Delta t_{\text{m逆}} = \frac{\Delta t_1 - \Delta t_2}{\ln \dfrac{\Delta t_1}{\Delta t_2}} = \frac{60-30}{\ln \dfrac{60}{30}} = 43.3(℃)$$

$$P = \frac{40-20}{100-20} = 0.25$$

$$R = \frac{100-50}{40-20} = 2.5$$

查图得 $\varphi_{\Delta t} = 0.89$

所以　　　　　　　　　　$\Delta t_{\text{m}} = \Delta t_{\text{m逆}} \varphi_{\Delta t} = 43.3 \times 0.89 = 38.5(℃)$

4. 变温传热时流体流动方向的选择

（1）两侧变温传热优先采用逆流　两侧变温传热时流向对传热温度差有影响。若热、冷流体的进出口温度相同，平均温度差以逆流操作最大，并流操作最小，即 $\Delta t_{m逆} > \Delta t_{m错,折} > \Delta t_{m并}$。

两侧变温传热时流向对载热体用量也有影响。通过分析可知，逆流操作载热体用量能够更节省。

因此，在操作时两侧变温传热应尽可能采用逆流，以提高换热器的传热推动力。

（2）其他流向的特点及适用场合　传热操作过程中，其他流向也有各自的优点。

① 并流

a. 当工艺要求被加热流体或被冷却流体的终温不高于某定值时，采用并流就比较容易控制；

b. 由于并流时进口端的温差较大，对黏性冷流体较为适宜，因为冷流体进入换热器后温度可迅速提高，黏度降低，有利于提高传热效果；

c. 对于高温换热器，为避免换热器一侧温度过高，减少热应力，可以采用并流。

② 错、折流。虽然平均传热温度差比逆流低，但可以增加流体的湍动性，有效地降低传热热阻，而降低热阻往往比提高传热推动力更为有利，所以工程上多采用错流或折流。

五、热传导

热传导在固体、液体、气体中均可发生。但严格而言，只有固体中传热才是纯粹的热传导。本节只讨论固体内的热传导问题，并结合实际情况，介绍其在工程中的应用。

1. 傅里叶定律

傅里叶定律是一维稳定热传导的基本定律。其表明导热速率（单位时间内的导热量）与导热方向上温度的变化率和垂直于导热方向的导热面积成正比，表达式为：

$$Q = -\lambda A \frac{\mathrm{d}t}{\mathrm{d}x} \qquad (3\text{-}14)$$

式中　Q——导热速率，J/s 或 W；

　　　λ——热导率，W/(m·K)；

　　　A——垂直于导热方向的导热面积，m^2；

　　$\mathrm{d}t/\mathrm{d}x$——温度梯度，是导热方向上温度的变化率。

由于导热方向为温度下降的方向，故右端须加一负号。

2. 热导率

热导率是物质的物理性质，反映了物质导热能力的大小。λ 越大，导热性能越好，相同条件下导热量越多。热导率的大小与物质的组成、结构、密度、温度及压力等有关。

物质的热导率通常由实验测定。各种物质的热导率数值差别极大，一般而言，金属的热导率最大，非金属次之，液体的较小，而气体的最小。工程上常见物质的热导率可从有关手册中查得。书后附录中提供了一些物质的热导率。

（1）气体的热导率　与液体和固体相比，气体的热导率最小，对导热不利，但却有利于保温、绝热。工业上所使用的保温材料（如玻璃棉等）就是因为其空隙有大量空气，所以其热导率很小，适用于保温隔热。

气体的热导率随温度的升高而增大，而在相当大的压力范围内，气体的热导率随压力的变化很小，可以忽略不计，只有当压力很高（大于200MPa）或很低（小于2.7kPa）时，才应考虑压力的影响，此时热导率随压力升高而增大。

常压下气体混合物的热导率可用经验公式估算，也可查阅相关资料。

（2）液体的热导率　液体可分为金属液体（液态金属）和非金属液体。前者热导率较高，后者较低。大多数金属液体的热导率随温度的升高而降低；在非金属液体中，水的热导率最大；除水和甘油外，大多数非金属液体的热导率亦随温度的升高而降低。液体的热导率基本上和压力无关。

（3）固体的热导率　在所有固体中，金属的导热性能最好，大多数纯金属的热导率随温度升高而降低。金属的纯度对热导率的影响很大，合金的热导率比纯金属要低。非金属固体的热导率与其组成、结构的紧密程度及温度有关，一般其热导率随密度增加而增大，亦随温度升高而增大。

对大多数均质固体材料，其热导率与温度呈线性关系，可用下式表示：

$$\lambda = \lambda_0(1+at) \tag{3-15}$$

式中　λ——固体在温度为t时的热导率，$W/(m \cdot K)$；

λ_0——固体在温度为0℃时的热导率，$W/(m \cdot K)$；

a——温度系数，$℃^{-1}$。a对大多数金属材料为负值，而对大多数非金属材料为正值。

在导热过程中，由于固体壁面内的温度沿传热方向发生变化，其热导率也应变化，但在工程计算中，为简便起见通常使用平均热导率，即取壁面两侧温度下λ的平均值或平均温度下的λ值。

3. 热传导速率公式

（1）平壁稳定热传导

① 单层平壁热传导。如图3-33所示，假定壁的材质均匀，热导率不随温度变化，视为常数，若平壁的面积A与厚度δ相比很大，则从边缘处的散热可以忽略，壁内温度只沿垂直于壁面的x方向发生变化，即垂直于x轴的平面是等温面，且壁面的温度不随时间变化。

当$x=0$时，$t=t_{w1}$，$x=\delta$时，$t=t_{w2}$，对傅里叶定律积分得：

$$Q = \frac{\lambda}{\delta}A(t_{w1}-t_{w2}) \tag{3-16}$$

或

$$Q = \frac{t_{w1}-t_{w2}}{\frac{\delta}{\lambda A}} = \frac{\Delta t}{R} \tag{3-16a}$$

$$q = \frac{Q}{A} = \frac{t_{w1}-t_{w2}}{\frac{\delta}{\lambda}} = \frac{\Delta t}{R'} \tag{3-16b}$$

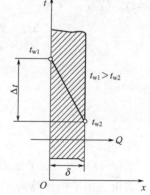

图3-33　单层平壁导热

式中　q——热通量（单位面积上的传热速率），W/m^2；

δ——平壁厚度，m；

Δt——平壁两侧的温度差，导热推动力，K；

$R = \dfrac{\delta}{\lambda A}$——导热热阻，K/W；

$R' = \dfrac{\delta}{\lambda}$——单位传热面积的导热热阻，$m^2 \cdot K/W$。

从式(3-16a) 看出，当导热速率一定时，温度差与热阻成正比。当温度差一定时，提高导热速率的关键在于减小导热热阻。导热壁面越厚、导热面积和热导率越小，其热阻越大。

式(3-16)、式(3-16a) 及式(3-16b) 为单层平壁导热速率公式。

应用导热速率公式可以确定导热速率、估算壁面温度及厚度。

【例 3-5】 普通砖平壁厚度为 500mm，一侧为 300℃，另一侧温度为 30℃，已知平壁的平均热导率为 0.9W/(m·K)，试求：（1）通过平壁的导热通量；（2）平壁内距离高温侧 300mm 处的温度。

解 （1）$q = \dfrac{t_{w1} - t_{w2}}{\dfrac{\delta}{\lambda}} = \dfrac{300 - 30}{\dfrac{0.5}{0.9}} = 486(W/m^2)$

（2）$t = t_{w1} - q\dfrac{\delta}{\lambda} = 300 - 486 \times \dfrac{0.3}{0.9} = 138(℃)$

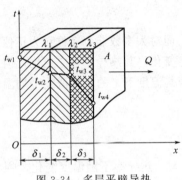

图 3-34 多层平壁导热

② 多层平壁热传导。工程上常常遇到多层不同材料组成的平壁，例如工业用的窑炉，其炉壁通常由耐火砖、保温砖以及普通建筑砖由里向外构成，这样的导热称为多层平壁导热。下面以三层平壁为例（如图 3-34 所示），讨论多层平壁导热的计算方法。由于是平壁，各层壁面面积可视为相同，设为 A，各层壁面厚度分别为 δ_1、δ_2、δ_3，热导率分别为 λ_1、λ_2、λ_3，假设层间接触良好，互相接触的两表面温度相同。各表面温度分别为 t_{w1}、t_{w2}、t_{w3}、t_{w4}，且 $t_{w1} > t_{w2} > t_{w3} > t_{w4}$，则在稳定导热时，通过各层的导热速率必定相等，即 $Q_1 = Q_2 = Q_3 = Q$。故有：

$$Q = \frac{\Delta t_1}{R_1} = \frac{\Delta t_2}{R_2} = \frac{\Delta t_3}{R_3} = \frac{\Delta t_1 + \Delta t_2 + \Delta t_3}{R_1 + R_2 + R_3} = \frac{t_{w1} - t_{w4}}{\dfrac{\delta_1}{\lambda_1 A} + \dfrac{\delta_2}{\lambda_2 A} + \dfrac{\delta_3}{\lambda_3 A}}$$

即

$$Q = \frac{A(t_{w1} - t_{w4})}{\dfrac{\delta_1}{\lambda_1} + \dfrac{\delta_2}{\lambda_2} + \dfrac{\delta_3}{\lambda_3}} \tag{3-17}$$

式(3-17) 为三层平壁的导热速率公式。

若由三层平壁导热向 n 层平壁推广，其导热速率方程式为：

$$Q = \frac{A(t_{w1} - t_{wn+1})}{\displaystyle\sum_{i=1}^{n} \frac{\delta_i}{\lambda_i}} \tag{3-18}$$

式中下标 i 为平壁的序号。

【例 3-6】 某平壁燃烧炉由一层 100mm 厚的耐火砖和 80mm 厚的普通砖砌成，其热导率分别为 1.0W/(m·K) 和 0.8W/(m·K)。操作稳定后，测得炉内壁温度 700℃，外表面温度为 100℃。为减少热损失，在普通砖的外表面增加一层厚为 30mm，热导率为 0.03W/

（m·K）的保温材料。等操作稳定后，又测得炉内壁温度为800℃，外表面温度为70℃。设原有两层材料的热导率不变，试求加保温层前后的热损失。

解　加保温层前热损失为

$$q = \frac{t_{w1} - t_{w3}}{\dfrac{\delta_1}{\lambda_1} + \dfrac{\delta_2}{\lambda_2}} = \frac{700 - 100}{\dfrac{0.1}{1.0} + \dfrac{0.08}{0.8}} = 3000 (\text{W/m}^2)$$

加保温层后热损失为：

$$q' = \frac{t_{w1} - t_{w4}}{\dfrac{\delta_1}{\lambda_1} + \dfrac{\delta_2}{\lambda_2} + \dfrac{\delta_3}{\lambda_3}} = \frac{800 - 70}{\dfrac{0.1}{1.0} + \dfrac{0.08}{0.8} + \dfrac{0.03}{0.03}} = 608 (\text{W/m}^2)$$

加保温层后热损失比原来减少的百分比数为：

$$\frac{q - q'}{q} = \frac{3000 - 608}{3000} \times 100\% = 79.7\%$$

该例说明，高温设备或管道如果不进行保温，热损失十分惊人，隔热确实必要。

（2）圆筒壁稳定热传导

① 单层圆筒壁热传导。工业生产中的导热问题大多是圆筒壁中的导热问题。如图3-35所示，设圆筒壁的内、外半径分别为 r_1 和 r_2，长度为 l，与平壁导热不同之处在于圆筒壁的传热面积随半径而变，同时温度也随半径而变，但传热速率在稳定时依然是常量。

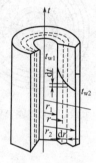

图3-35　单层圆筒壁导热

若圆筒壁内、外表面温度分别为 t_{w1} 和 t_{w2}，且 $t_{w1} > t_{w2}$。若在圆筒壁半径 r 处沿半径方向取微元厚度 $\mathrm{d}r$ 的薄层圆筒，其传热面积可视为常量，等于 $2\pi rl$；同时通过该薄层的温度变化为 $\mathrm{d}t$，则根据傅里叶定律通过该薄层的导热速率可表示为

$$Q = -\lambda A \frac{\mathrm{d}t}{\mathrm{d}r}$$

将上式积分得：

$$Q = \frac{2\pi l \lambda (t_{w1} - t_{w2})}{\ln \dfrac{r_2}{r_1}} = \frac{\Delta t}{R} \tag{3-19}$$

式（3-19）即为单层圆筒壁的导热速率公式，圆筒壁导热热阻 $R = \dfrac{\ln \dfrac{r_2}{r_1}}{2\pi l \lambda}$。

式（3-19）也可以写成与平壁导热速率公式相类似的形式，即：

$$Q = \frac{A_m \lambda (t_{w1} - t_{w2})}{\delta} = \frac{2\pi r_m l (t_{w1} - t_{w2})}{r_2 - r_1} \tag{3-20}$$

则　　　　　$A_m = 2\pi r_m l$　　　　$r_m = \dfrac{r_2 - r_1}{\ln \dfrac{r_2}{r_1}}$　　　　$R = \dfrac{r_2 - r_1}{\lambda A_m} = \dfrac{\delta}{\lambda A_m}$

式中　A_m——圆筒壁的对数平均面积，m^2；

　　　r_m——圆筒壁的对数平均半径，m；

δ——圆筒壁的厚度，m；

$R = \dfrac{\delta}{\lambda A_{\mathrm{m}}}$——单层圆筒壁导热热阻，K/W。

当 $r_2/r_1 \leqslant 2$ 时，对数平均值可用算术平均值代替。

【例 3-7】 已知 $\phi32\mathrm{mm} \times 3.5\mathrm{mm}$，长 6m 的钢管，内壁温度为 100℃，外壁温度为 90℃，试求该管在单位时间内的散热量。

解 已知 $r_1 = 0.0125\mathrm{m}$，$r_2 = 0.016\mathrm{m}$，$t_{\mathrm{w1}} = 100℃$，$t_{\mathrm{w2}} = 90℃$，$l = 6\mathrm{m}$，查得 $\lambda = 45\mathrm{W/(m \cdot K)}$

$$Q = \frac{2\pi l\lambda(t_{\mathrm{w1}} - t_{\mathrm{w2}})}{\ln\dfrac{r_2}{r_1}} = \frac{2\pi \times 6 \times 45(100 - 90)}{\ln\dfrac{0.016}{0.0125}} = 68687(\mathrm{W})$$

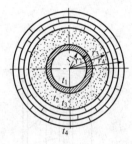

图 3-36　多层圆筒壁导热

② 多层圆筒壁导热。在工程上，多层圆筒壁的导热情况也比较常见，例如在高温或低温管道的外部包上一层乃至多层保温材料，以减少热量损失（或冷量损失）；在反应器或其他容器内衬以工程塑料或其他材料以减小腐蚀；在换热器内，换热管的内、外表面形成污垢等。见图 3-36，以三层为例，假设各层之间接触良好，各层热导率分别为 λ_1、λ_2、λ_3，厚度分别为 δ_1、δ_2、δ_3，可以写出三层圆筒壁的导热速率方程式为：

$$Q = \frac{\Delta t_1 + \Delta t_2 + \Delta t_3}{R_1 + R_2 + R_3} = \frac{t_{\mathrm{w1}} - t_{\mathrm{w4}}}{\dfrac{\ln(r_2/r_1)}{2\pi l\lambda_1} + \dfrac{\ln(r_3/r_2)}{2\pi l\lambda_2} + \dfrac{\ln(r_4/r_3)}{2\pi l\lambda_3}}$$

即：

$$Q = \frac{2\pi l(t_{\mathrm{w1}} - t_{\mathrm{w4}})}{\dfrac{\ln(r_2/r_1)}{\lambda_1} + \dfrac{\ln(r_3/r_2)}{\lambda_2} + \dfrac{\ln(r_4/r_3)}{\lambda_3}} \tag{3-21}$$

对 n 层圆筒壁，有：

$$Q = \frac{2\pi l(t_{\mathrm{w1}} - t_{\mathrm{wn+1}})}{\displaystyle\sum_{i=1}^{n} \frac{1}{\lambda_i} \ln \frac{r_{i+1}}{r_1}} \tag{3-22}$$

应用导热速率公式可以确定导热速率、估算壁面温度及厚度。

六、对流传热

1. 对流传热分析

（1）基本概念　在间壁式换热器内，热量自热流体传至固体壁面，或自固体壁面传至冷流体，工程上把流体与壁面之间的热量传递称为对流传热。

（2）基本原理　壁面两侧流体的流动情况以及与流动方向垂直的某一截面上流体的温度分布情况见图 3-37。当流体沿壁面做湍流流动时，在靠近壁面处总有一层流内层存在，在层流内层和湍流主体之间有一过渡层。在湍流主体内，由于流体质点湍动剧烈，所以在传热方向上，流体的温度差极小，各处的温度基本相同，热阻很小，热量传递主要依靠对流，热传导所起作用很小。在过渡层内流体的温度发生缓慢变化，对流和热传导均起作用。而在层流内层中，流体仅沿壁面平行流动，在传热方向上没有质点位移，所以热量传递主要依靠热传导进行，由于流体的热导率很小，使热阻很大，因此该层内温度差也较大。

（3）强化对流传热的途径 对流传热时热阻主要集中在层流内层中，因此，减薄层流内层的厚度是强化对流传热的重要途径。

2. 对流传热速率方程——牛顿冷却定律

对流传热与流体的流动情况及流体的性质等有关，其影响因素很多。其传热速率可用牛顿冷却定律表示：

$$Q = \alpha A \Delta t = \frac{\Delta t}{\frac{1}{\alpha A}} = \frac{\Delta t}{R} \tag{3-23}$$

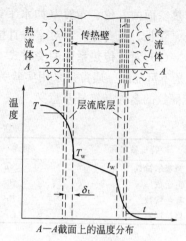

图 3-37 对流传热的分析

式中　　Q——对流传热速率，W；

　　　　α——对流传热系数（或对流传热膜系数、给热系数），$W/(m^2 \cdot K)$；

　　　　A——对流传热面积，m^2；

$R = 1/(\alpha A)$——对流传热热阻，K/W；

　　　　Δt——流体与壁面间温度差的平均值，K。当流体被加热时，$\Delta t = t_w - t$；当流体被冷却时，$\Delta t = T - T_w$。

牛顿冷却定律是将复杂的对流传热问题，用一简单的关系式来表达，实质上是将矛盾集中在 α 上，因此，研究 α 的影响因素及其求取方法，便成为解决对流传热问题的关键。

3. 对流传热系数

对流传热系数反映了对流传热的强度，α 越大，说明对流传热强度越大，对流传热热阻越小。所以提高 α 是减小对流传热热阻、强化对流传热的关键。

α 是受诸多因素影响的一个参数，不是物理性质。表 3-9 列出了几种对流传热情况下的 α 值，从中可以看出，气体的 α 值最小，载热体发生相变时的 α 值最大，且比气体的 α 值大得多。

表 3-9　α 值的经验范围

对流传热类型（无相变）	$\alpha/[W/(m^2 \cdot K)]$	对流传热类型（有相变）	$\alpha/[W/(m^2 \cdot K)]$
气体加热或冷却	5～100	有机蒸气冷凝	500～2000
油加热或冷却	60～1700	水蒸气冷凝	5000～15000
水加热或冷却	200～15000	水沸腾	2500～25000

（1）影响对流传热系数的因素 影响对流传热系数 α 的因素有以下方面。

① 对流的形成原因。自然对流与强制对流的流动原因不同，其传热规律也不相同。一般强制对流传热时的 α 值比自然对流传热的大。

② 流体的性质。影响 α 的物理性质有热导率、比热容、黏度和密度等。对同种流体，这些物性又是温度的函数，有些还与压力有关。

③ 相变情况。在对流传热过程中，流体有无相变对传热有不同的影响，一般流体有相变时的 α 比无相变时的大。

④ 流体的运动状态。流体的 Re 值越大，湍动程度越高，层流内层的厚度越薄，α 越大；反之，则越小。

⑤ 传热壁面的形状、位置及长短等。传热壁面的形状（如管内、管外、板、翅片等）、

传热壁面的方位、布置（如水平或垂直放置、管束的排列方式等）及传热面的尺寸（如管径、管长、板高等）都对 α 有直接的影响。

（2）对流传热系数的关联式　由于影响 α 的因素很多，要建立一个通式求各种条件下的 α 是不可能的。通常是采用实验关联法获得各种条件下 α 的关联式。表 3-10 列出了有关各特征数的名称、符号及意义。

表 3-10　特征数的名称及意义

特征数名称	符　号	形　式	意　义
努塞尔特数	Nu	$\alpha l/\lambda$	表示 α 的特征数
雷诺数	Re	$lu\rho/\mu$	确定流动状态的特征数
普兰特数	Pr	$C_p\mu/\lambda$	表示物性影响的特征数
格拉斯霍夫数	Gr	略	表示自然对流影响的特征数

在使用 α 关联式时应注意以下几个方面。

① 应用范围。关联式中 Re、Pr、Gr 等特征数的数值范围。

② 特征尺寸。Nu、Re 等特征数中 l 应如何取定。

③ 定性温度。确定各特征数中流体的物性参数所依据的温度。

化工生产中的对流传热分为两类：一是流体无相变传热，包括强制对流和自然对流；二是流体相变传热，包括蒸汽冷凝和液体沸腾。由于对流传热的条件不同，所以 α 的关联式形式很多，可查阅相关资料。下面仅介绍一种情况的 α 关联式。

无相变低黏度（小于 2 倍常温水的黏度）流体在圆形直管内做强制湍流时的 α 关联式为：

$$Nu=0.023\,Re^{0.8}Pr^n \tag{3-24}$$

或

$$\alpha=0.023\,\frac{\lambda}{d_i}\left(\frac{d_iu\rho}{\mu}\right)^{0.8}\left(\frac{C_p\mu}{\lambda}\right)^n \tag{3-24a}$$

式中 n 的取值方法是：当流体被加热时，$n=0.4$；当流体被冷却时，$n=0.3$。

应用范围：$Re>10000$，$0.7<Pr<120$；管长与管径之比 $l/d_i\geqslant60$。若 $l/d_i<60$，将由式（3-24a）算得的 α 乘以 $[1+(d_i/l)^{0.7}]$ 加以修正。

特征尺寸 l：取管内径 d_i。

定性温度：取流体进、出口温度的算术平均值。

4. 流体有相变化时的对流传热

（1）蒸汽冷凝　在换热器内，当饱和蒸汽与温度较低的壁面接触时，蒸汽将释放出潜热，并在壁面上冷凝成液体，称为蒸汽冷凝（冷凝传热）。冷凝传热速率与蒸汽的冷凝方式密切相关。蒸汽冷凝主要有两种方式：膜状冷凝和滴状冷凝。如果冷凝液能够润湿壁面，则会在壁面上形成一层液膜，称之为膜状冷凝；如果冷凝液不能润湿壁面，则会在壁面上杂乱无章地形成许多小液滴，称为滴状冷凝。

在膜状冷凝过程中，壁面被液膜所覆盖，此时蒸汽的冷凝只能在液膜的表面进行，即蒸汽冷凝放出的潜热必须通过液膜后才能传给壁面。因此冷凝液膜往往成为膜状冷凝的主要热阻。冷凝液膜在重力作用下沿壁面向下流动时，其厚度不断增加，所以壁面越高或水平放置的管子管径越大，则整个壁面的平均 α 也就越小。

在滴状冷凝过程中，壁面的大部分直接暴露在蒸汽中，由于在这些部位没有液膜阻碍热流，故其 α 很大，是膜状冷凝的十倍左右。

工业生产中要保持滴状冷凝是很困难的。即使在开始阶段为滴状冷凝，但经过一段时间后，由于液珠的聚集，大部分都要变成膜状冷凝。为了保持滴状冷凝，可采用各种不同的壁面涂层和蒸汽添加剂，但这些方法还处于研究和实验中。故在进行冷凝计算时，为安全起见一般按膜状冷凝来处理。膜状冷凝的 α 关联式可查阅相关资料。

蒸汽冷凝时，壁面形成液膜，液膜的厚度及其流动状态是影响冷凝传热的关键。凡有利于减薄液膜厚度的因素都可以提高冷凝传热系数。为减小冷凝液膜的厚度，通常采用立式设备。若蒸汽中含有空气或其他不凝性气体，由于气体的热导率小，气体聚集成薄膜附着在壁面后，将大大降低传热效果，所以在涉及相变传热的设备中通常安装有排除不凝性气体的阀门。

（2）液体沸腾　将液体加热到操作条件下的饱和温度时，整个液体内部都将会有气泡产生，这种现象称为液体沸腾。发生在沸腾液体与固体壁面之间的传热称为沸腾传热。

工业上使液体沸腾的方法主要有两种：一种是将加热壁面浸没在液体中，液体在壁面处受热沸腾，称为池内沸腾；另一种是液体在管内流动时受热沸腾，称为管内沸腾。后者机理更为复杂，下面主要讨论池内沸腾。

图 3-38 为实验得到的常压下水的沸腾曲线，它表示了水在池内沸腾时 α 与传热壁面和液体的温度差 Δt 之间的关系。

实验表明，当传热壁面与液体的温度差较小时，只有少量气泡产生，传热以自然对流为主，α

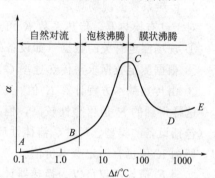

图 3-38　水的沸腾曲线

和传热速率都比较小，如图中 AB 段；随着温度差的增大，液体在传热壁面受热后生成的气泡数量增加很快，并且气泡在向上浮动中，对液体产生剧烈的扰动，因此 α 上升很快，这个阶段称为泡核沸腾，如图中 BC 段；当温度差增大到一定程度，气泡生成速率大于气泡脱离壁面的速率时，气泡将在传热壁面上聚集并形成一层不稳定的气膜，这时热量必须通过这层气膜才能传到液相主体中去，由于气体的热导率比液体的小得多，对流传热系数反而下降，这个阶段称为过渡区，如图中 CD 段；当温度差再增大到一定程度，产生的气泡在传热壁面形成一层稳定的气膜，此后，温度差再增大时，α 基本不变，这个阶段称为膜状沸腾，如图中 DE 段。实际上一般将 CDE 段称为膜状沸腾。

由泡核沸腾向膜状沸腾过渡的转折点 C 称为临界点。临界点下的温度差和传热系数分别称为临界温度差和临界传热系数。由于泡核沸腾的 α 比膜状沸腾的大，工业上总是设法控制在泡核沸腾下操作，因此确定不同液体在临界点下的临界参数具有实际意义。

其他液体的沸腾曲线与水相似，只是临界点的参数不同。

由于液体沸腾要产生气泡，所以凡是影响气泡生成、长大和脱离壁面的因素对沸腾传热都有影响，主要有液体的性质、温度差、操作压力及沸腾壁面状况等。

七、换热器传热系数确定

获取传热系数的方法主要有以下几种。

1. 传热系数经验值的选取

K 值通常借助工具手册选取，选取工艺条件相仿，设备类似的经验值。表 3-11 列出了列管换热器对于不同流体在不同情况下的传热系数的大致范围，供读者参考。

表 3-11　列管换热器中 K 值的大致范围

热　流　体	冷流体	传热系数 $K/[\text{W}/(\text{m}^2 \cdot \text{K})]$	热　流　体	冷流体	传热系数 $K/[\text{W}/(\text{m}^2 \cdot \text{K})]$
水	水	850～1700	低沸点烃类蒸气冷凝(常压)	水	455～1140
轻油	水	340～910	高沸点烃类蒸气冷凝(减压)	水	60～170
重油	水	60～280	水蒸气冷凝	水沸腾	2000～4250
气体	水	17～280	水蒸气冷凝	轻油沸腾	455～1020
水蒸气冷凝	水	1420～4250	水蒸气冷凝	重油沸腾	140～425
水蒸气冷凝	气体	30～300			

2. 传热系数的现场测定

对于已有换热器，传热系数 K 可通过现场测定法来确定。具体方法如下。

① 现场测定有关的数据（如设备的尺寸、流体的流量和进出口温度等）；

② 根据测定数据求得传热速率 Q、传热温度差 Δt_{m} 和传热面积 A；

③ 由传热基本方程计算 K 值。

这样得到的 K 值可靠性较高，但是其使用范围受到限制，只有与所测情况相一致的场合（包括设备的类型、尺寸、流体性质、流动状况等）才准确。但若使用情况与测定情况相似，所测 K 值仍有一定参考价值。

实测 K 值，不仅可以为换热器计算提供依据，而且可以帮助分析换热器的性能，以便寻求提高换热器传热能力的途径。

3. 传热系数的计算

(1) 传热系数的基本公式　间壁式换热器中热、冷流体通过间壁的传热由热流体的对流传热、固体壁面的导热及冷流体的对流传热三步串联过程。对于稳定传热过程，各串联环节传热速率相等，过程的总热阻等于各分热阻之和，可联立传热基本方程，对流传热速率方程及导热速率方程得出：

$$\frac{1}{KA} = \frac{1}{\alpha_{\text{i}}A_{\text{i}}} + \frac{\delta}{\lambda A_{\text{m}}} + \frac{1}{\alpha_{\text{o}}A_{\text{o}}} \tag{3-25}$$

上式为计算 K 值的基本公式。

(2) 基于不同面积基准的求 K 公式　计算 K 时，式(3-25)的传热面积 A 可分别选择传热壁面的外表面积 A_{o}、内表面积 A_{i} 或平均表面积 A_{m}，传热系数 K 也与所选传热面积相对应。

若 A 取 A_{o}，则有：

$$K_{\text{o}} = \frac{1}{\dfrac{A_{\text{o}}}{\alpha_{\text{i}}A_{\text{i}}} + \dfrac{\delta A_{\text{o}}}{\lambda A_{\text{m}}} + \dfrac{1}{\alpha_{\text{o}}}} \tag{3-26}$$

若 A 取 A_{i}，则有：

$$K_{\text{i}} = \frac{1}{\dfrac{1}{\alpha_{\text{i}}} + \dfrac{\delta A_{\text{i}}}{\lambda A_{\text{m}}} + \dfrac{A_{\text{i}}}{\alpha_{\text{o}}A_{\text{o}}}} \tag{3-27}$$

若 A 取 A_{m}，则有：

$$K_m = \cfrac{1}{\cfrac{A_m}{\alpha_i A_i} + \cfrac{\delta}{\lambda} + \cfrac{A_m}{\alpha_o A_o}} \qquad (3\text{-}28)$$

式中 A_o，A_i，A_m——传热壁的外表面积、内表面积、平均表面积，m^2；

K_o，K_i，K_m——基于 A_o、A_i、A_m 的传热系数，$W/(m^2 \cdot K)$。

工程上，大多以外表面积为基准，除特别说明外，手册中所列 K 值都是基于外表面积的传热系数，换热器标准系列中的传热面积也是指外表面积。

（3）考虑污垢热阻的求 K 公式

① 污垢热阻。换热器在实际操作中，传热壁面常有污垢形成，对传热产生附加热阻，该热阻称为污垢热阻。通常污垢热阻比传热壁面的热阻大得多，因而在传热计算中应考虑污垢热阻的影响。影响污垢热阻的因素很多，主要有流体的性质、传热壁面的材料、操作条件、清洗周期等。由于污垢热阻的厚度及热导率难以准确地估计，因此通常选用经验值，表3-12列出一些常见流体的污垢热阻 R_s 的经验值。

表 3-12　常见流体的污垢热阻

流　　体	$R_s/(m^2 \cdot K/kW)$	流　　体	$R_s/(m^2 \cdot K/kW)$
水(>50℃)		水蒸气	
蒸馏水	0.09	优质不含油	0.052
海水	0.09	劣质不含油	0.09
清洁的河水	0.21	其它液体	
未处理的凉水塔用水	0.58	盐水	0.172
已处理的凉水塔用水	0.26	有机物	0.172
已处理的锅炉用水	0.26	熔盐	0.086
硬水、井水	0.58	植物油	0.52
气体		燃料油	0.172~0.52
空气	0.26~0.53	重油	0.86
溶剂蒸气	0.172	焦油	1.72

② 计算公式。设管内、外壁面的污垢热阻分别为 R_{si}、R_{so}，根据串联热阻叠加原理，则式（3-26）可写为

$$K_o = \cfrac{1}{\cfrac{A_o}{\alpha_i A_i} + R_{si}\cfrac{A_o}{A_i} + \cfrac{\delta A_o}{\lambda A_m} + R_{so} + \cfrac{1}{\alpha_o}} \qquad (3\text{-}29)$$

若传热壁面为平壁或薄管壁时，A_o、A_i、A_m 相等或近似相等，则式（3-29）可简化为

$$K = \cfrac{1}{\cfrac{1}{\alpha_i} + R_{si} + \cfrac{\delta}{\lambda} + R_{so} + \cfrac{1}{\alpha_o}} \qquad (3\text{-}30)$$

上式表明，间壁两侧流体间传热总热阻等于两侧流体的对流传热热阻、污垢热阻及管壁导热热阻之和。

【例 3-8】 有一用 $\phi25mm \times 2.5mm$ 无缝钢管制成的列管换热器，$\lambda = 45W/(m \cdot K)$，管内通以冷却水，$\alpha_i = 1000W/(m^2 \cdot K)$，管外为饱和水蒸气冷凝，$\alpha_o = 10000W/(m^2 \cdot K)$，污垢热阻可以忽略。试计算传热系数 K。

解

（1） $K_o = \dfrac{1}{\dfrac{A_o}{\alpha_i A_i} + \dfrac{\delta A_o}{\lambda A_m} + \dfrac{1}{\alpha_o}}$

$= \dfrac{1}{\dfrac{0.025}{1000 \times 0.02} + \dfrac{0.0025 \times 0.025}{45 \times 0.0225} + \dfrac{1}{10000}} = 708.4 [\text{W}/(\text{m}^2 \cdot \text{K})]$

 **技能训练**

一、传热面积的确定

【例 3-9】 在一逆流操作的换热器中，用冷水将质量流量为 1.25kg/s 的某液体［比热容为 1.9kJ/(kg·K)］从 80℃ 冷却到 50℃。水在管内流动，进、出口温度分别为 20℃ 和 40℃。换热器的管子规格为 ϕ25mm×2.5mm，若已知管内、外的 α 分别为 1.70kW/(m²·K) 和 0.85kW/(m²·K)，试求换热器的传热面积。假设污垢热阻、壁面热阻及换热器的热损失均可忽略。

解 （1）换热器的热负荷
$Q' = Q_h = q_{mh} C_{ph}(t_{h1} - t_{h2}) = 1.25 \times 1.9 \times (80 - 50) = 71.25(\text{kW})$

（2）平均传热温度差

$$80℃ \rightarrow 50℃$$
$$\underline{-\quad 40℃ \leftarrow 20℃}$$
$$40℃ \quad 30℃$$

$$\Delta t_m = \frac{\Delta t_1 - \Delta t_2}{\ln \dfrac{\Delta t_1}{\Delta t_2}} = \frac{40 - 30}{\ln \dfrac{40}{30}} = 34.8(℃)$$

（3）传热系数

$$K_o = \frac{1}{\dfrac{d_o}{\alpha_i d_i} + \dfrac{1}{\alpha_o}} = \frac{1}{\dfrac{0.025}{1.7 \times 0.02} + \dfrac{1}{0.85}} = 0.52[\text{kW}/(\text{m}^2 \cdot \text{K})]$$

（4）传热面积

$$A_o = \frac{Q}{K_o \Delta t_m} = \frac{71.25}{0.52 \times 34.8} = 3.94(\text{m}^2)$$

二、寻找强化传热的途径与措施

所谓强化传热，就是设法提高换热器的传热速率。从传热基本方程 $Q = KA\Delta t_m$ 可以看出，增大传热面积 A、提高传热推动力 Δt_m 以及提高传热系数 K 都可以达到强化传热的目的，但实际效果却因具体情况而异。

1. 增大传热面积
增大传热面积，可以提高换热器的传热速率，但是，增大传热面积不能靠简单地增大设备规格来实现，因为这样会使设备的体积增大，金属耗用量增加，设备费用相应增加。实践证明，从改进设备的结构入手，增加单位体积的传热面积，可以使设备更加紧凑，结构更加合理，目前出现的一些新型换热器，如螺旋板式、板式换热器等，其单位体积的传热面积大大超过了列管换热器。同时，人们还研制并成功使用了多种高效能传热面，如图 3-39 所示的几种带翅片或异形表面的传热管，便是工程上在列管换热器中经常用到的高效能传热管，它们不仅使热表面有所增加，而且强化了流体的湍动程度，提高了 α，使传热速率显著提高。

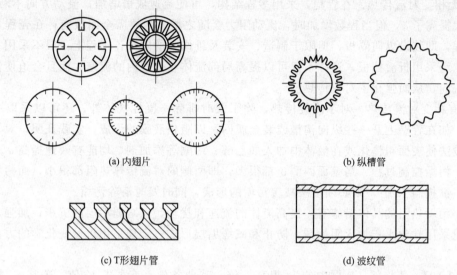

(a) 内翅片   (b) 纵槽管

(c) T形翅片管   (d) 波纹管

图 3-39　几种带翅片或异形表面的传热管

2. 提高传热推动力

增大传热平均温度差，可以提高换热器的传热速率。传热平均温度差的大小取决于两流体的温度及流动形式。一般来说，物料的温度由工艺条件所决定，不能随意变动，而加热剂或冷却剂的温度，可以通过选择不同介质和流量加以改变。如用饱和水蒸气作为加热剂时，增加蒸气压力可以提高其温度；在水冷器中增大冷却水流量或以冷冻盐水代替普通冷却水，可以降低冷却剂的温度等。但需要注意的是，改变加热剂或冷却剂的温度，必须考虑到技术上的可行性和经济上的合理性。另外，采用逆流操作或增加壳程数，均可得到较大的平均传热温度差。

3. 提高传热系数

增大传热系数，是提高换热器传热速率的最有效途径。因为增大传热系数，实际上就是降低换热器的总热阻。以平壁为例，总热阻为：

$$\frac{1}{K}=\frac{1}{\alpha_i}+R_{si}+\frac{\delta}{\lambda}+R_{so}+\frac{1}{\alpha_o}$$

由此可见，要降低总热阻，必须减小各项分热阻。但不同情况下，各项分热阻所占比例不同，故应具体问题具体分析，设法减小占比例较大的分热阻。一般来说，在金属换热器中壁面较薄且热导率高，不会成为主要热阻；污垢热阻是一个可变因素，在换热器刚投入使用时，污垢热阻很小，可不予考虑，但随着使用时间的加长，污垢逐渐增加，便成为阻碍传热的主要因素，故必须对换热器定期进行清洗。

提高 K 值的途径和措施如下。

（1）对流传热控制过程　当壁面导热热阻（δ/λ）和污垢热阻（R_{si}、R_{so}）均可忽略时，总热阻简化为

$$\frac{1}{K} = \frac{1}{\alpha_i} + \frac{1}{\alpha_o}$$

当两 α 相差很大时，欲提高 K 值，应该采取措施提高 α 小的那一侧的 α。若 α_i 与 α_o 较为接近，此时，必须同时提高两侧的 α，才能提高 K 值。

目前，在列管换热器中，为提高 α，通常采取如下具体措施。

① 无相变对流传热。在管程，采用多程结构，可使流速成倍增加，流动方向不断改变，从而大大提高了 α，但当程数增加时，流动阻力会随之增大，故需全面权衡；在壳程，也可采用多程，即装设纵向隔板，但限于制造、安装及维修上的困难，工程上一般不采用多程结构，而广泛采用折流挡板，这样不仅可以提高局部流体在壳程内的流速，而且会迫使流体多次改变流向，从而强化了对流传热。

② 有相变对流传热。对于冷凝传热，除了及时排除不凝性气体外，还可以采取一些其他措施，如在管壁上开一些纵向沟槽或装金属网，以阻止液膜的形成。实践证明，对于沸腾传热，设法使表面粗糙化或在液体中加入如乙醇、丙酮等添加剂，均能有效地提高 α。

(2) 污垢控制过程　当壁面两侧 α 都很大，即两侧的对流传热热阻都很小，而污垢热阻很大时，欲提高 K 值，则必须设法减缓污垢的形成，同时及时清除污垢。

减小污垢热阻的具体措施有：提高流体的流速和扰动，以减弱垢层的沉积；加强水质处理，尽量采用软化水；加入阻垢剂，防止和减缓垢层形成；定期采用机械或化学的方法清除污垢。

【例 3-10】 若将例 3-8 题中的 α_i 提高一倍，其他条件不变，求 K 值；若将 α_o 提高一倍，其他条件不变，求 K 值。

解 (1) 将 α_i 提高一倍，即 $\alpha_i' = 2000\text{W}/(\text{m}^2 \cdot \text{K})$

$$K_o' = \frac{1}{\frac{0.025}{2000 \times 0.02} + \frac{0.0025 \times 0.025}{45 \times 0.0225} + \frac{1}{10000}} = 1271.1[\text{W}/(\text{m}^2 \cdot \text{K})]$$

增幅：$\frac{1271.1 - 708.4}{708.4} \times 100\% = 79.4\%$

(2) 将 α_o 提高一倍，即 $\alpha_o' = 20000\text{W}/(\text{m}^2 \cdot \text{K})$

$$K_o'' = \frac{1}{\frac{0.025}{1000 \times 0.02} + \frac{0.0025 \times 0.025}{45 \times 0.0225} + \frac{1}{20000}} = 734.4[\text{W}/(\text{m}^2 \cdot \text{K})]$$

增幅：$\frac{734.4 - 708.4}{708.4} \times 100\% = 3.7\%$

【例 3-11】 例 3-8 中的换热器使用一段时间后形成了垢层，试计算该换热器在考虑有污垢热阻时的传热系数 K 值。

解 根据污垢热阻的经验数值表，取水的污垢热阻 $R_{si} = 0.58(\text{m}^2 \cdot \text{K})/\text{kW}$，水蒸气的 $R_{so} = 0.09\text{m}^2 \cdot \text{K}/\text{kW}$。则：

$$K_o''' = \frac{1}{\frac{A_o}{\alpha_i A_i} + R_{si}\frac{A_o}{A_i} + \frac{\delta A_o}{\lambda A_m} + R_{so} + \frac{1}{\alpha_o}}$$

$$= \frac{1}{\frac{0.025}{1000 \times 0.02} + 0.00058 \times \frac{0.025}{0.02} + \frac{0.0025 \times 0.025}{45 \times 0.0225} + 0.00009 + \frac{1}{10000}}$$

$$=449.1[W/(m^2 \cdot K)]$$

由于垢层的产生，使传热系数下降为：

$$\frac{708.4-449.1}{708.4} \times 100\% = 36.6\%$$

通过本例说明，垢层的存在大大降低了传热速率。因此在实际生产中，应该尽量减缓垢层的形成并及时清除污垢。

 知识拓展

设备和管道的保温

1. 设备和管道的热损失

化工生产中，许多设备和管道的外壁温度往往高于或低于周围环境温度，所以热（冷）量将由壁面（一般指保温层外壁面）以对流和辐射两种方式向周围环境散失。这部分散失于环境的热量，称为设备和管道的热损失。

2. 设备和管道的绝热保温

在化工生产中，对于温度较高（或较低）的管道和反应器等高（低）温设备，需要采取绝热措施，其目的在于减少热（冷）量的损失，以提高换热操作的经济效益；维持设备正常的操作温度，保证生产在规定的温度下进行；降低车间的操作温度，改善劳动条件。为此，在设备的外壁包上一层热导率较小的绝热材料，用于增加热阻，减少设备外壁面上与周围环境的热交换。

同时，我国相关部门也曾规定：凡是表面温度在50℃以上的热设备或管道以及制冷系统的设备和管道，都必须进行保温和绝热处理，即在设备和管道的表面敷以热导率较小的材料，构成总热阻较大的多层壁的传热结构，以达到降低传热速率、减少热损失的目的。

（1）保温结构的构成 通常使用的保温结构由保温层和保护层构成。

保温层是由石棉、蛭石、膨胀珍珠岩、超细玻璃棉、海泡石等热导率小的材料构成的，它们被覆盖在设备或管道的表面，构成保温层的主体。

海泡石为复合硅酸盐保温涂料，它具有热导率小、质量轻、用量少、施工方便（喷涂、涂抹、粘贴均可）等优点，特别适合于异型设备和管道以及阀门等的保温绝热，并可做到热设备不停产即可施工，被行家们认为是目前比较理想的高效节能隔热材料。

保护层在保温层外面，由铁丝网加油毛毡和玻璃布或石棉水泥混浆构成，其作用是为了防止外部的水蒸气及雨水进入保温层材料内，造成隔热材料变形、开裂、腐烂等，从而影响保温效果。

（2）对保温结构的基本要求

① 保温绝热可靠，即保温后的热损失不得超过表3-13和表3-14所规定的允许值，这是选择隔热材料和确定保温层厚度的基本依据。

② 有足够的机械强度，能承受自重及外力的冲击。在风吹、雨淋以及温度变化的条件下，仍能保证结构不被损坏。

③ 有良好的保护层，能避免外部水蒸气、雨水等进入保温层内，以确保保温层不会出现变软、腐烂等情况。

④ 结构简单，材料消耗最小，价格低，易于施工等。

表 3-13　常年运行设备（或管道）的允许热损失

设备或管道的表面温度/℃	50	100	150	200	250	300
允许热损/(W/m²)	58	93	116	140	163	186

表 3-14　季节运行设备（或管道）的允许热损失

设备或管道的表面温度/℃	50	100	150	200	250	300
允许热损/(W/m²)	116	163	203	244	279	308

3. 保温材料的发展

（1）矿物棉　国际上矿物棉制品的发展迄今已有 160 多年的历史了。1840 年，英国首先发现熔化的矿渣喷吹后可以形成纤维，并开始生产矿渣棉。1880 年，通过对矿渣棉性质和用途的研究，德国和美国开始生产矿渣棉，而后在其他国家相继使用和生产。1930～1950年，开始了矿物棉大规模的生产和应用。

1980 年至今，国际上矿物棉制品的产量处于比较平稳的阶段，因为其他的保温材料如玻璃棉、泡沫塑料的发展加快，而主要矿物棉生产国家的发展速度放慢。虽然矿物棉产量增幅不大，但在生产规模、技术及深加工方面有了很大的发展。

（2）玻璃棉　国外玻璃棉年产量约在 200 万吨左右，主要生产国是美国、法国和日本。玻璃棉制品品种较多，主要有玻璃棉毡、玻璃棉板、玻璃棉带、玻璃棉毯和玻璃棉保温管。

自 19 世纪 90 年代开始，美国就以玻璃制取玻璃纤维，20 世纪 30 年代开始用机械方法制造玻璃纤维。当时有棒拉法、平吹法等，纤维直径比较粗，达 25μm 以上。第一次世界大战期间，德国由于进口石棉来源断绝，就大力研制玻璃棉作为替代品。由于它绝热、隔音的优异性能，一经问世，各国便争相研制。因棒拉法等生产方法产量低，不能满足需要，因此，新的工艺方法便应运而生。

20 世纪 40 年代美国欧文斯-康宁公司研制成功火焰喷吹法工艺，并于 1949 年获得了专利权，可生产棉纤维直径为 3～5μm 甚至更细的造纸棉。1956 年，法国圣哥本公司研制成功离心喷吹法（即 Tel 法），并向十几个国家出售专利。

（3）膨胀珍珠岩　1940 年美国开始大量生产和使用膨胀珍珠岩。世界多数国家，首先从建筑业开发应用膨胀珍珠岩，并逐步推广到农业、工业过滤剂、冶金等其他行业，时至今日，膨胀珍珠岩虽应用范围很广，但其产品仍绝大部分应用在建筑业，其用量约占世界膨胀珍珠岩总产量的 60% 以上。主要在高层建筑中作夹层墙板、屋面板、楼板，也用作耐火保温层。以珍珠岩混凝土作中间层、金属薄板作面层的经济夹层墙板在美国获得了广泛的应用。珍珠岩混凝土还广泛用于屋顶结构中。德国在建筑业中广泛采用膨胀珍珠岩作散铺隔热、隔音层。此外，采用沥青珍珠岩板作屋面保温层，效果可以与泡沫玻璃相媲美。

（4）硅酸钙绝热制品　20 世纪 40 年代，硅酸钙绝热制品首先在美国问世，硅酸钙绝热制品在众多的保温材料中具有在中高温范围的使用中抗压强度高、热导率小、施工方便、可反复使用等优点，所以硅酸钙行业发展迅速。

（5）国外保温材料发展趋势

① 现有保温材料产品性能的提高、生产技术的改进和生产成本的降低。这一趋势是指针对各种保温材料生产和使用中的问题加以改进和提高，如聚氨酯泡沫塑料向无氟利昂发光及提高阻燃性方向发展；硅酸钙保温材料向超轻质全憎水方向发展，纤维素绝热制品向解决

阻燃剂硼酸盐的渗透问题方向发展，以及提高各种保温材料使用寿命，从而节约原材料及生产的能源。

② 研制多功能复合保温材料，提高产品的保温效率和扩大产品的应用面。目前使用的保温材料在应用上都存在着不同程度的缺陷：硅酸钙在含湿气状态下，易存在腐蚀性的氧化钙，并由于长时间内保有水分，不易在低温环境下使用；玻璃纤维易吸收水分，不适于用于低温环境，也不适于用于540℃以上的温度；矿物棉同样存在吸水性，不宜用于低温环境，只适用于不存在水分的高温环境下；聚氨酯泡沫与聚苯乙烯泡沫不宜用于高温下，而且易燃、收缩、产生毒气；泡沫玻璃由于对热冲击敏感，不宜用于温度急剧变化的状态下，所以为了克服保温隔热材料的不足，各国纷纷研制轻质多功能复合保温材料。

③ 强调保温材料工业的环保性，发展"绿色"保温材料制品。国外非常重视保温材料工业的环保问题，从原材料准备（开采或运输）、产品生产及使用，以及日后的处理，都要求最大限度地节约资源和减少对环境的危害。

 学习评价

换热面积的确定		
工作任务	考核内容	考核要点
换热面积的确定	基础知识	间壁式换热器内的传热过程； 传热基本方程
	能力训练	根据换热任务确定换热器的换热面积
热负荷确定	基础知识	热负荷与传热速率的关系； 热负荷确定方法
	能力训练	根据换热任务确定热负荷
传热温度差计算	基础知识	换热器内流体的流动方向及选择； 传热温度差计算
	能力训练	根据换热任务选择换热器内流体的流动方向，确定传热温度差
传热系数的确定	基础知识	傅里叶定律及平壁、圆筒壁的导热； 热导率的概念、影响因素及求取； 对流传热机理及牛顿冷却定律； 对流传热系数的影响因素及经验关联式； 强化传热的途径及措施
	能力训练	根据换热任务计算传热系数

 自测练习

一、选择题

1. 多层平壁导热时，各层的温度差与各相应层的热阻所呈关系是（　　）。

A. 没关系　　　　　B. 反比　　　　　C. 正比　　　　　D. 不确定

2. 一套管换热器，环隙为120℃蒸汽冷凝，管内空气从20℃被加热到50℃，则管壁温度应接近于（　　）。

A. 35℃　　　　　B. 120℃　　　　　C. 77.5℃　　　　　D. 50℃

3. 液氨汽化时吸热可使饱和水蒸气得到冷凝。现用间壁式换热器完成这一换热任务，当其他条件不变时，两流体分别采用并流和逆流方式，它们的平均温度差的关系为（　　　）。

A. $\Delta t_{m逆} > \Delta t_{m并}$　　B. $\Delta t_{m逆} = \Delta t_{m并}$　　C. $\Delta t_{m逆} < \Delta t_{m并}$　　D. 无法确定

4．在空气-蒸汽间壁换热过程中，采用（　　　）方法来提高传热速率最合理。

A. 提高蒸汽速度　　　　　　　　B. 采用过热蒸汽以提高蒸汽温度

C. 提高空气流速　　　　　　　　D. 将蒸汽流速和空气流速都提高

5．工业生产中，沸腾传热应设法保持在（　　　）。

A. 自然对流　　　B. 核状沸腾区　　C. 膜状沸腾区　　D. 过渡区

二、判断题

（　　）1．物质的热导率均随温度的升高而增大。

（　　）2．冷热流体在换热时，并流时的传热温度差要比逆流时的传热温度差大。

（　　）3．提高传热速率的最有效途径是提高传热面积。

（　　）4．工业设备的保温材料，一般都是取热导率较小的材料。

（　　）5．当冷热两流体的 α 相差较大时，欲提高换热器的 K 值关键是采取措施提高较小 α。

三、计算题

1．某一普通砖平壁厚度为 0.46m，一侧壁面温度为 200℃，另一侧外壁温度为 30℃，已知砖平均导热系数为 0.93W/(m·K)。求：（1）通过平壁的热通量；（2）平壁内距离高温侧 0.3m 处温度。

2．有一 $\phi57mm \times 3.5mm$ 的钢管用 40mm 厚的软木包扎，其外又用 100mm 厚的保温灰包扎，以作绝热层。现测得钢管外壁面温度为 -120℃，绝热层外表面温度为 10℃。软木和保温灰的热导率为 0.043W/(m·K) 和 0.07W/(m·K)，试求每米管长的冷损失量。

3．水在一圆形直管内呈强制湍流时，若流量及物性均不变，现将管内径减半，则管内对流传热系数为原来的多少倍？

4．在一列管换热器中，热流体进出口温度为 130℃ 和 65℃，冷流体进出口温度为 32℃ 和 48℃，求逆流和并流时换热器的平均温度差。

5．在某列管换热器中，管子为 $\phi25mm \times 2.5mm$ 的钢管，管内外的对流传热系数分别为 1500W/(m²·K) 和 50W/(m²·K)，钢的热导率为 45W/(m·K)，不计污垢热阻，试求：（1）基于管外表面积的总传热系数；（2）将 α_i 提高 1 倍时（其他条件不变）的传热系数（不考虑管壁热阻，下同）；（3）将 α_o 提高 1 倍时（其他条件不变）的传热系数。

6．某厂拟用 100℃ 的饱和水蒸气将流量为 8000kg/h 的常压空气从 20℃ 加热到 80℃。现仓库有一单程列管式换热器，内有 $\phi25mm \times 2.5mm$ 的钢管 300 根，管长 2m。若管外水蒸气冷凝的对流传热系数为 10000W/(m²·K)，管内空气的对流传热系数为 90W/(m²·K)。两侧污垢热阻及管壁热阻均可忽略，且不计热损失。问：（1）换热器的总传热系数；（2）此换热器能否满足工艺要求？

7．为了测定套管式甲苯冷却器的传热系数，测得实验数据如下：冷却器传热面积为 2.8m²，甲苯的流量为 2000kg/h，由 80℃ 冷却到 40℃。冷却水从 20℃ 升高到 30℃，两流体呈逆流流动，试求传热系数为多少？［已知甲苯的比热容为 1.8kJ/(kg·K)。］

8．用列管式冷却器将一有机液体从 140℃ 冷却至 40℃，该液体的处理量为 6t/h，比热为 2.303kJ/(kg·℃)。用一水泵抽河水作冷却剂，水的温度为 30℃，在逆流操作下冷却水的出口温度为 45℃。总传热系数为 290.75W/(m·℃)，温度差校正系数为 0.8，不计热损失。试计算：（1）冷却水的用量［水的比热为 4.187kJ/(kg·℃)］；（2）冷却器的传热面积；（3）若水泵的最大供水量为 7L/s，采用并流操作行不行？

任务4　列管式换热器的选型

 教学目标

能力目标：

能根据生产任务进行列管换热器的选型。

知识目标：

1. 了解列管式换热器的型号、标准；

2. 了解列管式换热器选型的一般步骤；

3. 理解列管式换热器选型考虑的问题；

4. 掌握列管式换热器的选型计算方法。

 相关知识

一、列管式换热器的系列标准

鉴于列管换热器应用极广，为便于制造和选用，有关部门已制定了列管换热器的系列标准。现标准为：《浮头式换热器和冷凝器型式与基本参数》、《固定管板式换热器型式与基本参数》、《立式热虹吸式重沸器型式与基本参数》、《U 形管式换热器型式与基本参数》等（JB/T 4714～4717—82）。

1. 基本参数

列管换热器的基本参数主要有：

①公称换热面积 SN；②公称直径 DN；③公称压力 PN；④换热管规格；⑤换热管长度 L；⑥管子数量 n；⑦管程数 N_p 等。

2. 型号表示方法

列管换热器的型号由五部分组成。

$$\underset{1}{\times\times\times\times\times}\underset{2}{}\underset{3}{\times}-\underset{4}{\times\times}-\underset{5}{\times\times\times}$$

1——换热器代号；

2——公称直径 DN，mm；

3——管程数 N_p，Ⅰ、Ⅱ、Ⅳ、Ⅵ；

4——公称压力 PN，MPa；

5——公称换热面积 SN，m²。

例如，公称直径为 600mm，公称压力为 1.6MPa，公称换热面积为 55m²，双管程固定管板式换热器的型号为：G600Ⅱ-1.6-55，其中 G 为固定管板式换热器的代号。

列管换热器的工艺设计包括标准设备的选型设计和非标准设备的工艺设计两类。由于有了系列标准,所以工程上一般只需选型即可,只有在实际要求与标准系列相差较大的时候,方需要自行设计。

二、列管式换热器的选型考虑的问题

1. 流动空间的选择

流动空间的选择是指在管程和壳程各走哪一种流体,此问题受多方面因素的制约,以固定管板换热器为例,确定原则如下。

① 不洁净或易结垢的流体宜走管程,因为管程清洗较方便。

② 腐蚀性流体宜走管程,以免管子和壳体同时被腐蚀,且管子便于维修和更换。

③ 压力高的流体宜走管程,以免壳体受压,以节省壳体金属消耗量。

④ 被冷却的流体宜走壳程,便于散热,增强冷却效果。

⑤ 高温加热剂与低温冷却剂宜走管程,以减少设备的热量或冷量的损失。

⑥ 有相变的流体宜走壳程,如冷凝传热过程,管壁面附着的冷凝液厚度即传热膜的厚度,让蒸汽走壳程有利于及时排除冷凝液,从而提高冷凝传热膜系数。

⑦ 有毒害的流体宜走管程,以减少泄漏量。

⑧ 黏度大的液体或流量小的流体宜走壳程,因流体在有折流挡板的壳程中流动,流速与流向不断改变,在低 Re($Re > 100$)的情况下即可达到湍流,以提高传热效果。

⑨ 若两流体温差较大时,对流传热系数较大的流体宜走壳程。因管壁温接近于 α 较大的流体,以减小管子与壳体的温差,从而减小温差应力。

在选择流动路径时,上述原则往往不能同时兼顾,应视具体情况分析。一般首先考虑操作压力、防腐及清洗等方面的要求。

2. 流速的选择

流体在管程或壳程中的流速,不仅直接影响对流传热系数,而且影响污垢热阻,从而影响传热系数的大小,特别对含有易沉积颗粒的流体,流速过低甚至可能导致管路堵塞,严重影响设备的使用。但流速增大,又将使流体阻力增大。因此选择适宜的流速是十分重要的。根据经验,表 3-15、表 3-16 列出一些工业上常用的流速范围,以供参考。

表 3-15　列管换热器内常用的流速范围

流体种类	流速/(m/s)	
	管程	壳程
一般液体	0.5～3	0.2～1.5
易结垢液体	>1	>0.5
气体	5～30	3～15

表 3-16　液体在列管换热器中的流速

液体黏度/mPa·s	>1500	1500～500	500～100	100～35	35～1	<1
最大流速/(m/s)	0.6	0.75	1.1	1.5	1.8	2.4

3. 加热剂(或冷却剂)进、出口温度的确定方法

通常,被加热(或冷却)流体进、出换热器的温度由工艺条件决定,但对加热剂(或冷却剂)而言,进、出口温度则需由设计者视具体情况而定。

为确保设计出的换热器在所有气候条件下均能满足工艺要求,加热剂的进口温度应按所

在地的冬季状况确定；冷却剂的进口温度应按所在地的夏季状况确定。若综合利用系统流体作加热剂（或冷却剂），因流量、入口温度确定，故可由热量衡算直接求其出口温度。用蒸汽作加热剂时，为加快传热，通常宜控制为恒温冷凝过程，蒸汽入口温度的确定要考虑蒸汽的来源、锅炉的压力等。在用水作冷却剂时，为便于循环操作、提高传热推动力，冷却水的进、出口温度差一般宜控制在 5～10℃ 左右。

4. 列管类型的选择

当热、冷流体的温差在 50℃ 以内时，不需要热补偿，可选用结构简单、价格低廉的固定管板式换热器。当热、冷流体的温差超过 50℃ 时，需要考虑热补偿。在温差校正系数 $\varphi_{\Delta t}$ 小于 0.8 的前提下，若管程流体较为洁净时，宜选用价格相对便宜的 U 形管式换热器，反之，应选用浮头式换热器。

5. 管子规格与管间距的选择

管子的规格包括管径和管长。列管换热器标准系列中只采用 $\phi 25\text{mm} \times 2.5\text{mm}$（或 $\phi 25\text{mm} \times 2\text{mm}$）、$\phi 19\text{mm} \times 2\text{mm}$ 两种规格的管子。对于洁净的流体，可选择小管径，对于不洁净或易结垢的流体，可选择大管径换热器。管长则以便于安装、清洗为原则。

管长的选择以清洗方便及合理用材为原则，长管不便于清洗，且易弯曲。一般标准钢管长度为 6m，则合理的管长为 1.5m、2m、3m 和 6m，其中以 3m 和 6m 更为常用。此外管长和壳径比一般应在 4～6 之间。

6. 单程与多程

在列管式换热器中存在单程与多程结构（管程与壳程）。当换热器的换热面积较大而管子又不能很长时，就得用较多的管子。为了提高流体在管内的流速，需要将管束分程。但是程数过多，会使管程流动阻力增大，动力消耗增加，平均温度差降低，设计时应权衡考虑。列管式换热器标准系列中管程数有 1、2、4、6 四种。

7. 折流板间距的确定

折流板应按等距布置，间距的确定原则主要是考虑流体流动，比较理想的是使缺口的流通截面积和通过管束的错流流动截面积大致相等。这样可以减小压降，并且避免或减小"静止"区，从而改善传热效果。板间距不得小于壳内径的 1/5，且不小于 50mm，最大间距应不大于壳体内径。间距过小，会使流动阻力增大；间距过大，传热系数会下降。标准系列中采用的间距为：固定管板式有 150mm、300mm、600mm 三种；浮头式有 150mm、200mm、300mm、480mm、600mm 五种。值得注意的是，当壳程流体有相变时，不应设置折流挡板。

8. 流体通过换热器的流动阻力（压力降）的计算

列管换热器是一局部阻力装置，流动阻力的大小将直接影响动力的消耗。当流体在换热器中的流动阻力过大时，有可能导致系统流量低于工艺规定的流量要求。对选用合理的换热器而言，管、壳程流体的压力降一般应控制在 10.13～101.3kPa。

（1）管程流动阻力的计算　流体通过管程阻力包括各程的直管阻力、回弯阻力以及换热器进、出口阻力等。通常进、出口阻力较小，可以忽略不计。因此，管程阻力可按下式进行计算，即：

$$\sum \Delta p_i = (\Delta p_1 + \Delta p_2) F_t N_s N_p \tag{3-31}$$

式中　Δp_1——因直管阻力引起的压力降，Pa；

Δp_2——因回弯阻力引起的压力降，Pa；

F_t——结垢校正系数，对 $\phi 25mm \times 2.5mm$ 管子 $F_t=1.4$，对 $\phi 19mm \times 2mm$ 的管子 $F_t=1.5$；

N_s——串联的壳程数；

N_p——每壳程的管程数。

式中的 Δp_1 可按直管阻力计算式进行计算；Δp_2 由下面经验式估算，即：

$$\Delta p_2 = 3\left(\frac{\rho u_i^2}{2}\right) \tag{3-32}$$

（2）壳程阻力的计算　壳程流体的流动状况较管程更为复杂，计算壳程阻力的公式很多，不同公式计算的结果差别较大。当壳程采用标准圆缺形折流挡板时，流体阻力主要有流体流过管束的阻力与通过折流挡板缺口的阻力。此时，壳程压力降可采用通用的埃索公式，即：

$$\sum \Delta p_o = (\Delta p_1' + \Delta p_2')F_s N_s \tag{3-33}$$

其中

$$\Delta p_1' = F f_o n_c (N_B+1)\frac{\rho u_o^2}{2} \tag{3-34}$$

$$\Delta p_2' = N_B\left(3.5 - \frac{2h}{D}\right)\frac{\rho u_o^2}{2} \tag{3-35}$$

式中　$\Delta p_1'$——流体流过管束的压力降，Pa；

$\Delta p_2'$——流体流过折流挡板缺口的压力降，Pa；

F_s——壳程结垢校正系数，对液体 $F_s=1.15$，对气体或蒸汽 $F_s=1$；

F——管子排列方式对压力降的校正系数，对正三角形排列 $F=0.5$，正方形斜转45°排列 $F=0.4$，正方形直列 $F=0.3$；

f_o——流体的摩擦系数，当 $Re_o = d_o u_o \rho/\mu > 500$ 时，$f_o = 5.0 Re_o^{-0.228}$；

N_B——折流挡板数；

h——折流挡板间距，m；

n_c——通过管束中心线上的管子数；

u_o——按壳程最大流通面积 A_o 计算的流速，m/s，$A_o = h(D - n_c d_o)$。

三、列管式换热器的选型一般步骤

① 根据换热任务，本着能量综合利用的原则选择合适的加热剂或冷却剂。

② 确定基本数据（包括两流体的流量、进出口温度、定性温度下的有关物性、操作压力等）。

③ 确定流体在换热器内的流动空间。

④ 先按逆流（即单壳程、单管程）计算平均温度差。

⑤ 根据两流体的温度差和流体类型，以及温度差校正系数不小于0.8的原则，确定换热器的结构形式（并核算实际温度差）。

⑥ 确定并计算热负荷。

⑦ 选取总传热系数，并根据传热基本方程初步算出传热面积，以此作为选择换热器型号的依据，并确定初选换热器的实际换热面积 $A_实$，以及在 $A_实$ 下所需的传热系数 $K_需$。

⑧ 压力降校核。根据初选设备的情况，计算管、壳程流体的压力差是否合理。若压力降不符合要求，则需重新选择其他型号的换热器，直至压力降满足要求。

⑨ 核算总传热系数。计算换热器管、壳程的流体的对流传热系数，确定污垢热阻，再计算总传热系数 $K_计$，由传热基本方程求出所需传热面积 $A_需$，再与换热器的实际换热面积 $A_实$ 比较，若 $A_实/A_需$ 在 1.1～1.25 之间（也可以用 $K_计/K_需$），则认为合理，否则需另选 $K_选$，重复上述计算步骤，直至符合要求。

该校核过程也可以在求出所选设备的实际传热系数 $K_计$ 后，用传热基本方程式计算出完成换热任务所需的传热系数 $K_需$，即：

$$K_需 = \frac{Q}{A_实 \, \Delta t_m}$$

 技能训练

换热器选型实例

【例 3-12】 某化工厂需要将 $50 m^3/h$ 液体苯从 80℃冷却到 35℃，拟用水作冷却剂，当地冬季水温为 5℃，夏季水温为 30℃。要求通过管程和壳程的压力降均不大于 10kPa，试选用合适型号的换热器。

解

1. 基本数据的查取

苯的定性温度 $\frac{80+35}{2} = 57.5$（℃）

冷却水进口温度取夏季水温 30℃，根据设计经验，选择冷却水温升为 8℃，则其出口温度为 38℃

水的定性温度 $\frac{30+38}{2} = 34$（℃）

查得苯在定性温度下的物性数据：$\rho = 879 kg/m^3$；$\mu = 0.41 mPa \cdot s$；$C_p = 1.84 kJ/(kg \cdot K)$；$\lambda = 0.152 W/(m \cdot K)$。

查得水在定性温度下的物性数据：$\rho = 995 kg/m^3$；$\mu = 0.743 mPa \cdot s$；$C_p = 4.174 kJ/(kg \cdot K)$；$\lambda = 0.625 W/(m \cdot K)$；$Pr = 4.98$。

2. 流径的选择

为了利用壳体散热，增强冷却效果，选择苯走壳程，水走管程。

3. 热负荷的计算

根据题意，热负荷应取苯的传热量；又换热的目的是将热流体冷却，所以确定冷却水用量时，可不考虑热损失。

$$Q_h = q_{mh} C_{ph}(t_{h1} - t_{h2})$$
$$= (50 \times 879/3600) \times 1.84 \times (80-35)$$
$$= 1.01 \times 10^3 \text{（kW）}$$

冷却水用量

$$q_{mc} = \frac{Q}{C_{pc}(t_{c2} - t_{c1})} = \frac{1.01 \times 10^3}{4.174 \times (38-30)} = 30.25 \text{（kg/s）}$$

4. 暂按单壳程、偶数管程考虑，先求逆流时的平均温度差

$$\Delta t_{m逆} = \frac{\Delta t_1 - \Delta t_2}{\ln\dfrac{\Delta t_1}{\Delta t_2}} = \frac{(80-38)-(35-30)}{\ln\dfrac{(80-38)}{(35-30)}} = 17.4(℃)$$

计算 P 和 R：

$$P = \frac{t_{c2}-t_{c1}}{t_{h1}-t_{c1}} = \frac{38-30}{80-30} = 0.16$$

$$R = \frac{t_{h1}-t_{h2}}{t_{c2}-t_{c1}} = \frac{80-35}{38-30} = 5.63$$

由 P 和 R 查图得，$\varphi_{\Delta t} = 0.82 > 0.8$，故选用单壳程、偶数管程可行。

$$\Delta t_m = \varphi_{\Delta t}\Delta t_{m逆} = 0.82 \times 17.4 = 14.3(℃)$$

5. 选 K 值，估算传热面积

参照表 3-11，取 $K = 450 \mathrm{W/(m^2 \cdot K)}$

$$A_{计} = \frac{Q}{K\Delta t_m} = \frac{1.01 \times 10^3 \times 10^3}{450 \times 14.3} = 157(\mathrm{m^2})$$

6. 初选换热器型号　由于两流体温差小于 $50℃$，可选用固定管板式换热器，由固定管板式换热器的标准系列，初选换热器型号为：G1000Ⅳ-1.6-170。主要参数如下：

外壳直径	1000mm	公称压力	1.6MPa
公称面积	170m²	实际面积	173m²
管子规格	$\phi 25\mathrm{mm} \times 2.5\mathrm{mm}$	管长	3000mm
管子数	758	管程数	4
管子排列方式	正三角形	管程流通面积	0.0595m²
管间距	32mm		

采用此换热器，则要求过程的总传热系数为：

$$K_{需} = \frac{Q}{A_{实}\Delta t_m} = \frac{1.01 \times 10^3 \times 10^3}{173 \times 14.3} = 408.3[\mathrm{W/(m^2 \cdot K)}]$$

7. 核算压降

(1) 管程压降

$$\sum \Delta p_i = (\Delta p_1 + \Delta p_2)F_t N_s N_p$$
$$F_t = 1.4 \quad N_s = 1 \quad N_p = 4$$

管程流速

$$u_i = \frac{30.25}{0.0595 \times 995} = 0.51(\mathrm{m/s})$$

$$Re_i = \frac{d_i u_i \rho}{\mu} = \frac{0.02 \times 0.51 \times 995}{0.73 \times 10^{-3}} = 1.366 \times 10^4$$

对于钢管，取管壁粗糙度 $\varepsilon = 0.1\mathrm{mm}$　$\varepsilon/d_i = 0.1/20 = 0.005$

查图得，$\lambda = 0.037$

$$\Delta p_1 = \lambda \frac{L}{d_i}\frac{\rho u^2}{2} = 0.037 \times \frac{3}{0.02} \times \frac{995 \times (0.51)^2}{2} = 718.2(\mathrm{Pa})$$

$$\Delta p_2 = 3\left(\frac{\rho u_i^2}{2}\right) = 3 \times \frac{995 \times (0.51)^2}{2} = 388.2(\mathrm{Pa})$$

$$\sum \Delta p_i = (\Delta p_1 + \Delta p_2)F_t N_s N_p = (718.2 + 388.2) \times 1.4 \times 4 = 6196(\mathrm{Pa})$$

（2）壳程压降

$$\sum \Delta p_o = (\Delta p'_1 + \Delta p'_2) F_s N_s$$
$$F_s = 1.15, N_s = 1$$

$$\Delta p'_1 = F f_o n_c (N_B + 1) \frac{\rho u_o^2}{2}$$

管子为正三角形排列 $F = 0.5$，$n_c = \dfrac{D}{t} - 1 = \dfrac{1}{0.032} - 1 = 30$

取折流挡板间距 $h = 0.2\text{m}$，$N_B = \dfrac{L}{h} - 1 = \dfrac{3}{0.2} - 1 = 14$

$$A_o = h(D - n_c d_o) = 0.2 \times (1 - 30 \times 0.025) = 0.05(\text{m}^2)$$

壳程流速 $u_o = \dfrac{50/3600}{0.05} = 0.278(\text{m/s})$

$$Re_o = \frac{d_o u_o \rho}{\mu} = \frac{0.025 \times 0.278 \times 879}{0.41 \times 10^{-3}} = 1.49 \times 10^4$$

$$f_o = 5.0 Re_o^{-0.228} = 5.0 \times (1.49 \times 10^4)^{-0.228} = 0.559$$

$$\Delta p'_1 = 0.5 \times 0.559 \times 30 \times (1 + 14) \times \frac{879 \times (0.278)^2}{2} = 4272(\text{Pa})$$

$$\Delta p'_2 = N_B \left(3.5 - \frac{2h}{D}\right) \frac{\rho u_o^2}{2}$$

$$= 14 \times \left(3.5 - \frac{2 \times 0.2}{1}\right) \times \frac{879 \times (0.278)^2}{2} = 1474(\text{Pa})$$

$$\sum \Delta p_o = (4272 + 1474) \times 1.15 \times 1 = 6608(\text{Pa}) < 10\text{kPa}$$

压力降满足要求。

8. 核算传热系数

（1）管程对流传热系数

$$\alpha_i = 0.023 \frac{\lambda}{d_i} Re^{0.8} Pr^{0.4} = 0.023 \times \frac{0.625}{0.02} \times (1.366 \times 10^4)^{0.8} \times (4.98)^{0.4}$$

$$= 2778.6 \ [\text{W/(m}^2 \cdot \text{K)}]$$

（2）壳程对流传热系数

查阅相关资料，采用凯恩法计算

$$\alpha_o = 0.36 \frac{\lambda}{d_o} \left(\frac{d_e u \rho}{\mu}\right)^{0.55} Pr^{1/3} \varphi_w$$

由于换热管采用正三角形排列

$$d_e = \frac{4\left(\dfrac{\sqrt{3}}{2} t^2 - \dfrac{\pi}{4} d_o^2\right)}{\pi d_o} = \frac{4\left(\dfrac{\sqrt{3}}{2} \times 0.032^2 - \dfrac{\pi}{4} \times 0.025^2\right)}{\pi \times 0.025} = 0.02(\text{m})$$

$$\frac{d_e u \rho}{\mu} = \frac{0.02 \times 0.278 \times 879}{0.41 \times 10^{-3}} = 1.192 \times 10^4$$

$$Pr = \frac{C_p \mu}{\lambda} = \frac{1.84 \times 10^3 \times 0.41 \times 10^{-3}}{0.152} = 4.963$$

壳程苯被冷却，$\varphi_w = 0.95$

$$\alpha_o = 0.36 \times \frac{0.152}{0.02} \times (1.192 \times 10^4)^{0.55} \times (4.963)^{1/3} \times 0.95$$
$$= 773.9\ [W/(m^2 \cdot K)]$$

（3）污垢热阻

管内外污垢热阻分别取为

$$R_{si} = 2.1 \times 10^{-4}\ m^2 \cdot K/W,\ R_{so} = 1.72 \times 10^{-4}\ m^2 \cdot K/W$$

（4）总传热系数

忽略管壁热阻，则：

$$K_{计} = \frac{1}{\frac{A_o}{\alpha_i A_i} + R_{si}\frac{A_o}{A_i} + R_{so} + \frac{1}{\alpha_o}}$$

$$= \frac{1}{\frac{0.025}{2278.6 \times 0.02} + 2.1 \times 10^{-4}\frac{0.025}{0.02} + 1.72 \times 10^{-4} + \frac{1}{773.9}} = 439.5[W/(m^2 \cdot K)]$$

$\frac{K_{计}}{K_{需}} = \frac{439.5}{408.3} = 1.1$，因此所选换热器是合适的。

 **知识拓展**

换热技术的发展

石油、化工、农药、冶金等过程工业的发展，对广泛应用的传热装置的结构形式、传热效果、成本费用、使用维护等方面提出了越来越高的要求，换热器技术也不断发展。其主要成果表现为三个方面：一是逐步形成典型换热器的标准化生产，降低了生产成本，适应了大批量、专业化生产需要，方便了使用和日常维护检修；二是创新传热理论，奠定传热技术发展的基础；三是换热器的结构改进与更新，提高了传热效果。

1. 传热理论创新

① 对冷凝传热过程，研究人员提出了在垂直管内部冷凝时所形成的冷凝液膜，从层状直到受重力或蒸汽剪力而引起的湍动，可分为重力控制的层状膜、重力诱导的湍动膜和蒸汽剪切控制的湍动膜等，并提出了有关热量传递公式。

② 人们进行了管束中的沸腾试验（过去只在单管或圆盘上做试验），指出了沸腾传热的一些基本性能。特别是对釜式再沸器，认为池沸腾（即当加热表面浸入液体的自由表面以下时的沸腾过程）有可以控制的热传递机理。电磁场对电导流体热传递的影响、蒸发冷却、低密度气体与固体表面间的热传递和融磨冷却等方面也都取得了新的进展。

2. 设备结构的改进

① 新型高效换热器的应用。在管壳式换热器的基础上发展起来的板式换热器、螺旋板换热器、板翅式换热器、平板式换热器、热管式换热器、非金属材料制造的石墨换热器、聚四氟乙烯换热器等新型换热器越来越多地被投入使用，适应了不同工艺的要求，增强了传热效果。

② 改进传热元件结构，提高传热效率。人们在光管基础上进行形状改造，研制了螺旋槽管、横纹管，内翅片管、外翅片管等多种结构的传热管，增强了流体湍动程度，增大了给热系数，增强了传热效果。

③ 管板结构形式多样化。传统的管板为圆形平板，厚度较大。近年来已使用的椭圆形

管板是以椭圆形封头作管板，且常与壳体采用焊接连接，使得管板的受力情况大为改善，因而其厚度比圆平板小许多。与此同时，各种结构的薄管板也越来越多地投入使用。薄管板不仅节约了金属材料的消耗，而且减少了温差应力，改善了受力状况。

 学习评价

列管式换热器的选型		
工作任务	考核内容	考核要点
列管换热器的选型	基础知识	传热基本方程； 列管式换热器的型号、标准； 列管式换热器选型的一般步骤； 列管式换热器选型考虑的问题
	能力训练	根据给定换热任务完成换热器的选型

 自测练习

换热器选型设计：（1）进行传热计算和压降计算；（2）确定换热器的最佳型号及台数。

1. 设计所需基础数据：

换热介质	原油	柴油
流量[kg/h]	72000	44000
入口温度[℃]	100	220
出口温度[℃]		110

2. 定性温度下有关物性参数：

密度[kg/m³]	800	710
比热[J/(kg·K)]	2200	2500
黏度[Pa·s]	4.5×10^{-3}	1.1×10^{-3}
热导率[W/(m·K)]	0.130	0.132
允许压降[kPa]	150	100
垢阻[m²·K/W]	0.0006	0.0004

任务5　换热器的操作及故障处理

 教学目标

能力目标：

能进行换热器的操作，能判断并处理简单的换热器故障。

知识目标：

1. 掌握换热器的正确使用、操作注意事项、日常维护及事故处理的内容；

2. 了解换热器的清洗方法；

3．了解换热器的控制方法。

 **相关知识**

一、换热器的操作

1．换热器的正确使用

① 检查装置上的仪表、阀门等是否齐全好用。

② 打开冷凝水阀，排除积水和污垢；打开放空阀，排除空气和不凝性气体，放净后逐一关闭。

③ 打开冷流体进口阀并通入流体，而后打开热流体入口阀，缓慢或逐次地通入。做到先预热后加热，切忌骤冷骤热，以免换热器损坏，影响其使用寿命。

④ 通入的冷热流体应干净，流体如果含有大颗粒固体杂质和纤维质，一定要提前过滤和清除（特别是对板式换热器），防止堵塞通道及结垢。

⑤ 调节冷、热流体的流量，达到工艺要求所需的温度。

⑥ 经常检查冷热流体的进出口温度和压力变化情况，如有异常现象，应立即查明原因，消除故障。

⑦ 在操作过程中，换热器的一侧若为蒸汽的冷凝过程，则应及时排放冷凝液和不凝气体，以免影响传热效果。

⑧ 定时分析冷热流体的变化情况，以确定有无泄漏。如泄漏应及时修理。

⑨ 定期检查换热器及管子与管板的连接处是否有损，外壳有无变形以及换热器有无振动现象，若有应及时排除。

⑩ 停车时，先停热流体，后停冷流体，并将壳程及管程内的液体排净，以防换热器冻裂和锈蚀。

2．操作注意事项

化工生产中采用不同的加热和冷却方法时，换热器具体的操作要点也有所不同。

① 采用蒸汽加热必须不断排除冷凝水，否则积于换热器中，部分或全部变为无相变传热，传热速率下降；同时还必须及时排放不凝性气体，因为不凝性气体的存在会使蒸汽冷凝的给热系数大大降低。

② 采用热水加热，一般温度不高，加热速率慢，操作稳定，只要定期排放不凝性气体，就能保证正常操作。

③ 采用烟道气加热一般用于生产蒸汽或加热、汽化液体，烟道气的温度较高，且温度不易调节，在操作过程中，必须时时注意被加热物料的液位、流量和蒸汽产量，还必须做到定期排污。

④ 采用导热油加热的特点是温度高（可达 400℃）、黏度较大、热稳定性差、易燃、温度调节困难，操作时必须严格控制进出口温度，定期检查进出管口及介质流道是否结垢，做到定期排污，定期放空、过滤或更换导热油。

⑤ 采用水和空气冷却操作时注意根据季节变化调节水和空气的用量，用水冷却时还要注意定期清洗。

⑥ 采用冷冻盐水冷却，特点是温度低、腐蚀性较大，在操作时应严格控制进出口温度，

防止结晶堵塞介质通道，要定期放空和排污。

3. 换热器的日常维护

（1）列管式换热器的维护

① 保持设备外部整洁、保温层和油漆完好。

② 保持压力表、温度计、安全阀和液位计等仪表和附件齐全、灵敏和准确。

③ 发现阀门和法兰连接处渗漏时，应及时处理。

④ 开停换热器时，不要将阀门开得太猛，否则容易造成管子和壳体受到冲击，以及局部骤然胀缩，产生热应力，使局部焊缝开裂或管子连接口松弛。

⑤ 尽可能减少换热器的开停次数，停止使用时，应将换热器内的液体清洗放净，防止冻裂和腐蚀。

⑥ 定期测量换热器的壳体厚度，一般两年一次。

（2）板式换热器的维护

① 保持设备整洁、油漆完好，紧固螺栓的螺纹部分应涂防锈油并加外罩，防止生锈和黏结灰尘。

② 保持压力表、温度计灵敏、准确，阀门和法兰无渗漏。

③ 定期清理和切换过滤器，预防换热器堵塞。如果发现介质出入口短管及通道有杂物堆积，则说明过滤器失效，应及时清洗。

④ 更换新密封垫片时，要仔细检查新密封垫片的四个角孔位置，必须与旧密封垫片相同。

⑤ 板式换热器拆卸前，应测量板束的压紧长度尺寸，做好记录（重装时应按此尺寸），拆卸时不可损坏换热器板片和密封垫片。重装组件前，必须将合格的换热板片、密封垫片、封头、夹紧螺栓及螺母等零件擦洗干净。

⑥ 组装板式换热器时，夹紧螺栓应均匀、对称、交叉拧紧，松紧适宜。

二、换热器的清洗

换热器经过一段时间的运行，传热面上会产生污垢，使传热系数大大降低而影响传热效率，因此必须定期对换热器进行清洗，由于清洗的困难程度随着垢层厚度的增加而迅速增大，所以清洗间隔时间不宜过长。

常用的清洗（扫）方法有风扫、水洗、汽扫、化学洗清和机械清洗等。对清洗方法的选定应根据换热器的形式、污垢的类型等情况而定。

对一般轻微堵塞和结垢，可用风吹和简单工具（如用 $\phi 8 \sim 12 mm$ 螺纹钢筋）穿通即可达到较好的效果。

（1）化学清洗（酸洗法） 一般化学清洗适用于结构较复杂的情况，如列管换热器管间、U 形管内的清洗，利用清洗剂与垢层起化学反应的方法来除去积垢。常用盐酸作为清洗剂，由于酸对钢材基体会产生腐蚀，所以酸洗溶液中须加入一定数量的缓蚀剂，以抑制酸对金属的腐蚀作用。酸洗法又分浸泡法和循环法两种。浸泡法是将浓度 15% 左右的酸液缓慢灌满容器，经过一段时间（一般为 20h 以上）将酸液连同被清除掉的积垢一起倒出。这种方法简单，酸液耗量少，但效果差，需用的时间也较长。

循环法是利用酸泵使酸液强制通过换热器，并不断进行循环。一般需要 10～12h。循环时要经常测定酸的浓度，若浓度下降很快，说明结垢严重，应补充新酸保持浓度，如果经循环后酸液浓度下降很慢，还回的酸液中已不见或很少有悬浮状物时，一般认为清洗合格，然后再用清水冲洗至水呈中性为止。这种方法使酸液不断更新，加速了反应的进行，清洗效果好，但需要酸泵、酸槽及其他配套设施，成本较高。

近年来随着化学工业的发展和技术水平的提高，人们试验配制出了针对不同垢层和污物的各种新型清洗剂，有的达到了相当高的水平，为换热器的化学清洗提供了更为广阔的前景。

（2）机械清洗　机械清洗常用于坚硬的垢层、结焦或其他沉积物，但只能清洗工具能够到达之处，如列管换热器的管内，喷淋式蛇管换热器的外壁、板式换热器，常用的清洗工具有刮刀、竹板、钢丝刷、尼龙刷等。

对列管换热器管内的清洗，通常用钢丝刷除去坚硬的垢层、结焦或其他沉积物。具体做法是用一根圆棒或圆管，一端焊上与列管内径相同的圆形钢丝刷，清洗时，一边旋转一边推进，通常，用圆管比用圆棒要好，因为圆管向前推进时，清洗下来的污垢可以从圆管中退出。注意，对不锈钢管不能用钢丝刷而要用尼龙刷，对板式换热器也只能用竹板或尼龙刷，切忌用刮刀和钢丝刷。

（3）高压水清洗　采用高压泵喷出高压水进行清洗，既能清洗机械清洗不能到达的地方，又避免了化学清洗带来的腐蚀，多用于结焦严重的列管换热器的管间的清洗，如催化油浆换热器。先人工用条状薄铁板插入管间上下移动，使管子间有可进水的间隙，然后用高压泵（输出压力 10～20MPa）向管束侧面喷射高压水流，即可清除管子外壁的积垢。当管间堵塞严重、结垢又较硬时，可在水中渗入细石英砂，以提高喷洗效果。该法也可用于清洗板式换热器。冲洗板式换热器中的板片时，注意将板片垫平，以防变形。

（4）海绵球清洗法　这种方法是将较松软并富有弹性的海绵球塞入管内，使海绵球受到压缩而与管内壁接触，然后用人工或机械法使海绵球沿管壁移动，不断摩擦管壁，达到消除积垢的目的。对不同的垢层可选不同硬度的海绵球，对特殊的硬垢可采用带有"带状"金刚砂的海绵球。据资料介绍，我国采用这种方法清洗冷凝器取得了较好的效果。

三、换热器的常见故障及处理

1. 列管式换热器

列管式换热器的常见故障及处理方法见表 3-17。

表 3-17　列管式换热器的常见故障及处理方法

故障	原因	处理方法
传热效率下降	①列管结垢或堵塞 ②管道或阀门堵塞 ③不凝气或冷凝液增多	①清理列管或除垢 ②清理疏通 ③排放不凝气或冷凝液
列管和胀口渗漏	①列管腐蚀或胀接质量差 ②壳体与管束温差太大 ③列管被折流板磨破	①更换新管或补胀 ②补胀 ③换管
振动	①管路振动 ②壳程流体流速太快 ③机座刚度较小	①加固管路 ②调节流体流量 ③加固
管板与壳体连接处有裂纹	①腐蚀严重 ②焊接质量不好 ③外壳歪斜,连接管线拉力或推力过大	①鉴定后修补 ②清理补焊 ③找正

（1）管子的振动与防振措施 管壳式换热器中管子产生振动是一种常见故障。引起振动的原因有：管束与泵、压缩机产生的共振；由于流速、管壁厚度、折流板间距、管束排列等综合因素的影响而引起的振动；流体横向穿过管束时产生的冲击等。如振动现象严重，可能产生的结果有：相邻管子或管子与壳体间发生碰撞；管子和壳壁受到磨损而开裂；管子撞击折流板而被切断；管端与管板连接处松动而发生泄漏；管子发生疲劳破坏；增大壳程流体的流动阻力等。

当换热管发生振动时，应针对振动产生的不同原因采取不同的对策。常用的方法有：在流体入口处前设置缓冲措施防止脉冲；折流板上的孔径与管子外径间隙尽量地小；减小折流板间隔，使管子振幅变小；加大管壁厚度和折流板厚度，增加管子刚性等。

（2）管子的泄漏 列管式换热器使用时最容易发生故障的是管子，列管换热器的故障50％以上是由于管子引起的。管子发生泄漏的事故较多，主要原因有介质的冲刷引起的磨损，导致管壁破裂；介质或积垢腐蚀穿孔；管子振动引起管子与管板连接处泄漏。当发现管子有泄漏现象时，采取的措施视泄漏管数的多少而定。如果管束中仅有一根或数根管子泄漏，可采用堵塞的方法进行修理。即用做成锥形的金属材料塞在管子两端打紧焊牢，将损坏的管子堵死不用。金属材料的硬度应低于管子材料的硬度。金属锥塞的锥度一般为3°～5°之间。采用堵管的方法解决管子泄漏现象简单易行，但堵管总数不得超过10％，否则将对传热效果产生较大影响。当发生泄漏的管子较多时，应采用更换管子的方法进行修理。更换管子时，首先拆除已损坏的管子，对胀接管，须先钻孔，除掉胀管头，拔出坏管；对焊接管，须用专用工具将焊缝进行清除，拔出坏管。拆除管子时，应注意不要损坏管板的孔口，以便更新管子时，使管子与管板有较严密的连接。然后采用胀接或焊接的方法将新管连接在管板上。

管子胀口或焊口处发生渗漏时，有时不需换管，只需进行补胀或补焊，补胀时，应考虑到胀管应力对周围管子的影响，所以对周围管子也要轻轻胀一下；补焊时，一般须先清除焊缝再重新焊接，应急时，也可直接对渗漏处进行补焊，但只适用于低压设备。

（3）管壁积垢 由于换热器操作中所处理的流体，有的是悬浮液，有的夹带有固体颗粒，有的黏结物含量高，有的含有泥沙、藻类等杂质。随着使用时间的延长，在换热管的内外表面上会产生积垢。积垢引起的故障有：总传热系数下降，传热效率降低；使换热管的管径，因积垢而减小，使得流体通过管内的流速增加，造成压力损失增大；积垢导致管壁腐蚀，腐蚀严重时，造成管壁穿孔，两种流体混合而破坏正常操作。

对积垢采取的措施有：加强巡回检查，了解积垢的程度；对某些可净化的流体，在进入换热器前进行净化（如水处理）；对于易结垢的流体，应采用容易检查、拆卸和清洗的结构；定期进行污垢的清除等。

2. 板式换热器

板式换热器的常见故障及排除方法见表3-18。

表 3-18 板式换热器的常见故障及排除方法

故障	产生原因	排除方法
传热效率下降	①板片结垢严重 ②过滤器或管道堵塞	①解体清理 ②清理疏通
内部介质渗漏	①板片有裂缝 ②进出口垫片不严密 ③侧面压板腐蚀	①检查更换 ②检查修理 ③补焊、加工

续表

故障	产生原因	排除方法
密封处渗漏	①垫片未放正或扭曲 ②螺栓紧固力不均匀或紧固不够 ③垫片老化或有损伤	①重新组装 ②调整螺栓紧固度 ③更新垫片

 技能训练

传热仿真操作

1. 训练要求

① 掌握换热器的开、停车操作方法。

② 了解控制系统的构成，正确进行流量、压力、温度等参数调节。

③ 掌握换热器的事故处理方法。

2. 工艺流程

工艺流程如图 3-40、图 3-41 所示。冷物流（92℃）经阀 VB01 进入本单元，由泵 P101A/B，经调节器 FIC101 控制流量送入换热器 E101 壳程，加热到 145℃（20％被汽化）后，经阀 VD04 出系统。热物流（225℃）由阀 VB11 进入系统，经泵 P102A/B，由温度调节器 TIC101 分程控制主线调节阀 TV101A 和副线调节阀 TV101B（两调节阀的分程动作如图 3-42 所示）使冷物料出口温度稳定；过主线阀 TV101A 的热物流经换热器 E101 管程后，与副线阀 TV101B 来的热物流混合，混合温度为（177±2）℃，由阀 VD07 出本单元。

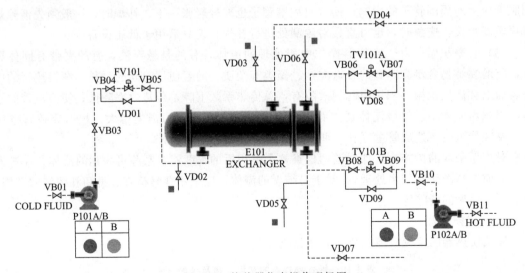

图 3-40 换热器仿真操作现场图

本单元选用的是双程列管式换热器，冷物流被加热后有相变化。在对流传热中，如果间壁上有气膜或垢层，都会降低传热系数，减少传热量。所以，开车时要排不凝气；发生管堵或严重结垢时，必须停车检修或清洗。考虑到金属的热胀冷缩特性，尽量减小温差应力和局部过热等问题，开车时应先进冷物料后进热物料；停车时则先停热物料后停冷物料。

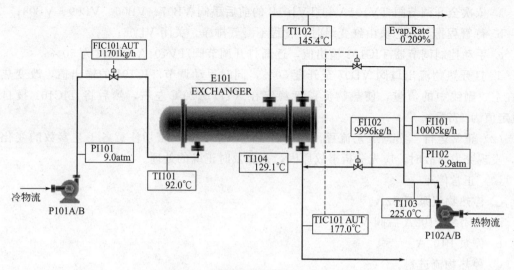

图 3-41　换热器仿真操作 DCS 流程图

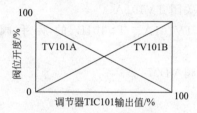

图 3-42　调节阀 TV101 分程动作示意图

3. 操作步骤

（1）冷态开车

① 启动冷物流进料泵 P101A

a. 确定所有手动阀已关闭，将所有调节器置于手动状态且输出值为 0；

b. 开换热器 E101 壳程排气阀 VD03（开度约 50%）；

c. 全开泵 P101A 前阀 VB01；

d. 启动泵 P101A；

e. 当泵 P101A 出口压力达到 9.0atm（表压）时，全开 P101A 后手阀 VB03。

② 冷物流进料

a. 顺序全开调节阀 FV101 前后手阀 VB04 和 VB05；再逐渐手动打开调节阀 FV101；

b. 待壳程排气标志块由红变绿时，说明壳程不凝气体排净，关闭 VD03；

c. 开冷物流出口阀 VD04，开度为 50%；同时，手动调节 FV101，使 FIC101 指示值稳定到 12000kg/h，FV101 投自动（设定值为 12000kg/h）。

③ 启动热物流泵 P102A

a. 开管程排气阀 VD06（开度约 50%）；

b. 全开泵 P102A 前阀 VB11；

c. 启动泵 P102A；

d. 待泵 P102A 出口压力达到正常值 10.0atm（表压），全开泵 P102A 后手阀 VB10。

④ 热物流进料

a. 依次全开调节阀 TV101A 和 TV101B 的前后手阀 VB07、VB06、VB09、VB08；

b. 待管程排气标志块由红变绿时，管程不凝气排净，关闭 VD06；

c. 手动控制调节器 TIC101 输出值，逐渐打开调节阀 TV101A 至开度为 50%；

d. 打开热物流出口阀 VD07 至开度 50%，同时手动调节 TIC101 的输出值，改变热物流在主、副线中的流量，使热物流温度稳定在（177±2）℃左右，然后将 TIC101 投自动（设定值为 177℃）。

（2）正常运行　熟悉工艺流程，维持各工艺参数稳定；密切注意各工艺参数的变化情况，发现突发事故时，应先分析事故原因，并做及时正确的处理。

（3）正常停车

① 停热物流泵 P102A。

a. 关闭泵 P102A 后阀 VB10；

b. 停泵 P102A。

② 停热物流进料。

a. 当泵 P102A 出口压力 PI102 降为 0.1atm 时，关闭泵 P102A 前阀 VB11；

b. 将 TIC101 置手动，并关闭 TV101A；

c. 依次关闭调节阀 TV101A、TV101B 的后手阀和前手阀 VB06、VB07、VB08、VB09；

d. 关闭 E101 热物流出口阀 VD07。

③ 停冷物流泵 P101A。

a. 关闭泵 P101A 后阀 VB03；

b. 停泵 P101A。

④ 停冷物流进料。

a. 当泵 P101A 出口压力 PI101 指示＜0.1atm 时，关闭泵 P101A 前阀 VB01；

b. 将调节器 FIC101 投手动；

c. 依次关闭调节阀 FV101 后手阀和前手阀 VB05、VB04；

d. 关闭 E101 冷物流出口阀 VD04。

⑤ 换热器 E101 管程排凝。全开管程排气阀 VD06、管程泄液阀 VD05，放净管程中的液体（管程泄液标志块由绿变红）后，关闭 VD05 和 VD06。

⑥ 换热器 E101 壳程排凝。全开壳程排气阀 VD03、壳程泄液阀 VD02，放净壳程中的液体（壳程泄液标志块由绿变红）后，关闭 VD02 和 VD03。

4. 事故处理

常见事故处理方法见表 3-19。

表 3-19　常见故障处理方法

故障	主要现象	处理方法
FV101 阀卡	FIC101 流量无法控制	打开调节阀 FV101 的旁通阀 VD01，并关闭其前后手阀 VB04 和 VB05；调节 VD01 开度，使 FIC101 指示值稳定为 12000kg/h。通知维修部门
泵 P101A 坏	①泵 P101A 出口压力骤降 ②FIC101 流量指示值急减 ③E101 冷物流出口温度升高 ④汽化率增大	切换为泵 P101B（关闭泵 P101A，启动泵 P101B），通知维修部门

续表

故障	主要现象	处理方法
泵 P102A 坏	①泵 P102A 出口压力骤降 ②冷物流出口温度下降 ③汽化率降低	切换为泵 P102B(关闭泵 P102A,启动泵 P102B),通知维修部门
TV101A 阀卡	E101 出口热物流温度和冷物流温度波动时,FI101 流量无法调节	打开 TV101A 的旁通阀 VD08,关闭 TV101A 前后手阀,调节 VD08 开度,使冷热物流出口温度和热物流流量稳定到正常值。通知维修部门
换热器 E101 部分管堵	①热物流流量减小 ②泵 P102 出口压力略升 ③冷物流出口温度降低 ④汽化率下降	通知调度后,按正常停车操作停车后拆洗换热器(注意因设计常有一定裕度,在情况不很严重时,可以手控加大主线流量作临时处理)
换热器 E101 壳程结垢严重	①热物流出口温度升高 ②冷物流出口温度降低	通知调度室,停车拆洗换热器

 知识拓展

换热器控制

1. 无相变换热器的控制

用改变流量的方法进行温度控制,如图 3-43 所示。对于其温度需严格加以控制的流体,可以把它的一部分从换热器旁通过去,如图 3-44 所示。

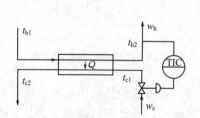

图 3-43 冷热流体在逆流下传热

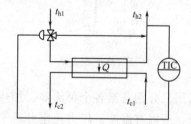

图 3-44 换热器的旁路控制

2. 一侧有相变换热器的控制

一侧有相变的热交换器有三类:一类是利用热载体冷却时释放的汽化潜热,来加热工艺介质;另一类是利用液化的气体汽化时吸收热量,使工艺介质获得低温;第三类是使用工艺流体或专用热载体加热的再沸器。

(1)以热载体冷凝的热交换器的调节方案 多数情况下,调节热载体的流量(常用的热载体是蒸汽),维持被加热介质温度恒定。一种方法是将调节阀装在蒸汽管道上,如图 3-45 所示,这是调节换热器的传热温差。另一种方法如图 3-46 所示,这是改变热交换器传热面积的一种调节方法。

(2)以冷剂汽化的冷却器的温度调节 这种冷却器的温度调节也有两种方案,即控制汽化温度,亦即控制冷却器的传热温差方法,及控制冷却器的传热面积的方法。图 3-47 所示为改变传热面积的一种方案。图 3-48 所示为改变传热温差的一种方案。

(3)使用工艺流体或专用热载体的再沸器的调节 在炼油和化工生产中,有时采用高温的工艺流体作再沸器的热载体,有时设置专用的热载体系统,用加热炉将流体升温至需要的

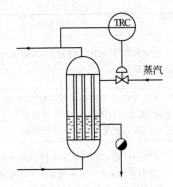

图 3-45　调节传热温差的方案

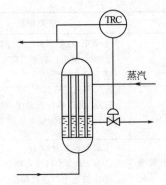

图 3-46　改变传热面积的控制方案

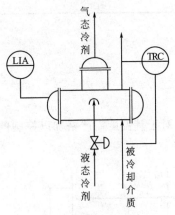

图 3-47　调节传热面积方案

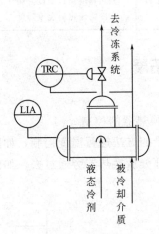

图 3-48　改变传热温差的方案

温度，然后用泵分别送至各个再沸器、加热器使用。采用这种热载体系统，由于有温度及压力调节系统，所以有温度、压力稳定并易于控制等优点。最常用的调节方案是在热载体管线上安装调节阀或三通调节阀。

3. 两侧有相变换热器的控制

两侧有相变的热交换器有再沸器及用蒸汽加热的蒸发器等。与前面讨论过的一侧有相变热交换器的调节相类似，其调节方法是改变加热蒸汽的冷却温度，即改变传热温差的方法（调节阀装在蒸气管线上）及改变传热面积方法（调节阀装在冷凝水管道上）。这种方法的控制流程图见图 3-49 和图 3-50。

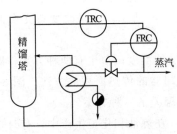

图 3-49　调节阀装在蒸汽管线上

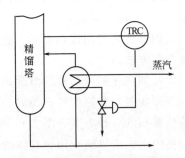

图 3-50　调节阀装在冷凝水管线上

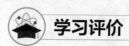 学习评价

<table>
<tr><td colspan="3">换热器的操作及故障处理</td></tr>
<tr><td>工作任务</td><td>考核内容</td><td>考核要点</td></tr>
<tr><td rowspan="2">换热器的操作</td><td>基础知识</td><td>换热器的开停车操作、注意事项及日常维护；
换热器的清洗方法；
换热器的常见故障及事故处理</td></tr>
<tr><td>仿真操作</td><td>开停车操作、事故处理</td></tr>
</table>

 自测练习

一、选择题

1. 列管式换热器在停车时，应先停（　　），后停（　　）。

A. 热流体、冷流体　　　B. 冷流体、热流体　　　C. 无法确定　　　　　D. 同时停止

2. 在列管式换热器操作中，不需停车的事故有（　　）。

A. 换热器部分管堵

B. 自控系统失灵

C. 换热器结垢严重

D. 换热器列管穿孔

3. 在换热器的操作中，不需做的是（　　）。

A. 投产时，先预热，后加热

B. 定期更换两流体的流动途径

C. 定期分析流体的成分，以确定有无内漏

D. 定期排放不凝性气体，定期清洗

4. 管壳式换热器启动时，首先通入的流体是（　　）。

A. 热流体

B. 冷流体

C. 最接近环境温度的流体

D. 任意

5. 换热器中冷物料出口温度升高，可能引起的原因有多个，除了（　　）。

A. 冷物料流量下降

B. 热物料流量下降

C. 热物料进口温度升高

D. 冷物料进口温度升高

6. 为了在某固定空间造成充分的自然对流，有下面两种说法：①加热器置于该空间的上部；②冷凝器置于该空间的下部。正确的结论应该是（　　）。

A. 这两种说法都对

B. 这两种说法都不对

C. 第一种说法对，第二种说法不对

D. 第一种说法不对，第二种说法对

7. 对于间壁式换热器，流体的流动速度增加，其热交换能力将（　　）。

A. 减小　　　　　B. 不变　　　　　C. 增加　　　　　D. 不能确定

8. 会引起列管式换热器冷物料出口温度下降的事故有（　　）。

A. 正常操作时，冷物料进口管堵

B. 热物料流量太大

C. 冷物料泵坏

D. 热物料泵坏

9. 列管换热器在使用过程中出现传热效率下降，其产生的原因及其处理方法是（　　）。

A. 管路或阀门堵塞，壳体内不凝气或冷凝液增多，应该及时检查清理，排放不凝气或冷凝液

B. 管路震动，加固管路

C. 外壳歪斜，联络管线拉力或推力甚大，重新调整找正

D. 全部正确

10. 换热器长时间使用须进行定期检查，检查内容不正确的是（　　）。

A. 外部连接是否完好　　　　　　　　B. 是否存在内漏

C. 对腐蚀性强的流体，要检测壁厚　　D. 检查传热面粗糙度

二、判断题

（　　）1. 换热器开车时，是先进冷物料，后进热物料，以防换热器突然受热而变形。

（　　）2. 换热器正常操作之后才能打开放空阀。

（　　）3. 换热器冷凝操作应定期排放蒸汽侧的不凝气体。

（　　）4. 换热器部分管堵，应停车拆换热器清洗。

项目 4
非均相物系分离技术

化工生产中的物料大多为混合物，为了进行加工、得到纯度较高的产品以及环保的需要等，常常要对混合物进行分离。一般来说，混合物可分两大类，见表 4-1。

表 4-1 混合物的分类

分类		特点	举例
均相混合物	气相均相物系	物系内部各处物料性质均匀而不存在相界面	混合气体(如空气等)
	液相均相物系		溶液(如乙醇-水溶液、食盐水溶液等)
非均相混合物	气态非均相物系	物系内部存在相界面,且界面两侧的物料性质截然不同	如含尘气体(气-固相),含雾气体(气-液相)等
	液态非均相物系		如乳浊液(液-液相)、悬浮液(液-固相)、泡沫液(气-液相)等

在非均相物系中，处于分散状态的物质，如雾中的小水滴、烟尘中的尘粒、悬浮液中的固体颗粒、乳浊液中分散成小液滴的那个液相等，称为分散物质或分散相；包围分散物质而处于连续状态的流体称为分散介质或连续相，如雾和烟尘中的气相、悬浮液中的液相、乳浊液中处于连续状态的那个液相。

非均相物系分离讨论的是如何将非均相物系中的分散相和连续相分离开。非均相物系的分离在化工生产中的应用见表 4-2。

表 4-2 非均相物系分离在化工生产中的应用

应用	工业生产案例
满足对连续相或分散相进一步加工的需要	从结晶器中将固体颗粒与母液分离,将乳浊液中的两相分离后分别进行加工处理
回收有价值的物质	从气流干燥器出口的气-固混合物中,分离出干燥的成品
除去对下一工序有害的物质	气体在进压缩机前,必须除去其中的液滴或固体颗粒,在离开压缩机后也要除去油沫或水沫
环境保护	使用旋风分离器除去烟道气中的粉尘,使其达到规定的排放标准

由于非均相物系中分散相和连续相具有不同的物理性质，故工业生产中设法使分散相和连续相之间发生相对运动，达到分离的目的。常见分离方法见表 4-3。

表 4-3　非均相物系的分离方法

分离方法		原理及分类
机械分离	沉降分离法	利用连续相与分散相的密度差异,在外力作用下,使颗粒和流体发生相对运动而得以分离。根据外力的不同,可分为重力沉降和离心沉降
	过滤分离法	利用两相对多孔介质穿透性的差异,在某种推动力的作用下,使非均相物系得以分离。根据推动力的不同,可分为重力过滤、加压(或真空)过滤和离心过滤
静电分离法		利用两相带电性的差异,借助于电场的作用,使两相得以分离。属于此类的操作有电除尘、电除雾等
湿洗分离法		使气固混合物穿过液体,固体颗粒黏附于液体而被分离出来

　　工业生产中对于气态非均相物系的分离,主要采用重力沉降和离心沉降的方法,在某些场合,还可采用袋滤器、静电除尘器或湿法除尘设备等。对于液态非均相物系,根据工艺过程要求可采用不同的分离操作,若仅要求悬浮液达到一定程度的增浓,可采用重力沉降和离心沉降操作;若要使固液彻底地分离,则可采用过滤操作。本篇重点介绍沉降和过滤操作。

任务 1　重力沉降操作

教学目标

能力目标:
能进行降尘室的计算。

知识目标:
1. 了解常见重力沉降设备的结构、特点与应用;
2. 掌握重力沉降的基本概念及影响沉降的主要因素;
3. 掌握重力沉降速度基本概念及计算。

相关知识

　　重力沉降是在重力作用下,利用连续相和分散相的密度差异,使之发生相对运动而分离的操作。

一、重力沉降速度

　　1. 球形颗粒的自由沉降

　　单个颗粒或经过充分分散的颗粒群在沉降过程中颗粒之间不相互碰撞或接触,称为自由沉降。自由沉降时流体中颗粒的浓度很低,颗粒之间距离足够大,并且容器壁面的影响可以忽略。

　　将表面光滑的刚性球形颗粒置于静止的流体中,如果颗粒的密度大于流体的密度,则颗粒将在流体中作自由降落,此时,颗粒受到三个力的作用:重力、浮力与阻力,如图 4-1 所示。重力向下,浮力向上,阻力是流体介质妨碍颗粒运动的力,其作用方向与颗粒运动方向相反,因而是向上作用的。对于一定的颗粒与一定的流体,重力和浮力都是恒定的,而阻力却随颗粒的降落速度而变。

图 4-1　沉降颗粒的受力情况

　　颗粒开始沉降的瞬间，其初速度为零，则阻力也为零，因此加速度为最大值。当颗粒开始沉降后，阻力随沉降速度的增加而相应加大，加速度则相应减小。当沉降速度达到某一值时，阻力、浮力、重力三力平衡，颗粒所受合力为零。此时，颗粒开始做匀速沉降运动。

　　由以上分析可知，颗粒在静止流体中的沉降过程可分为两个阶段，第一阶段为加速运动，第二阶段为匀速运动。由于颗粒沉降时加速运动阶段时间很短，在整个沉降过程中往往可以忽略，整个沉降过程可视为匀速运动过程。匀速阶段中颗粒相对于流体的运动速度 u_t 称为重力沉降速度。

　　令颗粒的密度为 ρ_s，直径为 d，流体的密度为 ρ，根据颗粒在匀速运动过程中的受力分析可得出沉降速度的一般表达式：

$$u_t = \left[\frac{4dg(\rho_s - \rho)}{3\rho\zeta}\right]^{1/2} \tag{4-1}$$

式中　ζ——阻力系数，无因次；

　　　u_t——颗粒的重力沉降速度，m/s。

　　阻力系数不仅与雷诺数有关，还与颗粒的球形度有关。

$$Re_t = \frac{du_t\rho}{\mu} \tag{4-2}$$

式中　Re_t——雷诺数，无量纲；

　　　μ——流体的黏度，Pa·s。

　　对于球形颗粒，人们通过大量的实验得到了 ζ 与 Re_t 的经验公式，将其代入到式(4-1)，可得到不同情况时沉降速度的计算公式

　　层流区　$10^{-4} < Re_t \leqslant 2$　　　　$u_t = \dfrac{d^2(\rho_s - \rho)}{18\mu}g$ $\tag{4-3}$

　　过渡区　$2 < Re_t \leqslant 10^3$　　　　$u_t = 0.27\sqrt{\dfrac{dg(\rho_s - \rho)}{\rho}}Re^{0.6}$ $\tag{4-4}$

　　湍流　$10^3 \leqslant Re_t < 2\times10^5$　　　$u_t = 1.74\left[\dfrac{d(\rho_s - \rho)g}{\rho}\right]^{1/2}$ $\tag{4-5}$

　　式(4-3)、式(4-4)及式(4-5)分别称为斯托克斯（Stokes）公式、艾仑（Allen）公式和牛顿（Newton）公式。

　　球形颗粒在流体中的沉降速度可根据不同流型，分别选用上述三式进行计算。

　　2. 沉降速度的计算

　　要计算沉降速度 u_t，必须先确定沉降区域，但由于 u_t 待求，则 Re_t 未知，沉降区域无法确定。为此，需采用试差法，先假设颗粒处于某一沉降区域，按该区公式求得 u_t，然后

算出 Re_t，如果在所设范围内，则计算结果有效；否则，需另选一区域重新计算，直至算得 Re_t 与所设范围相符为止。由于沉降操作中所处理的颗粒一般粒径较小，沉降过程大多属于层流区，因此，进行试差时，通常先假设在层流区。

3. 沉降速度的影响因素

沉降速度的影响因素见表 4-4。

表 4-4　沉降速度的影响因素

因素	对沉降速度的影响
颗粒含量	颗粒含量较大，周围颗粒的存在和运动将改变原来单个颗粒的沉降，使颗粒的沉降速度较自由沉降时小
颗粒形状	对于同种颗粒，球形颗粒的沉降速度要大于非球形颗粒的沉降速度
颗粒大小	粒径越大，沉降速度越大，越容易分离。如果颗粒大小不一，大颗粒将对小颗粒产生撞击，其结果是大颗粒的沉降速度减小而对沉降起控制作用的小颗粒的沉降速度加快，甚至因撞击导致颗粒聚集而进一步加快沉降
流体性质	流体与颗粒的密度差越大，沉降速度越大；流体黏度越大，沉降速度越小，对于高温含尘气体的沉降，通常需先散热降温，以便获得更好的沉降效果
流体流动	对颗粒的沉降产生干扰，为了减少干扰，进行沉降时要尽可能控制流体流动处于稳定的低速
器壁	器壁的干扰主要有两个方面：一是摩擦干扰，使颗粒的沉降速度下降；二是吸附干扰，使颗粒的沉降距离缩短

当悬浮系统中颗粒的浓度比较大，颗粒之间的距离很近，则颗粒沉降时互相干扰，这种情况称为干扰沉降。干扰沉降速度要小于自由沉降速度。需要指出的是，为简化计算，实际沉降可近似按自由沉降处理，由此引起的误差在工程上是可以接受的。只有当颗粒含量很大时，才需要考虑颗粒之间的相互干扰。

二、降尘室

利用重力从气流中分离出固体尘粒的设备称为降尘室，如图 4-2（a）所示。降尘室是典型的重力沉降设备。

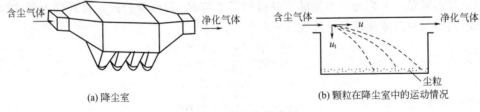

(a) 降尘室　　　　　　　　　　(b) 颗粒在降尘室中的运动情况

图 4-2　降尘室示意图

含尘气体进入降尘室后，颗粒随气流有一水平向前的运动速率 u，同时在重力作用下，以沉降速度 u_t 向下沉降。只要在气体通过降尘室的时间内颗粒能够降至室底，颗粒便可以从气流中分离出来。颗粒在降尘室内的运动情况如图 4-2（b）所示。

为避免已沉降颗粒的再度扬起，应尽可能减少对沉降过程的干扰，故重力沉降设备的尺寸通常较大。显然，气流在降尘室内的均匀分布是十分重要的。若气流分布不均甚至有死角存在，则必有部分气体停留时间较短，其中所含颗粒就来不及沉降而被带出室外。为使气流均匀分布，图 4-2（a）所示的降尘室采用锥形进出口。

设降尘室的高度为 H（m），降尘室的长度为 L（m），降尘室的宽度为 B（m），含尘气体

的流量为 $q_V(\text{m}^3/\text{s})$。则气体通过降尘室的时间，即停留时间 θ 为：

$$\theta = \frac{L}{u} \tag{4-6}$$

颗粒从降尘室顶部沉降到降尘室底部所需的时间，即沉降时间 θ_t 为：

$$\theta_t = \frac{H}{u_t} \tag{4-7}$$

很显然，为满足分离要求，流体在设备内的停留时间 θ 必须大于至少等于颗粒的沉降时间 θ_t，即 $\theta \geqslant \theta_t$，则：

$$\frac{l}{u} \geqslant \frac{H}{u_t} \tag{4-8}$$

气体在降尘室内的水平通过速度 u 为：

$$u = \frac{q_V}{HB} \tag{4-9}$$

整理得：

$$q_V \leqslant BLu_t \tag{4-10}$$

降尘室的生产能力是指达到一定沉降要求单位时间所能处理的含尘气体量。上式表明，对于一定尺寸的颗粒及 u_t，理论上降尘室的生产能力 q_V 只取决于降尘室的沉降面积（BL），而与降尘室高度 H 无关。所以降尘室通常设计成扁平形，或在室内均匀设置多层水平隔板，构成多层降尘室，如图 4-3 所示，隔板间距一般为 $40\sim100\text{nm}$。

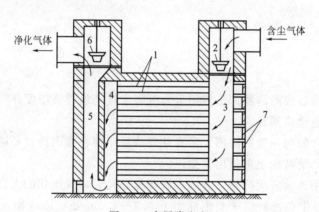

图 4-3　多层降尘室

1—隔板；2,6—调节闸阀；3—气体分配器；4—气体聚集道；5—气道；7—清灰口

若降尘室内设置 n 层水平隔板，则多层降尘室的生产能力为：

$$q_V \leqslant (n+1)BLu_t \tag{4-11}$$

需要指出的是，被处理的含尘气体中的颗粒大小不均，沉降速度 u_t 应根据需要完全分离下来的最小颗粒直径计算。同时，气体通过降尘室的速度 u 不应高至使已沉降下来的颗粒重新扬起，必须控制气流的速度不能过大，一般应使气流速度小于 1.5m/s。

降尘室结构简单，流动阻力小，但体积庞大，属于低效率的设备，只适用于分离粗颗粒（一般指颗粒直径大于 $75\mu\text{m}$ 的颗粒），通常作为预除尘使用。多层降尘室生产能力大，且节省占地面积，但清灰比较麻烦。

技能训练

降尘室可除去粒子的最小直径计算

【例 4-1】 用高 2m、宽 1.5m、长 4m 的重力降尘室分离空气中的粉尘。在操作条件下空气的密度为 0.779kg/m^3，黏度为 $2.53\times10^{-5}\text{Pa·s}$，流量为 $1.2\times10^4\text{m}^3/\text{h}$。粉尘的密度为 2000kg/m^3。试求可除去粉尘的最小直径。

解 在该降尘室内能完全分离出来的最小颗粒的沉降速度为：

$$u_t = \frac{q_v}{BL} = \frac{1.2\times10^4/3600}{1.5\times4} = 0.56(\text{m/s})$$

假设沉降在滞流区，则可由斯托克斯公式求得颗粒最小直径：

$$d_{min} = \sqrt{\frac{18\mu}{(\rho_p-\rho)g}u_t} \approx \sqrt{\frac{18\times2.53\times10^{-5}\times0.56}{2000\times9.81}} = 1.14\times10^{-4}(\text{m})$$

核算沉降流型

$$Re_t = \frac{d_{min}u_t\rho}{\mu} = \frac{1.14\times10^{-4}\times0.56\times0.779}{2.53\times10^{-5}} = 1.97<2$$

假设沉降在滞流区成立，求得的最小直径有效。

 **知识拓展**

沉降槽

沉降槽又称增浓器或澄清器，是利用重力沉降来提高悬浮液浓度并同时得到澄清液的设备。分为间歇式和连续式两种。

间歇式沉降槽一般为一锥底圆槽。需要处理的悬浮液在槽内静置足够时间以后，增浓的沉渣由槽底部排出，清液由上部排出管抽出。

工业上一般使用连续式沉降槽。连续式沉降槽是底部略成锥状的大直径浅槽，其构造如图 4-4 所示。料浆经中央进料口送至距液面下 0.3～1.0m 处，连续加入，在尽量减小扰动的条件下，迅速分散到整个横截面上，在此，颗粒下降，清液向上流动，经由槽顶四周的溢流堰连续流出，称为溢流。颗粒下沉至槽底，被转动的齿耙聚拢到底中央的排渣口连续排出。排出的稠浆称为底流。

沉降槽可用来澄清液体或增浓悬浮液。为了获得澄清液体，沉降槽应有足够大的横截面积，以保证任何瞬间液体向上的速度小于颗粒的沉降速度。为了把沉渣增浓到指定程度，要求颗粒在槽中应有足够的停留时间，沉降槽加料口以下应有足够的高度，以保证压紧沉渣所需的时间。颗粒在槽内的沉降可分为两个阶段，在加料口以下的一段距离内，由于颗粒浓度低，接近于自由沉降。在槽内的下部，因颗粒浓率大，大都发生颗粒的干扰沉降，沉降速度很慢，所进行的过程为沉聚过程。

连续沉降槽的直径可达 10～100m，高度为 2.5～4m。它适合于处理量大而浓度不高、颗粒也不太细的悬浮液，如污水处理。经沉降槽处理后的沉渣内仍有约 50% 的

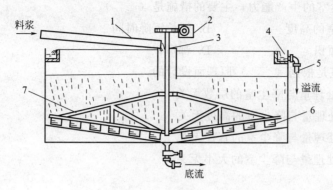

图 4-4　连续沉降槽
1—进料槽道；2—转动机构；3—料井；4—溢流槽；5—溢流管；6—叶片；7—转耙

液体。

　　为了提高给定类型和尺寸的沉降槽的生产能力，应尽可能提高沉降速度。向悬浮液中加入少量凝聚剂或絮凝剂，使颗粒发生"凝聚或絮凝"；改变一些物理条件（如加热、冷冻或震动），使颗粒的粒度或相界面面积发生变化，都可提高沉降速度。沉降槽中常配置搅拌耙，其作用是把沉渣导向排出口外，能减低非牛顿型悬浮液的表面黏度，并能促使沉积物压紧从而加速沉聚过程。耙的转速约为 $0.1\sim1r/min$ 左右。

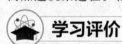 **学习评价**

重力沉降操作

工作任务	考核内容	考核要点
重力沉降操作	基础知识	非均相物系在化工生产中的应用、非均相物系的分离方法； 分散相、连续相的基本概念； 球形颗粒的自由沉降； 重力沉降速度的基本概念及计算； 沉降速度的影响因素； 降尘室、沉降槽的结构、原理、特点、计算及适用场合
	能力训练	重力沉降速度计算、降尘室的计算

 自测练习

一、选择题

1. 自由沉降的意思是（　　　）。

A. 颗粒在沉降过程中受到的流体阻力可忽略不计

B. 颗粒开始的降落速度为零，没有附加一个初始速度

C. 颗粒在降落的方向上只受重力作用，没有离心力等的作用

D. 颗粒间不发生碰撞或接触的情况下的沉降过程

2. 下列哪一个分离过程不属于非均相物系的分离过程？（　　　）

A. 沉降　　　B. 结晶　　　C. 过滤　　　D. 离心分离

3. 欲提高降尘室的生产能力，主要的措施是（ ）。

A. 提高降尘室的高度　　　　B. 延长沉降时间

C. 增大沉降面积　　　　　　D. 都可以

4. 多层降尘室是根据（ ）原理而设计的。

A. 含尘气体处理量与降尘室的层数无关

B. 含尘气体处理量与降尘室的高度无关

C. 含尘气体处理量与降尘室的直径无关

D. 含尘气体处理量与降尘室的大小无关

二、判断题

（ ）1. 降尘室的生产能力不仅与降尘室的宽度和长度有关，而且与降尘室的高度有关。

（ ）2. 利用重力沉降可除去粒径在 $75\mu m$ 以上的颗粒。

（ ）3. 重力沉降设备比离心沉降设备分离效果更好，而且设备体积也较小。

（ ）4. 将降尘室用隔板分层后，若能 100% 除去的最小颗粒直径要求不变，则生产能力将变大；沉降速度不变，沉降时间变小。

三、计算题

1. 试计算直径为 $80\mu m$ 的球形石英粒子在 25℃ 水中及在 25℃ 空气中的自由沉降速度。石英的密度为 $3000kg/m^3$。

2. 采用降尘室回收常压炉气中所含的球形固体颗粒。降尘室底面积为 $12m^2$，宽和高均为 2m。操作条件下，气体的密度为 $0.75kg/m^3$，黏度为 $2.6\times10^{-5}Pa\cdot s$，固体的密度为 $3000kg/m^3$，降尘室的生产能力为 $3m^3/s$。试求能完全捕集的最小颗粒直径。

任务 2　离心沉降操作

教学目标

能力目标：

能进行旋风分离器的计算。

知识目标：

1. 掌握旋风分离器的结构、特点、性能与应用；

2. 掌握离心沉降的基本概念、离心沉降速度基本概念及计算；

3. 掌握旋风分离器临界直径及压力降计算。

相关知识

对于一定的非均相物系，当分离要求较高时，用重力沉降很难达到要求。采用离心沉降，可大大提高分离效率。离心沉降是利用连续相与分散相在离心力场中所受离心力的差异使重相颗粒迅速沉降实现分离的操作。

一、离心沉降速度

当流体环绕某一中心轴作圆周运动时，就形成了离心力场。现对球形颗粒的受力与运动情况进行分析。

设球形颗粒的直径为 d、密度为 ρ_s、流体密度为 ρ，旋转半径为 r、切向速度为 u_T，则向加速度为 $\dfrac{u_T^2}{r}$。显然，向心加速度不是常数，随旋转半径及切向速度而变，其方向是沿旋转半径从中心指向外周。

当颗粒随着流体旋转时，由于颗粒密度大于流体密度，则离心力将会使颗粒在径向上与流体发生相对运动而飞离中心，此相对速度为 u_r。与颗粒在重力场中受力情况相似，在离心力场中颗粒在径向上也受到三个力的作用，即离心力、向心力及阻力。离心力沿半径方向向外，向心力和阻力均是沿半径方向指向旋转中心，与颗粒径向运动方向相反，上述三个力达到平衡时，可得：

$$u_r = \sqrt{\frac{4d(\rho_s-\rho)u_T^2}{3\rho\zeta}\frac{1}{r}} \tag{4-12}$$

平衡时颗粒在径向上相对流体的运动速度 u_r 称为此位置 r 上的离心沉降速度。

比较式（4-12）与式（4-1）可看出，颗粒的离心沉降速度 u_r 与重力沉降速度 u_t 具有相似的关系式。若将重力加速度 g 改为向心加速度 $\dfrac{u_T^2}{R}$，则式（4-1）即变为式（4-12），但二者又有明显区别：离心沉降速度 u_r 不是颗粒运动的绝对速度，而是绝对速度在径向上的分量，且方向不是向下而是沿半径向外；此外，离心沉降速度 u_r 不是定值，随颗粒在离心力场中的位置 r 而变，而 u_t 则是恒定的。

离心沉降同样存在三种沉降流型。各区的阻力系数 ζ 仍可按重力沉降来计算，对于层流区，离心沉降速度为：

$$u_r = \frac{d^2(\rho_s-\rho)}{18\mu}\frac{u_T^2}{r} \tag{4-13}$$

二、离心分离因数

同一颗粒在同种介质中所受的离心力与重力比值称为离心分离因数，用 K_c 表示：

$$K_c = \frac{m\dfrac{u_T^2}{r}}{mg} = \frac{u_T^2}{rg} \tag{4-14}$$

K_c 是离心分离设备的重要指标。例如，当旋转半径 r 为 0.4m，切向速度 u_T 为 20m/s 时，K_c 值为 102。由此可看出，在上述条件下离心沉降速度为重力沉降速度的百倍以上，显然离心沉降设备的分离效果远比重力沉降设备高。

通常，根据设备在操作时是否转动，可将离心沉降设备分为两类：一类是设备静止不动，悬浮物系做旋转运动的离心沉降设备，如旋风分离器和旋液分离器；另一类是设备本身旋转的离心沉降设备，称为离心机。旋风分离器和旋液分离器的分离因数一般在 5～2500 之间，某些高速离心机的 K_c 可高达数十万。

三、旋风分离器

1. 旋风分离器的结构与操作原理

旋风分离器是利用离心力的作用从气体中分离出所含尘粒的设备。图 4-5 所示的是标准旋风分离器。主体的上部为圆筒形，下部为圆锥形。各部分比例尺寸一定，一般用圆筒直径 D 来表示其各部分的比例尺寸，从系列中可以查到旋风分离器的主要尺寸及主要性能。标准旋风分离器的常用尺寸比例为：$h = D/2$、$H_1 = H_2 = 2D$、$B = D/4$、$D_1 = D/2$、$D_2 = D/4$、$S = 3D/4$。

含尘气体由圆筒上部的进气管沿切向进入，受器壁的约束向下做螺旋运动。在离心力作用下，颗粒被抛向器壁与气流分离，再沿着壁面落至锥底的排灰口。净化后的气体在中心轴附近范围内由下而上做螺旋运动，最后由顶部排气管排出。气流在旋风分离器内的运动情况如图 4-6 所示。通常，把下行的螺旋形气流称为外旋流，上行的螺旋形气流称为内旋流（又称气芯）。内、外旋流气体的旋转方向是相同的。外旋流的上部是主要除尘区。

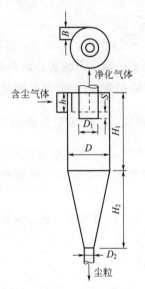

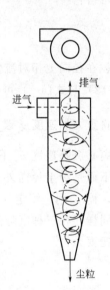

图 4-5　标准旋风分离器　　　　图 4-6　气体在旋风分离器内的运动情况

旋风分离器内的静压力在器壁附近最大，仅低于气体进口处的压力，往中心逐渐降低，在气芯中可降至气体出口压力以下。旋风分离器内的低压气芯由排气管入口一直延伸到底部出灰口。因此，如果出灰口或集尘室密封不良，则会漏入气体，把收集在锥形底部的粉尘重新卷起，严重降低分离效果。

2. 旋风分离器的性能

（1）临界粒径　临界粒径是指理论上在旋风分离器中能被完全分离出来的最小颗粒直径，用 d_c 表示。临界粒径是判断分离效率高低的重要参数，可用下式计算：

$$d_c = \sqrt{\frac{9\mu B}{\pi N_e \rho_s u_i}} \tag{4-15}$$

式中　d_c——临界粒径，m；

　　　B——旋风分离器进口管的宽度，m；

　　　N_e——旋风分离器中气流的有效旋转圈数，对标准旋风分离器取 $N_e = 3 \sim 5$；

u_i——旋风分离器进气口气体的速度，m/s；

μ——气体的黏度，Pa·s；

ρ_s——固相的密度，kg/m³。

临界粒径越小，说明旋风分离器的分离效率越高。由式(4-15)可见，分离效率随旋风分离器尺寸加大而减小。所以，当气体处理量很大，又要求较高的分离效果时，常将若干个小尺寸的旋风分离器并联使用，称为旋风分离器组。

从式(4-15)还可看出，降低气体黏度（即降低气体温度），适当提高入口气速，均有利于提高旋风分离器的分离效率。

(2) 压力降 气体流经旋风分离器时，进气管和排气管及主体器壁所引起的摩擦阻力、局部阻力以及气体旋转运动所产生的动能损失等，会造成气体的压力降。可仿照项目1的方法，将压力降看作与气体进口动能成正比，即：

$$\Delta p = \zeta \frac{\rho u_i^2}{2} \tag{4-16}$$

式中 ζ——比例系数，亦即阻力系数。

对于同一结构型式及相同尺寸比例的旋风分离器，ζ 为常数，不因尺寸大小而变。对于标准旋风分离器，其阻力系数 $\zeta = 8.0$。旋风分离器的压降一般为 $500 \sim 2000\,\text{Pa}$。

气流在旋风分离器内的流动情况和分离机理均非常复杂，因此影响旋风分离器性能的因素是多方面的，其中最重要的是物系性质及操作条件。一般说来，颗粒密度大、粒径大、进口气速高及粉尘浓度高等情况均有利于分离。例如，含尘浓度高则有利于颗粒的聚结，可以提高分离效率，而且颗粒浓度增大可以抑制气体涡流，从而使阻力下降，所以较高的含尘浓度对压力降与效率两个方面都是有利的。但有些因素对这两方面的影响是相互矛盾的，如进口气速稍高有利于分离，但过高则导致涡流加剧，增大压力降，同时可能使已经分离下来的颗粒再次卷起，不利于分离。因此，旋风分离器的进口气速控制在 $10 \sim 25\,\text{m/s}$ 范围内为宜。

旋风分离器结构简单，造价低廉，没有活动部件，可用多种材料制造，操作范围宽广，分离效率较高，所以是化工、采矿、冶金、轻工、机械等工业部门中最常采用的除尘分离设备。旋风分离器一般用来除去气流中直径在 $5 \sim 75\,\mu\text{m}$ 的颗粒。对于粒径为 $5\,\mu\text{m}$ 以下的细粉尘，一般旋风分离器的捕集效率不高，需用袋滤器或湿法捕集。旋风分离器不适用于处理黏度较大、湿含量较高及腐蚀性较大的粉尘。此外，气量的波动对除尘效果及设备阻力影响较大。对于直径在 $200\,\mu\text{m}$ 以上的粗大颗粒，最好先用重力沉降法除去，以减少颗粒对旋风分离器的磨损。

除了前面提到的标准型旋风分离器，还有一些其他型式的旋风分离器，如 CLT、CLT/A、CLP/A、CLP/B 以及扩散式旋风分离器，其结构及主要性能可查阅有关资料。

 技能训练

旋风分离器可除去颗粒的最小直径计算

【例 4-2】 用筒体直径为 1m、尺寸比例符合标准的旋风分离器，处理流量为 $2.5\,\text{m}^3/\text{s}$ 的烟道气。已知气体密度为 $0.72\,\text{kg/m}^3$，黏度为 $2.6 \times 10^{-5}\,\text{Pa·s}$，烟尘可视为球形颗粒，密度为 $2200\,\text{kg/m}^3$。求旋风分离器能够完全分离的最小颗粒直径。

解 能够完全分离的最小颗粒直径为旋风分离器的临界直径，按标准型旋风分离器尺寸

比例计算入口气速

$$u_i = \frac{q_V}{Bh} = \frac{2.5}{\frac{1}{4} \times \frac{1}{2}} = 20(\text{m/s})$$

$$d_c = \sqrt{\frac{9\mu B}{\pi N_e \rho_s u_i}} = \sqrt{\frac{9 \times 2.6 \times 10^{-5} \times \frac{1}{4}}{3.14 \times 20 \times 2200 \times 5}} = 9.20 \times 10^{-6}(\text{m})$$

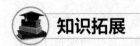 **知识拓展**

旋液分离器

    旋液分离器又称水力旋流器。它的结构与操作原理和旋风分离器类似。主体设备也是由圆筒和圆锥两部分组成的，如图 4-7 所示。由于固液间密度差较固气间密度差小，所以旋液分离器的结构特点是直径小而圆锥部分长。悬浮液经入口管沿切向进入圆筒部分，向下做螺旋形运动，固体颗粒受惯性离心力作用被甩向器壁，随下旋流降至锥底的出口，由底部排出的增浓液称为底流；清液或含有微细颗粒的液体则为上升的内旋流，从顶部的中心管排出，称为溢流。顶部排出清液的操作称为增浓，顶部排出含细小颗粒液体的操作称为分级。内层旋流中心有一个处于负压的气柱。气柱中的气体是由料浆中释放出来的，或者是由溢流管口暴露于大气中时而将空气吸入器内的。

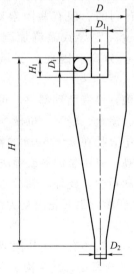

图 4-7　旋液分离器

	增浓	分级
D_i	$D/4$	$D/7$
D_1	$D/3$	$D/7$
H	$5D$	$2.5D$
H_1	$0.3 \sim 0.4D$	$0.3 \sim 0.4D$

    旋液分离器和旋风分离器不同之处是内层旋流中心有一个处于负压的气柱，同时旋液分离器的圆筒部分短，锥形部分长。可以比较充分的发挥锥形部分作用，由于旋转半径小，故

离心作用较大。旋液分离器结构简单，没有活动部分，体积小生产能力大，又能处理腐蚀性悬浮液，不仅可以用于液-固悬浮液的分离，而且在分级方面还有显著优点。此外，还可用于不互溶液体的分离、气液分离以及传热、传质和雾化等操作中。目前在很多工业部门采用，但阻力损失大，磨损也比较严重。

近几年来，为了使微细物料悬浮液有效地分离，开发了超小型旋液分离器（直径小于15mm 的旋液分离器），对 $2\sim5\mu m$ 的细粒有很高的分离效率。根据生产能力的要求可采用许多小型旋液分离器并联操作。

 学习评价

离心沉降操作			
工作任务	考核内容		考核要点
离心沉降操作	基础知识		离心沉降、离心沉降速度的基本概念及计算； 旋风分离器、旋液分离器的结构、原理、特点及适用场合； 旋风分离器的临界直径、压力降及计算
	能力训练		离心沉降速度计算、旋风分离器计算

 **自测练习**

一、选择题

1. 在讨论旋风分离器分离性能时，临界直径这一术语是指（　　）。

A. 旋风分离器效率最高时的旋风分离器的直径

B. 旋风分离器允许的最小直径

C. 旋风分离器能够全部分离出来的最小颗粒的直径

D. 能保持滞流流型时的最大颗粒直径

2. 拟采用一个降尘室和一个旋风分离器来除去某含尘气体中的灰尘，则较适合的安排是（　　）。

A. 降尘室放在旋风分离器之前

B. 降尘室放在旋风分离器之后

C. 降尘室和旋风分离器并联

D. 方案 A、B 均可

二、判断题

（　　）1. $5\mu m$ 以下颗粒的分离，可采用电除尘器、袋滤器或湿法除尘。

（　　）2. 离心分离因数越大其分离能力越强。

（　　）3. 旋风分离器的 B 值越小，分离效率越高。

三、计算题

用直径为 500mm 的标准旋风分离器处理含尘气体，颗粒密度为 2600kg/m³，气体密度为 0.8kg/m³，气体黏度为 $2.4\times10^{-5}Pa\cdot s$，含尘气体的处理量为 2000m³/h（操作条件下），求临界直径及气体通过该旋风分离器的压力降。

任务 3　过滤操作

 教学目标

能力目标：

1. 能进行板框压滤机的操作；
2. 能进行恒压过滤计算。

知识目标：

1. 掌握板框压滤机、真空转筒过滤机的结构、原理、特点及操作；
2. 掌握过滤的基本概念、过滤机理、影响过滤速率的主要因素；恒压过滤基本方程及计算；
3. 了解离心分离机的原理、分类及应用。

 相关知识

一、过滤基本概念及原理

过滤是利用两相对多孔性固体介质穿透性的差异，在某种推动力的作用下，使非均相物系得以分离的操作。悬浮液的过滤是利用外力使悬浮液通过多孔性固体，其中的液相从多孔性固体中流过，固体颗粒则被截留下来，从而实现液固分离。过滤过程的外力即过滤推动力，可以是重力、离心力和压力差，其中尤以压力差为推动力在化工生产中应用最广。在过滤操作中，所处理的悬浮液称为滤浆或料浆，被截留下来的固体颗粒称为滤渣或滤饼，透过多孔性固体的液体称为滤液，所用的多孔性固体称为过滤介质。

1. 过滤操作分类

按过滤结束后是否得到滤饼分类，可以分为滤饼过滤和深层过滤，见表 4-5。

表 4-5　过滤操作分类

分类	特点及应用
滤饼过滤	滤饼过滤是利用滤饼本身作为过滤隔层的一种过滤方式。在过滤开始阶段，会有一部分细小颗粒从介质孔道中通过而使得滤液浑浊。但随着过滤的进行，颗粒便会在介质的孔道中和孔道上发生"架桥"现象，从而使得尺寸小于孔道直径的颗粒也能被拦截，随着被拦截的颗粒越来越多，在过滤介质的上游侧便形成了滤饼，同时滤液也慢慢变清。在滤饼形成后，过滤操作才真正有效，滤饼本身起到了主要过滤介质的作用。滤饼过滤要求能够迅速形成滤饼。常用于分离固体含量较高(固体体积百分数>1%)的悬浮液
深层过滤	当过滤介质为很厚的床层且过滤介质孔径较大时，固体颗粒通过在床层内部的架桥现象被截留或被吸附在介质的毛细孔中，在过滤介质的表面并不形成滤饼。在这种过滤方式中，起截留颗粒作用的是介质内部曲折而细长的通道。深层过滤是利用介质床层内部通道作为过滤介质的过滤操作。在深层过滤中，介质内部通道会因截留颗粒的增多逐渐减少和变小，因此，过滤介质必须定期更换或清洗再生。深层过滤常用于处理固体含量很少(固体体积百分数<0.1%)且颗粒直径较小(<5μm)的悬浮液

在化工生产中得到广泛应用的是滤饼过滤，本任务主要讨论滤饼过滤。

2. 过滤介质

工业生产中，过滤介质必须具有足够的机械强度来支撑越来越厚的滤饼。此外，还应具有适宜的孔径使液体的流动阻力尽可能小并使颗粒容易被截留，以及相应的耐热性和耐腐蚀性，以满足各种悬浮液的处理。工业上常用的过滤介质有如下几种。

（1）织物介质　织物介质又称滤布，用于滤饼过滤操作，在工业上应用最广。包括由棉、毛、丝、麻等天然纤维和由各种合成纤维制成的织物，以及由玻璃丝、金属丝等织成的网。织物介质造价低，清洗、更换方便，可截留的最小颗粒粒径为 $5\sim65\mu m$。

（2）堆积介质　堆积介质由细砂、石粒、活性炭、硅藻土、玻璃碴等细小坚硬的粒状物堆积成一定厚度的床层构成。粒状介质多用于深层过滤，如城市和工厂给水的滤池中。

（3）多孔固体介质　多孔固体介质是具有很多微细孔道的固体材料，如多孔陶瓷、多孔塑料、由纤维制成的深层多孔介质、多孔金属制成的管或板。此类介质具有耐腐蚀、孔隙小、过滤效率比较高等优点，常用于处理含少量微粒的腐蚀性悬浮液及其他特殊场合。

3. 助滤剂

若构成滤饼的颗粒为不易变形的坚硬固体（如硅藻土、碳酸钙等），则当滤饼两侧的压差增大时，颗粒的形状和床层的空隙都基本不变，单位厚度滤饼的流动阻力可以认为恒定，此类滤饼称为不可压缩滤饼。反之，若滤饼由较易变形的物质（如某些氢氧化物之类的胶体）构成，当压差增大时，颗粒的形状和床层的空隙都会有不同程度的改变，使单位厚度滤饼的流动阻力增大，此类滤饼称为可压缩滤饼。

对于可压缩滤饼，在过滤过程中会被压缩，使滤饼的孔道变窄、甚至堵塞，或因滤饼黏嵌在滤布中而不易卸渣，使过滤周期变长，生产效率下降，介质使用寿命缩短。为了改善滤饼结构，通常需要使用助滤剂。助滤剂一般是质地坚硬的细小固体颗粒，如硅藻土、石棉、炭粉等。可将助滤剂加入悬浮液中，在形成滤饼时便能均匀地分散在滤饼中间，改善滤饼结构，使液体得以畅通，或预敷于过滤介质表面以防止介质孔道堵塞。

4. 过滤速度及其影响因素

（1）过滤速率与过滤速度　过滤速率是指过滤设备单位时间所能获得的滤液体积，表明了过滤设备的生产能力；过滤速度是指单位时间单位过滤面积所能获得的滤液体积，表明了过滤设备的生产强度，即设备性能的优劣。过滤速率与过滤推动力成正比，与过滤阻力成反比。在压差过滤中，推动力就是压差，阻力则与滤饼的结构、厚度以及滤液的性质等诸多因素有关，比较复杂。

（2）恒压过滤与恒速过滤　在恒定压差下进行的过滤称为恒压过滤。此时，由于随着过滤的进行，滤饼厚度逐渐增加，阻力随之上升，过滤速率则不断下降。维持过滤速率不变的过滤称为恒速过滤。为了维持过滤速率恒定，必须相应地不断增大压差，以克服由于滤饼增厚而上升的阻力。由于压差要不断变化，因而恒速过滤较难控制，所以生产中一般采用恒压过滤，有时为避免过滤初期因压差过高引起滤布堵塞和破损，也可以采用先恒速后恒压的操作方式，过滤开始后，压差由较小值缓慢增大，过滤速率基本维持不变，当压差增大至系统允许的最大值后，维持压差不变，进行恒压过滤。

（3）影响过滤速率的因素

① 悬浮液的性质。悬浮液的黏度对过滤速率有较大影响。黏度越小，过滤速率越快。因此热料浆不应在冷却后再过滤，有时还可将滤浆先适当预热；某些情况下也可以将滤浆加以稀释再进行过滤。

② 过滤推动力。要使过滤操作得以进行，必须保持一定的推动力，即在滤饼和介质的两侧之间保持有一定的压差。如果压差是靠悬浮液自身重力作用形成的，则称为重力过滤；如果压差是通过在介质上游加压形成的，则称为加压过滤；如果压差是在过滤介质的下游抽真空形成的，则称为减压过滤（或真空抽滤）；如果压差是利用离心力的作用形成的，则称为离心过滤。一般说来，对不可压缩滤饼，增大推动力可提高过滤速率，但对可压缩滤饼，加压却不能有效地提高过程的速率。

③ 过滤介质与滤饼的性质。过滤介质的影响主要表现在对过程的阻力和过滤效率上，金属网与棉毛织品的空隙大小相差很大，生产能力和滤液的澄清度的差别也就很大。因此，要根据悬浮液中颗粒的大小来选择合适的过滤介质。滤饼的影响因素主要有颗粒的形状、大小、滤饼紧密度和厚度等。显然，颗粒越细，滤饼越紧密、越厚，其阻力越大。当滤饼厚度增大到一定程度时，过滤速率会变得很慢，操作再进行下去是不经济的，这时只有将滤饼卸去，进行下一个周期的操作。

5. 恒压过滤方程式

在恒压过滤时，推动力 Δp 恒定，对于一定的悬浮液，若滤饼不可压缩，则：

$$V^2 + 2V_e V = KA^2\theta \tag{4-17}$$

令 $q_e = \dfrac{V_e}{A}$，则

$$q^2 + 2q_e q = K\theta \tag{4-18}$$

式中　V——滤液体积，m^3；

　　　A——过滤面积，m^2；

　　　θ——过滤时间，s；

　　　q——单位过滤面积所通过的滤液体积，$q = V/A$，m^3/m^2；

　　　K——过滤常数，m^2/s，与过滤推动力及悬浮液的性质等有关，其值通常由实验测定；

　　　V_e——反映过滤介质阻力大小的常数，过滤介质的当量滤液体积，m^3，数值由实验测定；

　　　q_e——反映过滤介质阻力大小的常数，单位面积上过滤介质的当量滤液体积，m^3/m^2，数值由实验测定。

式(4-17)及式(4-18)称为恒压过滤方程式。式(4-17)表达了恒压过滤过程中所获滤液体积 V 与过滤时间的关系。式(4-18)表达了单位过滤面积上所获滤液体积 q 与过滤时间 θ 的关系。

虽然滤饼有可能是可压缩的，其压缩性会影响到 K、V_e、q_e 的值。但在一定的过滤条件下，它们均为常数并可由实验测定。因此，上述恒压过滤方程也可用于可压缩滤饼的计算。

当过滤介质阻力与滤饼阻力相比可忽略时，V_e、q_e 均可忽略，则：

$$V^2 = KA^2\theta \tag{4-19}$$

$$q^2 = K\theta \tag{4-20}$$

【例 4-3】 某悬浮液在一台过滤面积为 $0.4m^2$ 的板框过滤机中进行恒压过滤，2h 后得到滤液 $35m^3$，若过滤介质阻力忽略不计，求其他情况不变时，过滤 1.5h 所得的滤液量。

　　解　$V^2 = KA^2\theta$

$$K = \frac{V^2}{A^2\theta} = \frac{35^2}{0.4^2 \times 2} = 3828.1(\text{m}^2/\text{h})$$

$$V' = \sqrt{KA^2\theta'} = \sqrt{3828.1 \times 0.4^2 \times 1.5} = 30.3(\text{m}^3)$$

二、过滤设备

　　生产过程中所涉及悬浮液的种类很多，其性质差异较大，过滤目的及生产能力等也很不相同。所以，工业生产过程中使用的过滤设备有多种类型。下面主要介绍压滤和吸滤设备。

　　1. 板框压滤机

　　板框压滤机是广泛应用的一种间歇操作的加压过滤设备，也是最早应用于工业生产过程的过滤设备，如图 4-8 所示。板框压滤机主要由压紧装置、可动头、头板、滤框、滤板、滤布、尾板、固定头构成，它的滤框、过滤介质和滤板交替排列组成若干个滤室。板框压滤机按滤液的排出方式可分为明流式与暗流式两种，图 4-8 所示为暗流式。滤板和滤框的个数在机座长度范围内可自行调节，一般为 10～60 块不等，过滤面积为 2～80m²。

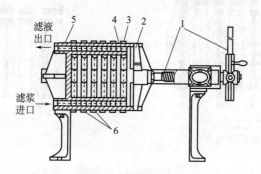

图 4-8　板框压滤机

1—压紧装置；2—可动头；3—滤框；
4—滤板；5—固定头；6—滤布

　　滤框和滤板通常为正方形，也有长方形和圆形，压滤机的板和框上方两角都开有圆孔，组合后构成滤浆通道和洗涤水通道，见图 4-9。滤框的两侧覆以滤布，滤框内部空间用于容纳滤饼。滤板的板面具有条状或网状的凹槽，凹下的沟槽走滤液或洗涤水，凸面支撑滤布，滤布夹在交替排列的滤板和滤框中间，通过压紧装置严密压紧，以防止渗漏。为便于识别，滤板与滤框外侧均铸有标记（小钮），1 钮为非洗涤板，2 钮为滤框，3 钮为洗涤板，板与框按钮数 1-2-3-2-1 顺序排列，一般两端为非洗涤板。

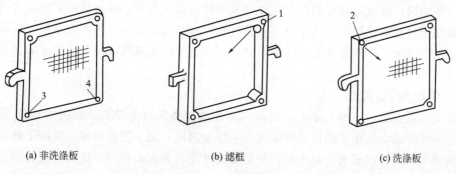

(a) 非洗涤板　　　　　　　　(b) 滤框　　　　　　　　(c) 洗涤板

图 4-9　滤框和滤板

1—悬浮液通道；2—洗涤液入口通道；3—滤液通道；4—洗涤液出口通道

过滤时，洗涤水通道入口关闭，滤浆通道入口开启。滤浆由滤框角孔进入框内，分别穿越两侧滤布，故过滤面积是滤框内部横截面积的两倍。滤渣充满滤框时停止过滤，然后开始洗涤阶段。滤液经每块滤板下方的板角孔道排出机外，如图 4-10 所示。待框内充满滤饼，即停止过滤。

洗涤板与过滤板（非洗涤板）在结构上的区别在于洗涤板的上方有角孔连通洗水通道，洗水可直接进入。过滤时两板操作情况相同，然而洗涤时则不相同。如图 4-11 所示，洗涤时关闭滤浆通道入口和洗涤板的排液出口旋塞，洗水从洗涤板上方角孔流入板间沟槽，穿过一层滤布及整个饼层，然后再穿过一层滤布，从非洗涤板下角排液管流出。其洗涤经过的滤饼厚度为过滤时的两倍，流通面积却是过滤面积的一半。故在同样的压力差下，板框压滤机的洗涤速率约为过滤速率的 1/4。

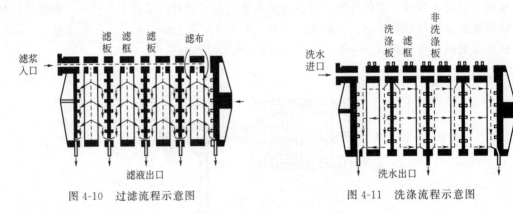

图 4-10 过滤流程示意图   图 4-11 洗涤流程示意图

在使用板框压滤机进行过滤时，在过滤的初始阶段，为避免压差过大引起小颗粒的过分流失或损坏滤布，可先采用低压差进行恒速过滤，到达规定压差后再进行恒压过滤，直至过滤终了。

对于间歇生产的过滤机，存在操作周期，操作周期通常由过滤、洗涤、卸渣、清理和装合等操作组成。在一个操作周期中，若采用较短的过滤时间，由于滤饼较薄会有较大的过滤速率，但非过滤时间过长，使生产能力较低；若采用较长的过滤时间，滤饼较厚，过滤后期速率较慢，生产能力也不会太高。因此，过滤时间的选取应综合考虑各因素。在一个操作周期中，过滤时间有一个使生产能力最大的最佳值，板框压滤机的框厚度应根据此最佳过滤时间生成的滤饼厚度设计。

板框压滤机的优点是过滤面积大，允许采用较高的压力差，对滤浆的适应能力强，结构简单，适用于过滤黏度较大的悬浮液、腐蚀性物料和可压缩物料。其缺点是板框拆装、滤饼清除的劳动强度大，生产效率低，洗涤不够均匀。近年已出现可减轻劳动强度的自动板框压滤机。

2. 转筒真空过滤机

转筒真空过滤机是一种工业上应用较广的连续操作的过滤设备，如图 4-12 所示。设备的主体是一水平转动的水平圆筒，其表面有一层金属网，网上覆盖滤布，筒的下部浸入滤浆槽中，圆筒沿径向分割成若干扇形格，每格都有孔道与分配头相通。凭借分配头的作用，圆筒转动时，这些孔道依次分别与真空管道及压缩空气管道相连通，从而在圆筒回转一周的过程中，每个扇形表面即可顺次进行过滤、洗涤、吸干、吹松、卸饼等操作。圆筒的每一块表面，转筒转动一周经历一个操作循环。

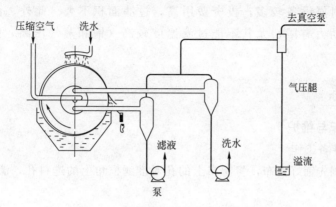

图 4-12　转筒真空过滤机装置示意图

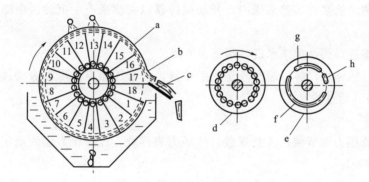

图 4-13　转筒及分配头的结构

a—转筒；b—滤饼；c—割刀；d—转动盘；e—固定盘；f—吸走滤液的真空凹槽；
g—吸走洗水的真空凹槽；h—通入压缩空气的凹槽

分配头由紧密贴合着的转动盘与固定盘构成，如图 4-13 所示，转动盘随着筒体一起旋转，固定盘不动，其内侧各凹槽分别与各种不同作用的管道相通。当扇形格 1 开始浸入滤浆时，转动盘上相应的小孔便与固定盘上的凹槽 f 相对，从而与真空管道连通，吸走滤液。图上扇形格 1～7 所处的位置称为过滤区。扇形格转出滤浆槽后，仍与凹槽 f 相通，继续吸干残留在滤饼中的滤液。扇形格 8～10 所处的位置称为吸干区。扇形格转至 12 的位置时，洗涤水喷洒于滤饼上，此时扇形格与固定盘上的凹槽 g 相通，经另一真空管道吸走洗水。扇形格 12、13 所处的位置称为洗涤区。扇形格 11 对应于固定盘上凹槽 f 与 g 之间，不与任何管道相连通，该位置称为不工作区。当扇形格由一区转入另一区时，不工作区的存在使得操作区不致相互串通。扇形格 14 的位置为吸干区，15 为不工作区。扇形格 16、17 与固定盘凹槽 h 相通，与压缩空气管道相连，压缩空气从内向外穿过滤布而将滤饼吹松，然后由刮刀将滤饼卸除。扇形格 16、17 的位置称为吹松区及卸料区，18 为不工作区。如此连续运转，整个转筒表面上便构成了连续的过滤操作。

转筒的过滤面积一般为 5～40m²，浸没部分占总面积的 30%～40%。转速可在一定范围内调整，通常为 0.1～3r/min。滤饼厚度一般保持在 40mm 以内。转筒过滤机所得滤饼中的液体含量很少低于 10%，一般约为 30% 左右。

转筒真空过滤机能连续自动操作，节省人力，生产能力大，特别适宜于处理量大而容易过滤的料浆。对难于过滤的胶体物系或微细颗粒的悬浮液，如采用预涂助滤剂的措施也比较方便，但附属设备较多，投资费用高，过滤面积不大。此外，由于它是真空操作，因而过滤推动力有限，尤其不能过滤温度较高（饱和蒸气压高）的滤浆，滤饼的洗涤也不够充分。

 技能训练

板框压滤机的操作与维护

1. 开车前的准备工作

① 在滤框两侧先铺好滤布，将滤布上的孔对准滤框角上的进料孔，滤布如有折叠，操作时容易产生泄漏。

② 板框装好后，压紧活动机头上的螺旋。

③ 将待分离的滤浆放入贮浆罐内，开动搅拌器以免滤浆产生沉淀。在滤液排出口准备好滤液接收器。

④ 检查滤浆进口阀及洗涤水进口阀是否关闭。

⑤ 开启空气压缩机，将压缩空气送入贮浆罐，注意压缩空气压力表的读数，待压力达到规定值，准备开始过滤。

2. 过滤操作

① 开启过滤压力调节阀，注意观察过滤压力表读数，过滤压力达到规定数值后，调节维持过滤压力的稳定。

② 开启滤液贮槽出口阀，接着开启过滤机滤浆进口阀，将滤浆送入过滤机，过滤开始。

③ 观察滤液，若滤液为清液时，表明过滤正常。发现滤液有浑浊或带有滤渣，说明过滤过程中出现问题，应停止过滤，检查滤布及安装情况，滤板、滤框是否变形，有无裂纹，管路有无泄漏等。

④ 定时记录过滤压力，检查板与框的接触面是否有滤液泄漏。

⑤ 当出口处滤液量变得很小时，说明板框中已充满滤渣，过滤阻力增大，使过滤速率减慢，这时可以关闭滤浆进口阀，停止过滤。

⑥ 洗涤。开启洗水出口阀，再开启过滤机洗涤水进口阀向过滤机内送入洗涤水，在相同压力下洗涤滤渣，直至洗涤符合要求。

3. 停车

关闭过滤压力表前的调节阀及洗涤水进口阀，松开活动机头上的螺旋，将滤板、滤框拉开，卸出滤饼，并将滤板和滤框清洗干净，以备下一循环使用。

4. 板框压滤机的维护

板框压滤机在使用中要保证液压缸的工作压力在规定压力内操作，不准随意调高。板框在主梁上移动时，施力应均衡，防止碰击。清洗板框和滤布时，要保证孔道畅通、表面整洁。检查各部连接零件有无松动，随时予以紧固，相对运动的零件必须经常保持良好的润滑。压滤机停止使用时，应冲洗干净，转动机构应保持整洁，无油污油垢。

板框压滤机的常见故障处理如下：

（1）整机压不紧　检查溢流阀压力是否偏低，重新调节溢流阀至指定压力；检查滤板、滤框是否符合要求，有无变形等缺陷，更换不合格的板和框。

（2）局部漏料　检查滤布是否有皱褶、损坏，滤板或滤框是否有局部穿孔，滤板、滤框的密封面有无杂物。拉平或更换滤布，更换有穿孔的滤板或滤框，清除杂物。

（3）液压推杆无力或不动　检查溢流阀压力，并调整至规定要求；检查油路和密封件，堵塞油路中的漏油处，更换损坏的密封元件；检查滤油网有无堵塞油缸，清洗滤油网；检查油泵有无损坏，及时修理。

（4）丝杆弯曲，丝杆螺母碎裂　检查顶紧中心是否正，更换已弯曲的丝杆，安装时重新校正中心；检查导向架装配是否正，重新调整导向架；按规定材质正确加工丝杆螺母并更换，操作时控制压紧力不能过大。

 知识拓展

离心机

离心机是利用离心力以分离非均相混合物的机械，与旋风（液）分离器的主要区别在于离心力是通过设备本身的旋转而产生的。由于离心机可产生很大的离心力，故可以分离出用一般过滤方法不能除去的小颗粒，又可以分离包含两种密度不同的液体混合物，一般为悬浮液或乳浊液。

按分离的方式离心机可分为下列几种。

（1）过滤式离心机　鼓壁上开孔，覆以滤布，悬浮液注入其中随之旋转。液体在离心力作用下穿过滤布及壁上的小孔排出，而固体颗粒则截留在滤布上。

（2）沉降式离心机　鼓壁上无孔，悬浮液中颗粒的直径很小而浓度不大，则沉降在鼓壁上到一定厚度后将其取出，清液则从鼓的上方开口溢流而出。

（3）分离式离心机　用于乳浊液的分离。不均匀的液体混合物被鼓带动旋转时，密度大者趋向器壁运动，密度小者集中于中央，分别从靠近外周及位于中央的溢流口流出。

根据分离因数的大小又可将离心机分为：常速离心机（$K_c < 3 \times 10^3$，一般为 600～1200），高速离心机（$K_c = 3 \times 10^3 \sim 5 \times 10^3$），超速离心机（$K_c > 5 \times 10^3$）。一般不采用增大半径的方法来提高设备的分离因数，对高速离心机往往则通过提高转速并适当缩小半径来提高 K_c。

最新式的离心机，其分离因数可高达 5×10^5 以上，常用来分离胶体颗粒及破坏乳浊液等。分离因数的极限值取决于转动部件的材料强度。

离心机按结构分可分为三足式离心机、管式高速离心机、碟片式高速离心机、卧式刮刀卸料离心机、活塞往复式卸料离心机等。

离心机的操作方式也有间歇操作与连续操作之分。此外，还可根据转鼓轴线的方向将离心机分为立式与卧式。

在离心机内，由于离心力远远大于重力，所以重力的作用可忽略不计。

离心机的主要部件是一个载着物料高速旋转的转鼓，会产生很大的应力，故保证设备的机械强度是极其重要的。

学习评价

		过滤操作
工作任务	考核内容	考核要点
过滤操作	基础知识	掌握板框压滤机、真空转筒过滤机的结构、原理、特点与应用； 掌握过滤的基本概念、过滤机理、影响过滤速率的主要因素； 恒压过滤基本方程及计算； 离心分离机的原理、分类及应用； 板框压滤机的操作
	能力训练	板框压滤机的操作； 恒压过滤计算

 自测练习

一、选择题

1. 下列用来分离气-固非均相物系的是（   ）。

A. 板框压滤机　　　B. 转筒真空过滤机　　C. 袋滤器　　　　　D. 三足式离心机

2. 用板框压滤机组合时，应将板、框按（   ）顺序安装。

A. 123123123...　　　　　　　　　　B. 123212321...

C. 3121212...　　　　　　　　　　　D. 132132132...

3. 过滤操作中滤液流动遇到阻力是（   ）。

A. 过滤介质阻力　　　　　　　　　　B. 滤饼阻力

C. 过滤介质和滤饼阻力之和　　　　　D. 无法确定

4. 过滤速率与（   ）成反比。

A. 操作压差和滤液黏度　　　　　　　B. 滤液黏度和滤渣厚度

C. 滤渣厚度和颗粒直径　　　　　　　D. 颗粒直径和操作压差

5. 过滤操作时，作为过滤推动力力的是（   ）。

A. 液体经过过滤机的压强降

B. 滤饼两侧的压差

C. 过滤介质两侧的压差

D. 过滤介质两侧的压差加上滤饼两侧的压差

6. 悬浮液经过滤介质过滤出的固体颗粒称为（   ）。

A. 滤浆　　　　　B. 滤饼　　　　　　C. 滤液　　　　　D. 料浆

二、判断题

（   ）1. 板框压滤机是一种连续性的过滤设备。

（   ）2. 板框压滤机的过滤时间等于其他辅助操作时间总和时，其生产能力最大。

（   ）3. 转鼓真空过滤机在生产过程中，滤饼厚度达不到要求，主要是由于真空度过低。

（   ）4. 在一般过滤操作中，实际上起到主要介质作用的是滤饼层而不是过滤介质本身。

三、计算题

1. 过滤面积为 $0.093m^2$ 的板框压滤机，恒压过滤某悬浮液，滤饼不可压缩。过滤时间为 5s 时共获得滤液 $2.27 \times 10^{-3} m^3$；过滤时间为 100s 时，共获得滤液 $3.35 \times 10^{-3} m^3$。求过滤时间为 200s 时，共获得多少滤液？

2. 人们用板框过滤机恒压差过滤钛白（TiO_2）水悬浮液。过滤机的尺寸为：滤框的边长为 810mm（正方形），每框厚度 42mm，共 10 个框。现已测得：过滤 10min 得滤液 $1.31m^3$，再过滤 10min 共得滤液 $1.905m^3$。已知滤饼体积和滤液体积之比为 0.1，试计算将滤框完全充满滤饼所需的过滤时间。

本书主要符号

A——流通截面积，m^2；

A——传热面积，m^2；

A_o、A_i、A_m——传热壁的外表面积、内表面积、平均表面积，m^2；

B——降尘室的宽度，旋风分离器进口管的宽度，m；

C_{ph}、C_{pc}——热、冷流体的定压比热容，$J/(kg \cdot K)$；

dt/dx——温度梯度，是导热方向上温度的变化率；

d，D——直径，m；

d——颗粒的直径，m；

d_c——临界粒径，m；

f_0——流体的摩擦系数；

F_t——结垢校正系数；

F_s——壳程结垢校正系数；

F——管子排列方式对压力降的校正系数；

Gr——格拉斯霍夫数；

h——高度，m；

h_f——直管阻力，J/kg；

h'_f——局部阻力，J/kg；

Σh_f——总能量损失，J/kg；

H——降尘室的高度，m；

H_e——输送设备对流体所提供的有效压头，m；

H_f——压头损失，m；

H_g——离心泵的允许安装高度，m；

H_k——离心式通风机的动风压，m；

H_{st}——离心式通风机的静风压，m；

H_T——离心式通风机的全风压，m；

h——折流挡板间距，m；

Δh——离心泵的允许汽蚀余量，m；

h_{h1}，h_{h2}——热流体的进、出口焓，J/kg；

h_{c1}，h_{c2}——冷流体的进、出口焓，J/kg；

K——总传热系数，$W/(m^2 \cdot K)$；

K_o，K_i，K_m——基于 A_o、A_i、A_m 的传热系数，$W/(m^2 \cdot K)$；

K_c——离心分离因数，无因次；

l——直管的长度，m；

l_e——管件及阀门等局部的当量长度，m；

L——降尘室的长度，m；

M——流体的千摩尔质量，kg/kmol；

M_m——混合流体的平均千摩尔质量，kg/kmol；

m——流体的质量，kg；

Nu——努塞尔数，无因次；

N_s——串联的壳程数，无因次；

N_p——每壳程的管程数，无因次；

N_B——折流挡板数，无因次；

N_e——旋风分离器中气流的有效旋转圈数，无因次；

n——离心泵叶轮的转速，r/min；

n_c——通过管束中心线上的管子数；

P_e——输送机械的有效功率，W；

p_v——液体的饱和蒸气压，Pa；

Pr——普兰特数；

p——流体的压力，Pa；

Δp——过滤压强差，Pa；

Δp_1——因直管阻力引起的压力降，Pa；

Δp_2——因回弯阻力引起的压力降，Pa；

$\Delta p_1'$——流体流过管束的压力降，Pa；

$\Delta p_2'$——流体流过折流挡板缺口的压力降，Pa；

Q——①泵或风机的流量，m^3/s；

　　②传热速率，J/s 或 W；

Q_h——热流体放出的热量，W；

Q_c——冷流体吸收的热量，W；

q_V——①降尘室的生产能力，m^3/s；

　　②体积流量，m^3/s；

q_m——质量流量，kg/s；

q_{mh}、q_{mc}——热、冷流体的质量流量，kg/s；

R——通用气体常数，$8.314kJ/(kmol \cdot K)$；

R——换热器的总热阻，K/W；

Re——雷诺数，无因次；

R_{si}、R_{so}——管内、外壁面的污垢热阻，K/W；

r——圆筒壁的半径，m；

r_m——圆筒壁的对数平均半径，m；

r_h，r_c——热、冷流体的汽化潜热，J/kg；

t——摄氏温度，℃；

T——绝对温度，K；

T_s——冷凝液的饱和温度，K；

t_{h1}，t_{h2}——热流体的进、出口温度，K；

t_{c1}，t_{c2}——冷流体的进、出口温度，K；

Δt——流体与壁面间温度差的平均值，K；

Δt_1，Δt_2——换热器两端冷热两流体的温差，K；

Δt_m——传热平均温度差，K；

u——①流体的流速，m/s；

②颗粒相对于流体的降落速度，m/s；

③过滤速度，m/s；

u_i——旋风分离器进气口气体的速度，m/s；

u_T——切向速度，m/s；

u_{max}——流动截面上的最大流速，m/s；

u_o——按壳程最大流通面积 A_o 计算的流速，m/s；

W_e——外加功，J/kg；

x_w——混合物中各组分的质量分数；

z——高度，距离，m；

ρ——流体的密度，kg/m³；

ρ_s——颗粒的密度，kg/m³；

ν——运动黏度，m²/s；

μ——动力黏度，Pa·s；

ε——绝对粗糙度，m；

ζ——局部阻力系数，无因次；

θ——气体在降尘室的停留时间；过滤时间，s；

θ_t——颗粒在降尘室的沉降时间，s；

λ——①摩擦系数，无因次；

②热导率，W/(m·K)；

η——效率；

δ——圆筒壁的厚度，m；

α——对流传热系数，W/(m²·K)；

$\varphi_{\Delta t}$——温度差校正系数，无因次。

附　录

一、法定计量单位及单位换算

1. 常用单位

基本单位			具有专门名称的导出单位				允许并用的其他单位			
物理量	基本单位	单位符号	物理量	单位名称	单位符号	与基本单位关系式	物理量	单位名称	单位符号	与基本单位关系式
长度	米	m	力	牛[顿]	N	$1N=1kg \cdot m/s^2$	时间	分	min	$1min=60s$
质量	千克(公斤)	kg	压强、应力	帕[斯卡]	Pa	$1Pa=1N/m^2$		时	h	$1h=3600s$
时间	秒	s	能、功、热量	焦[耳]	J	$1J=1N \cdot m$		日	d	$1d=86400s$
热力学温度	开[尔文]	K	功率	瓦[特]	W	$1W=1J/s$	体积	升	L(l)	$1L=10^{-3}m^3$
物质的量	摩[尔]	mol	摄氏温度	摄氏度	℃	$1℃=1K$	质量	吨	t	$1t=10^3kg$

2. 常用十进倍数单位及分数单位的词头

词头符号	M	k	d	c	m	μ
词头名称	兆	千	分	厘	毫	微
表示因数	10^6	10^3	10^{-1}	10^{-2}	10^{-3}	10^{-6}

3. 单位换算表

（1）质量

kg	t(吨)	lb(磅)
1	0.001	2.20462
1000	1	2204.62
0.4536	$4.536×10^{-4}$	1

（2）长度

m	in(英寸)	ft(英尺)	yd(码)
1	39.3701	3.2808	1.09361
0.025400	1	0.073333	0.02778
0.30480	12	1	0.33333
0.9144	36	3	1

（3）力

N	kgf	lbf	dyn
1	0.102	0.2248	1×10^5
9.80665	1	2.2046	9.80665×10^5
4.448	0.4536	1	4.448×10^5
1×10^{-5}	1.02×10^{-6}	2.248×10^{-6}	1

（4）流量

L/s	m^3/s	gl(美)/min	ft^3/s
1	0.001	15.850	0.03531
0.2778	2.778×10^{-4}	4.403	9.810×10^{-3}
1000	1	1.5850×10^{-4}	35.31
0.06309	6.309×10^{-5}	1	0.002228
7.866×10^{-3}	7.866×10^{-6}	0.12468	2.778×10^{-4}
28.32	0.02832	488.8	1

（5）压力

Pa	bar	kgf/cm^2	atm	mmH_2O	mmHg	磅/英寸^2
1	1×10^{-5}	1.02×10^{-5}	0.99×10^{-5}	0.102	0.0075	14.5×10^{-5}
1×10^5	1	1.02	0.9869	10197	750.1	14.5
98.07×10^3	0.9807	1	0.9678	1×10^4	735.56	14.2
1.01325×10^5	1.013	1.0332	1	1.0332×10^4	760	14.697
9.807	9.807×10^{-5}	0.0001	0.9678×10^{-4}	1	0.0736	1.423×10^{-3}
133.32	1.333×10^{-3}	0.136×10^{-2}	0.00132	13.6	1	0.01934
6894.8	0.06895	0.703	0.068	703	51.71	1

（6）功、能及热

J（即 N·m）	kgf·m	kW·h	英制马力·时	kcal	英热单位	英尺·磅（力）
1	0.102	2.778×10^{-7}	3.725×10^{-7}	2.39×10^{-4}	9.485×10^{-4}	0.7377
9.8067	1	2.724×10^{-6}	3.653×10^{-6}	2.342×10^{-3}	9.296×10^{-3}	7.233
3.6×10^6	3.671×10^5	1	1.3410	860.0	3413	2655×10^3
2.685×10^6	273.8×10^3	0.7457	1	641.33	2544	1980×10^3
4.1868×10^3	426.9	1.1622×10^{-3}	1.5576×10^{-3}	1	3.963	3087
1.055×10^3	107.58	2.930×10^{-4}	3.926×10^{-4}	0.2520	1	778.1
1.3558	0.1383	0.3766×10^{-6}	0.5051×10^{-6}	3.239×10^{-4}	1.285×10^{-3}	1

（7）动力黏度

J（即 N·m）	kgf·m	kW·h	英制马力·时	kcal	英热单位	英尺·磅（力）
1	0.102	2.778×10^{-7}	3.725×10^{-7}	2.39×10^{-4}	9.485×10^{-4}	0.7377
9.8067	1	2.724×10^{-6}	3.653×10^{-6}	2.342×10^{-3}	9.296×10^{-3}	7.233
3.6×10^6	3.671×10^5	1	1.3410	860.0	3413	2655×10^3
2.685×10^6	273.8×10^3	0.7457	1	641.33	2544	1980×10^3
4.1868×10^3	426.9	1.1622×10^{-3}	1.5576×10^{-3}	1	3.963	3087
1.055×10^3	107.58	2.930×10^{-4}	3.926×10^{-4}	0.2520	1	778.1
1.3558	0.1383	0.3766×10^{-6}	0.5051×10^{-6}	3.239×10^{-4}	1.285×10^{-3}	1

（8）运动黏度

m²/s	cm²/s	ft²/s
1	1×10⁴	10.76
10⁻⁴	1	1.076×10⁻³
92.9×10⁻³	929	1

（9）功率

W	kgf·m/s	英尺·磅(力)/秒	英制马力	kcal/s	英热单位(秒)
1	0.10197	0.7376	1.341×10⁻³	0.2389×10⁻³	0.9486×10⁻³
9.8067	1	7.23314	0.01315	0.2342×10⁻²	0.9293×10⁻²
1.3558	0.13825	1	0.0018182	0.3238×10⁻³	0.12851×10⁻²
745.69	76.0375	550	1	0.17803	0.70675
4186.8	426.85	3087.44	5.6135	1	3.9683
1055	107.58	778.168	1.4148	0.251996	1

二、物化数据

1. 某些气体的重要物理性质

名称	分子式	密度(0℃, 101.3kPa) /(kg/m³)	比热容 /[kJ/ (kg·℃)]	黏度 μ×10⁵ /Pa·s	沸点 (101.3kPa) /℃	汽化热 /(kJ/kg)	临界点 温度/℃	临界点 压力 /kPa	热导率 /[W/(m·℃)]
空气		1.293	1.009	1.73	−195	197	−140.7	3768.4	0.0244
氧	O₂	1.429	0.653	2.03	−132.98	213	−118.82	5036.6	0.0240
氮	N₂	1.251	0.745	1.70	−195.78	199.2	−147.13	3392.5	0.0228
氢	H₂	0.0899	10.13	0.842	−252.75	454.2	−239.9	1296.6	0.163
氦	He	0.1785	3.18	1.88	−268.95	19.5	−267.96	228.94	0.144
氩	Ar	1.7820	0.322	2.09	−185.87	163	−122.44	4862.4	0.0173
氯	Cl₂	3.217	0.355	1.29(16℃)	−33.8	305	+144.0	7708.9	0.0072
氨	NH₃	0.771	0.67	0.918	−33.4	1373	+132.4	11295	0.0215
一氧化碳	CO	1.250	0.754	1.66	−191.48	211	−140.2	3497.9	0.0226
二氧化碳	CO₂	1.976	0.653	1.37	−78.2	574	+31.1	7384.8	0.0137
硫化氢	H₂S	1.539	0.804	1.166	−60.2	548	+100.4	19136	0.0131
甲烷	CH₄	0.717	1.70	1.03	−161.58	511	−82.15	4619.3	0.0300
乙烷	C₂H₆	1.357	1.44	0.850	−88.5	486	+32.1	4948.5	0.0180
丙烷	C₃H₈	2.020	1.65	0.795(18℃)	−42.1	427	+95.6	4355.0	0.0148
正丁烷	C₄H₁₀	2.673	1.73	0.810	−0.5	386	+152	3798.8	0.0135
正戊烷	C₅H₁₂	—	1.57	0.874	−36.08	151	+197.1	3342.9	0.0128
乙烯	C₂H₄	1.261	1.222	0.935	+103.7	481	+9.7	5135.9	0.0164
丙烯	C₃H₈	1.914	2.436	0.835(20℃)	−47.7	440	+91.4	4599.0	—
乙炔	C₂H₂	1.171	1.352	0.935	−83.66 (升华)	829	+35.7	6240.0	0.0184
氯甲烷	CH₃Cl	2.303	0.582	0.989	−24.1	406	+148	6685.8	0.0085
苯	C₆H₆	—	1.139	0.72	+80.2	394	+288.5	4832.0	0.0088
二氧化硫	SO₂	2.927	0.502	1.17	−10.8	394	+157.5	7879.1	0.0077
二氧化氮	NO₂	—	0.315	—	+21.2	712	+158.2	10130	0.0400

2. 某些液体的重要物理性质

名 称	分子式	密度 ρ /(kg/m³) (20℃)	沸点 T_b /℃ (101.3kPa)	汽化焓 $\Delta_v H$ /(kJ/kg) (760mmHg)	比热容 C_p /[kJ/(kg·℃)] (20℃)
水	H_2O	998	100	2258	4.183
氯化钠盐水(25%)	—	1186(25℃)	107		3.39
氯化钙盐水(25%)	—	1228	107	—	2.89
硫酸	H_2SO_4	1831	340(分解)	—	1.47(98%)
硝酸	HNO_3	1513	86	481.1	
盐酸(30%)	HCl	1149			2.55
二硫化碳	CS_2	1262	46.3	352	1.005
戊烷	C_5H_{12}	626	36.07	357.4	2.24(15.6℃)
己烷	C_6H_{14}	659	68.74	335.1	2.31(15.6℃)
庚烷	C_7H_{16}	684	98.43	316.5	2.21(15.6℃)
辛烷	C_8H_{18}	703	125.67	306.4	2.19(15.6℃)
三氯甲烷	$CHCl_3$	1489	61.2	253.7	0.992
四氯化碳	CCl_4	1594	76.8	195	0.850
1,2-二氯乙烷	$C_2H_4Cl_2$	1253	83.6	324	1.260
苯	C_6H_6	879	80.10	393.9	1.704
甲苯	C_7H_8	867	110.63	363	1.70
邻二甲苯	C_8H_{10}	880	144.42	347	1.74
间二甲苯	C_8H_{10}	864	139.10	343	1.70
对二甲苯	C_8H_{10}	861	138.35	340	1.704
苯乙烯	C_8H_9	911(15.6℃)	145.2	(352)	1.733
氯苯	C_6H_5Cl	1106	131.8	325	1.298
硝基苯	$C_6H_5NO_2$	1203	210.9	396	1.47
苯胺	$C_6H_5NH_2$	1022	184.4	448	2.07
酚	C_6H_5OH	1050(50℃)	181.8(熔点40.9℃)	511	
萘	$C_{10}H_8$	1145(固体)	217.9(熔点80.2℃)	314	1.80(100℃)
甲醇	CH_3OH	791	64.7	1101	2.48
乙醇	C_2H_5OH	789	78.3	846	2.39
乙醇(95%)		804	78.2		
乙二醇	$C_2H_4(OH)_2$	1113	197.6	780	2.35
甘油	$C_3H_5(OH)_3$	1261	290(分解)	—	
乙醚	$(C_2H_5)_2O$	714	34.6	360	2.34
乙醛	CH_3CHO	783(18℃)	20.2	574	1.9
糠醛	$C_5H_4O_2$	1168	161.7	452	1.6
丙酮	CH_3COCH_3	792	56.2	523	2.35
甲酸	HCOOH	1220	100.7	494	2.17
醋酸	CH_3COOH	1049	118.1	406	1.99
醋酸乙酯	$CH_3COOC_2H_5$	901	77.1	368	1.92
煤油		780~820			
汽油		680~800			

名　称	黏度 μ /mPa·s (20℃)	热导率 λ /[W/(m·℃)] (20℃)	体积膨胀系数 $\beta \times 10^4/℃^{-1}$ (20℃)	表面张力 $\sigma \times 10^3/(N/m)$ (20℃)
水	1.005	0.599	1.82	72.8
氯化钠盐水(25%)	2.3	0.57(30℃)	(4.4)	
氯化钙盐水(25%)	2.5	0.57	(3.4)	
硫酸	23	0.38	5.7	
硝酸	1.17(10℃)			
盐酸(30%)	2(31.5%)	0.42		
二硫化碳	0.38	0.16	12.1	32
戊烷	0.229	0.113	15.9	16.2
己烷	0.313	0.119		18.2
庚烷	0.411	0.123		20.1
辛烷	0.540	0.131		21.8
三氯甲烷	0.58	0.138(30℃)	12.6	28.5(10℃)
四氯化碳	1.0	0.12		26.8
1,2-二氯乙烷	0.83	0.14(50℃)		30.8
苯	0.737	0.148	12.4	28.6
甲苯	0.675	0.138	10.9	27.9
邻二甲苯	0.811	0.142		30.2
间二甲苯	0.611	0.167	0.1	29.0
对二甲苯	0.643	0.129		28.0
苯乙烯	0.72			
氯苯	0.85	0.14(30℃)		32
硝基苯	2.1	0.15		41
苯胺	4.3	0.17	8.5	42.9
酚	3.4(50℃)			
萘	0.59(100℃)			
甲醇	0.6	0.212	12.2	22.6
乙醇	1.15	0.172	11.6	22.8
乙醇(95%)	1.4			
乙二醇	23			47.7
甘油	1499	0.59	5.3	63
乙醚	0.24	0.140	16.3	18
乙醛	1.3(18℃)			21.2
糠醛	1.15(50℃)			43.5
丙酮	0.32	0.17		23.7
甲酸	1.9	0.26		27.8
醋酸	1.3	0.17	10.7	23.9
醋酸乙酯	0.48	0.14(10℃)		
煤油	3	0.15	10.0	
汽油	0.7~0.8	0.19(30℃)	12.5	

3. 空气的重要物理性质 (101.3kPa)

温度 T/℃	密度 ρ /(kg/m³)	比热容 C_p /[kJ/(kg·℃)]	热导率 $\lambda \times 10^2$ /[W/(m·℃)]	黏度 $\mu \times 10^5$/Pa·s	普兰德数 Pr
−50	1.584	1.013	2.035	1.46	0.728
−40	1.515	1.013	2.117	1.52	0.728
−30	1.453	1.013	2.198	1.57	0.723
−20	1.395	1.009	2.279	1.62	0.716
−10	1.342	1.009	2.360	1.67	0.712
0	1.293	1.005	2.442	1.72	0.707
10	1.247	1.005	2.512	1.77	0.705
20	1.205	1.005	2.591	1.81	0.703
30	1.165	1.005	2.673	1.86	0.701
40	1.128	1.005	2.756	1.91	0.699
50	1.093	1.005	2.826	1.96	0.698
60	1.060	1.005	2.896	2.01	0.696
70	1.029	1.009	2.966	2.06	0.694
80	1.000	1.009	3.047	2.11	0.692
90	0.972	1.009	3.128	2.15	0.690
100	0.946	1.009	3.210	2.19	0.688
120	0.898	1.009	3.338	2.29	0.686
140	0.854	1.013	3.489	2.37	0.684
160	0.815	1.017	3.640	2.45	0.682
180	0.779	1.022	3.780	2.53	0.681
200	0.746	1.026	3.931	2.60	0.680
250	0.674	1.038	4.268	2.74	0.677
300	0.615	1.047	4.605	2.97	0.674
350	0.566	1.059	4.908	3.14	0.676
400	0.524	1.068	5.210	3.30	0.678
500	0.456	1.093	5.745	3.62	0.687
600	0.404	1.114	6.222	3.91	0.699
700	0.362	1.135	6.711	4.18	0.706
800	0.329	1.156	7.176	4.43	0.713
900	0.301	1.172	7.630	4.67	0.717
1000	0.277	1.185	8.071	4.90	0.719
1100	0.257	1.197	8.502	5.12	0.722
1200	0.239	1.206	9.153	5.35	0.724

4. 水的重要物理性质

温度 T/℃	饱和蒸气 压 p/kPa	密度 ρ /(kg/m³)	焓 H /(kJ/kg)	比热容 C_p /[kJ/(kg·℃)]	热导率 $\lambda \times 10^2$ /[W/(m·℃)]	黏度 $\mu \times 10^5$/Pa·s	体积膨胀系数 $\beta \times 10^4$/℃⁻¹	表面张力 $\sigma \times 10^3$/(N/m)	普兰德 数 Pr
0	0.608	999.9	0	4.212	55.13	179.2	−0.63	75.6	13.67
10	1.226	999.7	42.04	4.191	57.45	130.8	+0.70	74.1	9.52
20	2.335	998.2	83.90	4.183	59.89	100.5	1.82	72.6	7.02
30	4.247	995.7	125.7	4.174	61.76	80.07	3.21	71.2	5.42
40	7.377	992.2	167.5	4.174	63.38	65.60	3.87	69.6	4.31
50	12.31	988.1	209.3	4.174	64.78	54.94	4.49	67.7	3.54

温度 $T/℃$	饱和蒸气压 p/kPa	密度 ρ /(kg/m³)	焓 H /(kJ/kg)	比热容 C_p /[kJ/(kg·℃)]	热导率 $\lambda \times 10^2$ /[W/(m·℃)]	黏度 $\mu \times 10^5$ /Pa·s	体积膨胀系数 $\beta \times 10^4$ /℃$^{-1}$	表面张力 $\sigma \times 10^3$ /(N/m)	普兰德数 Pr
60	19.92	983.2	251.1	4.178	65.94	46.88	5.11	66.2	2.98
70	31.16	977.8	293	4.178	66.76	40.61	5.70	64.3	2.55
80	47.38	971.8	334.9	4.195	67.45	35.65	6.32	62.6	2.21
90	70.14	965.3	377	4.208	68.04	31.65	6.95	60.7	1.95
100	101.3	958.4	419.1	4.220	68.27	28.38	7.52	58.8	1.75
110	143.3	951.0	461.3	4.238	68.50	25.89	8.08	56.9	1.60
120	198.6	943.1	503.7	4.250	68.62	23.73	8.64	54.8	1.47
130	270.3	934.8	546.4	4.266	68.62	21.77	9.19	52.8	1.36
140	361.5	926.1	589.1	4.287	68.50	20.10	9.72	50.7	1.26
150	476.2	917.0	632.2	4.312	68.38	18.63	10.3	48.6	1.17
160	618.3	907.4	675.3	4.346	68.27	17.36	10.7	46.6	1.10
170	792.6	897.3	719.3	4.379	67.92	16.28	11.3	45.3	1.05
180	1003.5	886.9	763.3	4.417	67.45	15.30	11.9	42.3	1.00
190	1225.6	876.0	807.6	4.460	66.99	14.42	12.6	40.8	0.96
200	1554.8	863.0	852.4	4.505	66.29	13.63	13.3	38.4	0.93
210	1917.7	852.8	897.7	4.555	65.48	13.04	14.1	36.1	0.91
220	2320.9	840.3	943.7	4.614	64.55	12.46	14.8	33.8	0.89
230	2798.6	827.3	990.2	4.681	63.73	11.97	15.9	31.6	0.88
240	3347.9	813.6	1037.5	4.756	62.80	11.47	16.8	29.1	0.87
250	3977.7	799.0	1085.6	4.844	61.76	10.98	18.1	26.7	0.86
260	4693.8	784.0	1135.0	4.949	60.43	10.59	19.7	24.2	0.87
270	5504.0	767.9	1185.3	5.070	59.96	10.20	21.6	21.9	0.88
280	6417.2	750.7	1236.3	5.229	57.45	9.81	23.7	19.5	0.90
290	7443.3	732.3	1289.9	5.485	55.82	9.42	26.2	17.2	0.93
300	8592.9	712.5	1344.8	5.736	53.96	9.12	29.2	14.7	0.97

5. 常用固体材料的密度和比热容

名称	密度/(kg/m³)	质量热容/[kJ/(kg·℃)]	名称	密度/(kg/m³)	质量热容/[kJ/(kg·℃)]
钢	7850	0.4605	高压聚氯乙烯	920	2.2190
不锈钢	7900	0.5024	干砂	1500~1700	0.7955
铸铁	7220	0.5024	黏土	1600~1800	0.7536(-20~20℃)
铜	8800	0.4062	黏土砖	1600~1900	0.9211
青铜	8000	0.3810	耐火砖	1840	0.8792~1.0048
黄铜	8600	0.3768	混凝土	2000~2400	0.8374
铝	2670	0.9211	松木	500~600	2.7214(0~100℃)
镍	9000	0.4605	软木	100~300	0.9630
铅	11400	0.1298	石棉板	770	0.8164
酚醛	1250~1300	1.2560~1.6747	玻璃	2500	0.6699
脲醛	1400~1500	1.2560~1.6747	耐酸砖和板	2100~2400	0.7536~0.7955
聚氯乙烯	1380~1400	1.8422	耐酸搪瓷	2300~2700	0.8374~1.2560
聚苯乙烯	1050~1070	1.3398	有机玻璃	1180~1190	
低压聚氯乙烯	940	2.5539	多孔绝热砖	600~1400	

6. 饱和水蒸气表
(1) 按温度排列

温度/℃	压力/kPa	蒸汽的密度/(kg/m³)	液体的焓/(kJ/kg)	蒸汽的焓/(kJ/kg)	汽化热/(kJ/kg)
0	0.6082	0.00484	0.00	2491.1	2491.1
5	0.8730	0.00680	20.94	2500.8	2479.9
10	1.2262	0.00940	41.87	2510.4	2468.5
15	1.7068	0.01283	62.80	2520.5	2457.7
20	2.3346	0.01719	83.74	2530.1	2446.4
25	3.1684	0.02304	104.67	2539.7	2435.0
30	4.2474	0.03036	125.60	2549.3	2423.7
35	5.6207	0.03960	146.54	2559.0	2412.5
40	7.3766	0.05114	167.47	2568.6	2401.1
45	9.5837	0.06543	188.41	2577.8	2389.4
50	12.3400	0.08300	209.34	2587.4	2378.1
55	15.7430	0.10430	230.27	2596.7	2366.4
60	19.9230	0.13010	251.21	2606.3	2355.1
65	25.0140	0.16110	272.14	2615.5	2343.4
70	31.1640	0.19790	293.08	2624.3	2331.2
75	38.5510	0.24160	314.01	2633.5	2319.5
80	47.3790	0.29290	334.94	2642.3	2307.4
85	57.8750	0.35310	355.88	2651.1	2295.2
90	70.1360	0.42290	376.81	2659.9	2283.1
95	84.5560	0.50390	397.75	2668.7	2271.0
100	101.3300	0.59700	418.68	2677.0	2258.3
105	120.8500	0.70360	440.03	2685.0	2245.0
110	143.3100	0.82540	460.97	2693.4	2232.4
115	169.1100	0.96350	482.32	2701.3	2219.0
120	198.6400	1.11990	503.67	2708.9	2205.2
125	232.1900	1.29600	525.02	2716.4	2191.4
130	270.2500	1.49400	546.38	2723.9	2177.5
135	313.1100	1.71500	567.73	2731.0	2163.3
140	361.4700	1.96200	589.08	2737.7	2148.6
145	415.7200	2.23800	610.85	2744.4	2133.6
150	476.2400	2.54300	632.21	2750.7	2118.5
160	618.2800	3.25200	675.75	2762.9	2087.2
170	792.5900	4.11300	719.29	2773.3	2054.0
180	1003.5000	5.14500	763.25	2782.5	2019.3
190	1255.6000	6.37800	807.64	2790.1	1982.5
200	1554.7700	7.84000	852.01	2795.5	1943.5
210	1917.7200	9.56700	897.23	2799.3	1902.1
220	2320.8800	11.60000	942.45	2801.1	1858.7
230	2798.5900	13.98000	988.50	2800.1	1811.6
240	3347.9100	16.76000	1034.56	2796.8	1762.2
250	3977.6700	20.01000	1081.45	2790.1	1708.7
260	4693.7500	23.82000	1128.76	2780.9	1652.1
270	5503.9900	28.27000	1176.91	2768.3	1591.4
280	6417.2400	33.47000	1225.48	2752.0	1526.5
290	7443.2900	39.60000	1274.46	2732.3	1457.8
300	8592.9400	46.93000	1325.54	2708.0	1382.5
310	9877.9600	55.59000	1378.71	2680.0	1301.3
320	11300.3000	65.95000	1436.07	2648.2	1212.1
330	12879.6000	78.53000	1446.78	2610.5	1163.7
340	14615.8000	93.98000	1562.93	2568.6	1005.7

温度/℃	压力/kPa	蒸汽的密度/(kg/m³)	液体的焓/(kJ/kg)	蒸汽的焓/(kJ/kg)	汽化热/(kJ/kg)
350	16538.5000	113.20000	1636.20	2516.7	880.5
360	18667.1000	139.60000	1729.15	2442.6	713.0
370	21040.9000	171.00000	1888.25	2301.9	411.1
374	22070.9000	322.60000	2098.00	2098.0	0.0

(2) 按压力排列

绝对压力/kPa	温度/℃	蒸汽的密度/(kg/m³)	焓/(kJ/kg)		汽化热/(kJ/kg)
			液体	蒸汽	
1.0	6.3	0.00773	26.48	2503.1	2476.8
1.5	12.5	0.01133	52.26	2515.3	2463.0
2.0	17.0	0.01486	71.21	2524.2	2452.9
2.5	20.9	0.01836	87.45	2531.8	2444.3
3.0	23.5	0.02179	98.38	2536.8	2438.4
3.5	26.1	0.02523	109.30	2541.8	2432.5
4.0	28.7	0.02867	120.23	2546.8	2426.6
4.5	30.8	0.03205	129.00	2550.9	2421.9
5.0	32.4	0.03537	135.69	2554.0	2418.3
6.0	35.6	0.04200	149.06	2560.1	2411.0
7.0	38.8	0.04864	162.44	2566.3	2403.8
8.0	41.3	0.05514	172.73	2571.0	2398.2
9.0	43.3	0.06156	181.16	2574.8	2393.6
10.0	45.3	0.06798	189.59	2578.5	2388.9
15.0	53.5	0.09956	224.03	2594.0	2370.0
20.0	60.1	0.13068	251.51	2606.4	2854.9
30.0	66.5	0.19093	288.77	2622.4	2333.7
40.0	75.0	0.24975	315.93	2634.1	2312.2
50.0	81.2	0.30799	339.80	2644.3	2304.5
60.0	85.6	0.36514	358.21	2652.1	2393.9
70.0	89.9	0.42229	376.61	2659.8	2283.2
80.0	93.2	0.47807	390.08	2665.3	2275.3
90.0	96.4	0.53384	403.49	2670.8	2267.4
100.0	99.6	0.58961	416.90	2676.3	2259.5
120.0	104.5	0.69868	437.51	2684.3	2246.8
140.0	109.2	0.80758	457.67	2692.1	2234.4
160.0	113.0	0.82981	473.88	2698.1	2224.2
180.0	116.6	1.0209	489.32	2703.7	2214.3
200.0	120.2	1.1273	493.71	2709.2	2204.6
250.0	127.2	1.3904	534.39	2719.7	2185.4
300.0	133.3	1.6501	560.38	2728.5	2168.1
350.0	138.8	1.9074	583.76	2736.1	2152.3
400.0	143.4	2.1618	603.61	2742.5	2138.5
450.0	147.7	2.4152	622.42	2747.8	2125.4
500.0	151.7	2.6673	639.59	2752.8	2113.2
600.0	158.7	3.1686	670.22	2761.4	2091.1
700	164.7	3.6657	696.27	2767.8	2071.5
800	170.4	4.1614	720.96	2773.7	2052.7
900	175.1	4.6525	741.82	2778.1	2036.2
$1.0×10^3$	179.9	5.1432	762.68	2782.5	2019.7
$1.1×10^3$	180.2	5.6339	780.34	2785.5	2005.1
$1.2×10^3$	187.8	6.1241	797.92	2788.5	1990.6
$1.3×10^3$	191.5	6.6141	814.25	2790.9	1976.7
$1.4×10^3$	194.8	7.1038	829.06	2792.4	1963.7
$1.5×10^3$	198.2	7.5935	843.86	2794.5	1950.7

续表

绝对压力/kPa	温度/℃	蒸汽的密度/(kg/m³)	焓/(kJ/kg)		汽化热/(kJ/kg)
			液体	蒸汽	
$1.6×10^3$	201.3	8.0814	857.77	2796.0	1938.2
$1.7×10^3$	204.1	8.5674	870.58	2797.1	1926.5
$1.8×10^3$	206.9	9.0533	883.39	2798.1	1914.8
$1.9×10^3$	209.8	9.5392	896.21	2799.2	1903.0
$2×10^3$	212.2	10.0338	907.32	2799.7	1892.4
$3×10^3$	233.7	15.0075	1005.4	2798.9	1793.5
$4×10^3$	250.3	20.0969	1082.9	2789.8	1706.8
$5×10^3$	263.8	25.3663	1146.9	2776.2	1629.2
$6×10^3$	275.4	30.8494	1203.2	2759.5	1556.3
$7×10^3$	285.7	36.5744	1253.2	2740.8	1487.6
$8×10^3$	294.8	42.5768	1299.2	2720.5	1403.7
$9×10^3$	303.2	48.8945	1343.5	2699.1	1356.6
$10×10^3$	310.9	55.5407	1384.0	2677.1	1293.1
$12×10^3$	324.5	70.3075	1463.4	2631.2	1167.7
$14×10^3$	336.5	87.3020	1567.9	2583.2	1043.4
$16×10^3$	347.2	107.8010	1615.8	2531.1	915.4
$18×10^3$	356.9	134.4813	1699.8	2466.0	766.1
$20×10^3$	365.6	176.5961	1817.8	2364.2	544.9

7. 几种常用液体的热导率与温度的关系

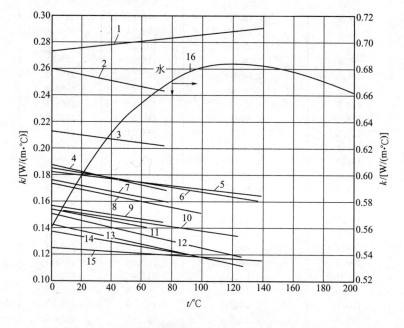

1—无水甘油；2—蚁酸；3—甲醇；4—乙醇；5—蓖麻油；6—苯胺；7—乙酸；
8—丙酮；9—丁醇；10—硝基苯；11—异丙醇；12—苯；13—甲苯；14—二
甲苯；15—凡士林油；16—水（用右边的坐标）

8. 某些液体的热导率

液体		温度 t/℃	热导率 λ /[W/(m·℃)]	液体		温度 t/℃	热导率 λ /[W/(m·℃)]
乙酸	100%	20	0.171	苯胺		0~20	0.173
	50%	20	0.35	苯		30	0.159
丙酮		30	0.177			60	0.151
		75	0.164	正丁醇		30	0.168
丙烯醇		25~30	0.180			75	0.164
氨		25~30	0.50	异丁醇		10	0.157
氨水溶液		20	0.45	氯化钙盐水	30%	32	0.55
		60	0.50		15%	30	0.59
正戊醇		30	0.163	二硫化碳		30	0.161
		100	0.154			75	0.152
异戊醇		30	0.152	四氯化碳		0	0.185
		75	0.151			68	0.163
氯苯		10	0.144	甲醇	20%	20	0.492
三氯甲烷		30	0.138		100%	50	0.197
乙酸乙酯		20	0.175	氯甲烷		-15	0.192
乙醇	100%	20	0.182			30	0.154
	80%	20	0.237	硝基苯		30	0.164
	60%	20	0.305			100	0.152
	40%	20	0.388	硝基甲苯		30	0.216
	20%	20	0.486			60	0.208
	100%	50	0.151	正辛烷		60	0.14
乙苯		30	0.149			0	0.138~0.156
		60	0.142	石油		20	0.180
乙醚		30	0.138	蓖麻油		0	0.173
		75	0.135			20	0.168
汽油		30	0.135	橄榄油		100	0.164
三元醇	100%	20	0.284	正戊烷		30	0.135
	80%	20	0.327			75	0.128
	60%	20	0.381	氯化钾	15%	32	0.58
	40%	20	0.448		30%	32	0.56
	20%	20	0.481	氢氧化钾	21%	32	0.58
	100%	100	0.284		42%	32	0.55
正庚烷		30	0.140	硫酸钾	10%	32	0.60
		60	0.137	正丙醇		30	0.171
正己烷		30	0.138			75	0.164
		60	0.135	异丙醇		30	0.157
正庚醇		30	0.163			60	0.155
		75	0.157	氯化钠盐水	25%	30	0.57
正己醇		30	0.164		12.5%	30	0.59
		75	0.156	硫酸	90%	30	0.36
煤油		20	0.149		60%	30	0.43
		75	0.140		30%	30	0.52
盐酸	12.5%	32	0.52	二氯化硫		15	0.22
	25%	32	0.48			30	0.192
	28%	32	0.44	甲苯		75	0.149
水银		28	0.36			15	0.145
甲醇	100%	20	0.215	松节油		20	0.128
	80%	20	0.267	二甲苯	邻位	20	0.155
	60%	20	0.329		对位		0.155
	40%	20	0.405				

9. 某些气体和蒸气的热导率

下表中所列出的极限温度数值是实验范围的数值。若外推到其他温度时，建议将所列出的数据按 lgλ 对 lg$T$ [λ 为热导率，W/(m·℃)；T 为温度，K] 作图，或者假定 Pr 数与温度（或压力，在适当范围内）无关。

物质	温度/℃	热导率λ/[W/(m·℃)]	物质	温度/℃	热导率λ/[W/(m·℃)]
丙酮	0	0.0098	乙醚	0	0.0133
	46	0.0128		46	0.0171
	100	0.0171	氨	100	0.320
	184	0.0254	苯	0	0.0090
空气	0	0.0242		46	0.0126
	100	0.0317		100	0.0178
	200	0.0391		184	0.0263
	300	0.0459		212	0.0305
氨	−60	0.0164	正丁烷	0	0.0135
	0	0.0222		100	0.0234
	50	0.0272	异丁烷	0	0.0138
二氧化碳	0	0.0147		100	0.0241
	100	0.0230	二氧化碳	−50	0.0118
	200	0.0313	乙醚	100	0.0227
	300	0.0396		184	0.0327
二硫化物	0	0.0069		212	0.0362
	−73	0.0073	乙烯	−71	0.0111
一氧化碳	−189	0.0071		0	0.0175
	−179	0.0080		50	0.0267
	−60	0.0234		100	0.0279
四氧化碳	46	0.0071	正庚烷	200	0.0194
	100	0.0090		100	0.0178
	184	0.01112	正己烷	0	0.0125
氯	0	0.0074		20	0.0138
三氯甲烷	0	0.0066	氢	−100	0.0113
	46	0.0080		−50	0.0144
	100	0.0100		0	0.0173
	184	0.0133		50	0.0199
硫化氢	0	0.0132		100	0.0223
水银	200	0.0341		300	0.0308
甲烷	−100	0.0173	氮	−100	0.0164
	−50	0.0251		0	0.0242
	0	0.0302		50	0.0277
	50	0.0372		100	0.0312
甲醇	0	0.0144	氧	−100	0.0164
	100	0.0222		−50	0.0206
氯甲烷	0	0.0067		0	0.0246
	46	0.0085		50	0.0284
	100	0.0109		100	0.0321
	212	0.0164	丙烷	0	0.0151
乙烷	−70	0.0114		100	0.0261
	−34	0.0149	二氧化硫	0	0.0087
	0	0.0183		100	0.0119
	100	0.0303	水蒸气	46	0.0208
乙醇	20	0.0154		100	0.0237
	100	0.0215		200	0.0324
				300	0.0429
				400	0.0545
				500	0.0763

10. 某些固体材料的热导率
(1) 常用金属的热导率

热导率 λ /[W/(m·℃)] \ 温度/℃	0	100	200	300	400
铝	227.95	227.95	227.95	227.95	227.95
铜	383.79	379.14	372.16	367.51	362.86
铁	73.27	67.45	61.64	54.66	48.85
铅	35.12	33.38	31.40	29.77	—
镁	172.12	167.47	162.82	158.17	—
镍	93.04	82.57	73.27	63.97	59.31
银	414.03	409.38	373.32	361.69	359.37
锌	112.81	109.90	105.83	401.18	93.04
碳钢	52.34	48.85	44.19	41.87	34.89
不锈钢	16.28	17.45	17.45	18.49	—

(2) 常用非金属材料

材料	温度 t/℃	热导率 λ/[W/(m·℃)]	材料	温度 t/℃	热导率 λ/[W/(m·℃)]
软木	30	0.04303	泡沫塑料		0.04652
玻璃棉	—	0.03489~0.06978	木材(横向)	—	0.1396~0.1745
保温灰	—	0.06978	(纵向)		0.3838
锯屑	20	0.04652~0.05815	耐火砖	230	0.8723
棉花	100	0.06978		1200	1.6398
厚纸	20	0.01369~0.3489	混凝土	—	1.2793
玻璃	30	1.0932	绒毛毡		0.0465
	−20	0.7560	85%氧化镁粉	0~100	0.06978
搪瓷	—	0.8723~1.163	聚氯乙烯		0.1163~0.1745
云母	50	0.4303	酚醛加玻璃纤维		0.2593
泥土	20	0.6978~0.9304	酚醛加石棉纤维	—	0.2942
冰	0	2.326	聚酯加玻璃纤维		0.2594
软橡胶		0.1291~0.1593	聚碳酸酯		0.1907
硬橡胶	0	0.1500	聚苯乙烯泡沫	25	0.04187
聚四氟乙烯		0.2419		150	0.001745
泡沫玻璃	−15	0.004885	聚乙烯		0.3291
	−80	0.003489	石墨	—	139.56

11. 液体黏度共线图和密度

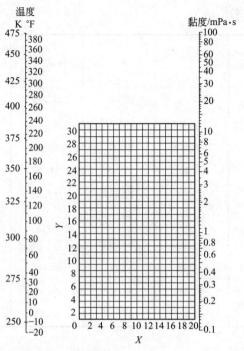

液体黏度共线图的坐标值及液体的密度列于下表:

序号	液 体	X	Y	密度(293K) /(kg/m³)	序号	液 体	X	Y	密度(293K) /(kg/m³)
1	醋酸 100%	12.1	14.2	1049	26	氟利昂-11	14.4	9.0	1494(290K)
2	70%	9.5	17.0	1069		(CCl₃F)			
3	丙酮 100%	14.5	7.2	792	27	氟利昂-21	15.7	7.5	1426(273K)
4	氨 100%	12.6	2.0	817(194K)		(CHCl₂F)			
5	26%	10.1	13.9	904	28	甘油 100%	2.0	30.0	1261
6	苯	12.5	10.9	880	29	盐酸 31.5%	13.0	16.6	1157
7	氯化钠盐水 25%	10.2	16.6	1186(298K)	30	异丙醇	8.2	16.0	789
8	溴	14.2	13.2	3119	31	煤油	10.2	16.9	780~820
9	丁醇	8.6	17.2	810	32	水银	18.4	16.4	13546
10	二氧化碳	11.6	0.3	1101(236K)	33	萘	7.8	18.1	1145
11	二硫化碳	16.1	7.5	1263	34	硝酸 95%	12.8	13.8	1493
12	四氯化碳	12.7	13.1	1595	35	80%	10.8	17.0	1367
13	甲酚(间位)	2.5	20.8	1034	36	硝基苯	10.5	16.2	1205(288K)
14	二溴乙烷	12.7	15.8	2495	37	酚	6.9	20.8	1071(298K)
15	二氯乙烷	13.2	12.2	1258	38	钠	16.4	13.9	970
16	二氯甲烷	14.6	8.9	1336	39	氢氧化钠 50%	3.2	26.8	1525
17	乙酸乙酯	13.7	9.1	901	40	二氧化硫	15.2	7.1	1434(273K)
18	乙醇 100%	10.5	13.8	789	41	硫酸 110%	7.2	27.4	1980
19	95%	9.8	14.3	804		98%	7.0	24.8	1836
20	40%	6.5	16.6	935		60%	10.2	21.3	1498
21	乙苯	13.2	11.5	867	42	甲苯	13.7	10.4	866
22	氯乙烷	14.8	6.0	917(279K)	43	醋酸乙烯	14.0	8.8	932
23	乙醚	14.6	5.3	708(298K)	44	水	10.2	13.0	998.2
24	乙二醇	6.0	23.6	1113	45	二甲苯(对位)	13.9	10.9	861
25	甲酸	10.7	15.8	220					

12. 气体黏度共线图

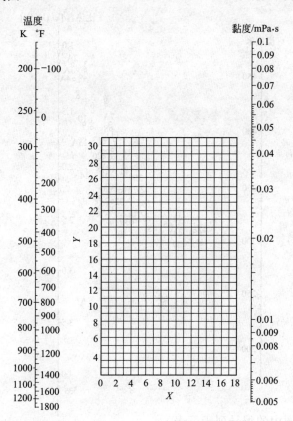

气体黏度共线图的坐标值列于下表。

序号	气 体	X	Y	序号	气 体	X	Y
1	醋酸	7.7	14.3	21	氨	10.9	20.5
2	丙酮	8.9	13.0	22	己烷	8.6	11.8
3	乙炔	9.8	14.9	23	氢	11.2	12.4
4	空气	11.0	20.0	24	$3H_2 + N_2$	11.2	17.2
5	氨	8.4	16.0	25	溴化氢	8.8	20.9
6	苯	8.5	13.2	26	氯化氢	8.8	18.7
7	溴	8.9	19.2	27	硫化氢	8.0	18.0
8	丁烯	9.2	13.7	28	碘	9.0	18.4
9	二氧化碳	9.5	18.7	29	水银	5.3	22.9
10	一氧化碳	11.0	20.0	30	甲烷	9.9	15.5
11	氯	9.0	18.4	31	甲醇	8.5	15.6
12	乙烷	9.1	14.5	32	一氧化氮	10.9	20.5
13	乙酸乙酯	8.5	13.2	33	氮	10.6	20.0
14	乙醇	9.2	14.2	34	氧	11.0	21.3
15	氯乙烷	8.5	15.6	35	丙烷	9.7	12.9
16	乙醚	8.9	13.0	36	丙烯	9.0	13.8
17	乙烯	9.5	16.1	37	二氧化硫	9.6	17.0
18	氟	7.3	23.8	38	甲苯	8.6	12.4
19	氟利昂-11	10.6	15.1	39	水	8.0	16.0
20	氟利昂-21	10.8	15.3				

13. 液体的比热容共线图

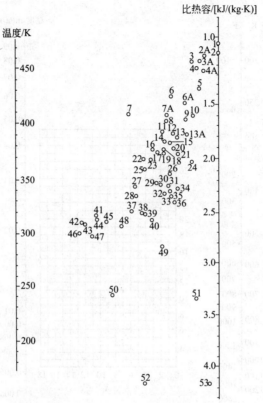

液体比热容共线图中的编号列于下表。

编号	名　称	温度范围/℃	编号	名　称	温度范围/℃
53	水	10～200	35	己烷	−80～20
51	盐水(25%NaCl)	−40～20	28	庚烷	0～60
49	盐水(25%CaCl₂)	−40～20	33	辛烷	−50～25
52	氨	−70～50	34	壬烷	−50～25
11	二氧化硫	−20～100	21	癸烷	−80～25
2	二氧化碳	−100～25	13A	氯甲烷	−80～20
9	硫酸(98%)	10～45	5	二氯甲烷	−40～50
48	盐酸(30%)	20～100	4	三氯甲烷	0～50
22	二苯基甲烷	30～100	46	乙醇(95%)	20～80
3	四氯化碳	10～60	50	乙醇(50%)	20～80
13	氯乙烷	−30～40	45	丙醇	−20～100
1	溴乙烷	5～25	47	异丙醇	20～50
7	碘乙烷	0～100	44	丁醇	0～100
6A	二氯乙烷	−30～60	43	异丁醇	0～100
3	过氯乙烯	−30～140	37	戊醇	−50～25
23	苯	10～80	41	异戊醇	10～100
23	甲苯	0～60	39	乙二醇	−40～200
17	对二甲苯	0～100	38	甘油	−40～20
18	间二甲苯	0～100	27	苯甲醇	−20～30
19	邻二甲苯	0～100	36	乙醚	−100～25
8	氯苯	0～100	31	异丙醚	−80～200
12	硝基苯	0～100	32	丙酮	20～50
30	苯胺	0～130	29	乙酸	0～80
10	苯甲基氯	−30～30	24	乙酸乙酯	−50～25
25	乙苯	0～100	26	乙酸戊酯	−20～70
15	联苯	80～120	20	吡啶	−40～15
16	联苯醚	0～200	2A	氟利昂-11	−20～70
16	道舍姆 A (DowthermA)	0～200	6	氟利昂-12	−40～15
	(联苯-联苯醚)		4A	氟利昂-21	−20～70
14	萘	90～200	7A	氟利昂-22	−20～60
40	甲醇	−40～20	3A	氟利昂-113	−20～70
42	乙醇(100%)	30～80			

14. 气体的比热容共线图（101.33kPa）

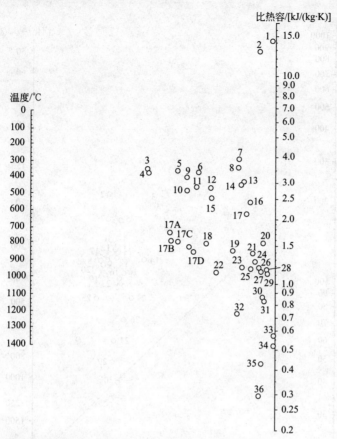

气体比热容共线图的编号列于下表。

编号	气 体	温度范围/K	编号	气 体	温度范围/K
10	乙炔	273～473	1	氢	273～873
15	乙炔	473～673	2	氢	873～1673
16	乙炔	673～1673	35	溴化氢	273～1673
27	空气	273～1673	30	氯化氢	273～1673
12	氨	273～873	20	氟化氢	273～1673
14	氨	873～1673	36	碘化氢	273～1673
18	二氧化碳	273～673	19	硫化氢	273～973
24	二氧化碳	673～1673	21	硫化氢	973～1673
26	一氧化碳	273～1673	5	甲烷	273～573
32	氯	273～473	6	甲烷	573～973
34	氯	473～1673	7	甲烷	973～1673
3	乙烷	273～473	25	一氧化氮	273～973
9	乙烷	473～873	28	一氧化氮	973～1673
8	乙烷	873～1673	26	氮	273～1673
4	乙烯	273～473	23	氧	273～773
11	乙烯	473～873	29	氧	773～1673
13	乙烯	873～1673	33	硫	573～1673
17B	氟利昂-11(CCl_3F)	273～423	22	二氧化硫	272～673
17C	氟利昂-21($CHCl_3F$)	273～423	31	二氧化硫	673～1673
17A	氟利昂-22($CHClF_2$)	273～423	17	水	273～1673
17D	氟利昂-113($CCl_2F-CClF_2$)	273～423			

15. 蒸发潜热（汽化热）共线图

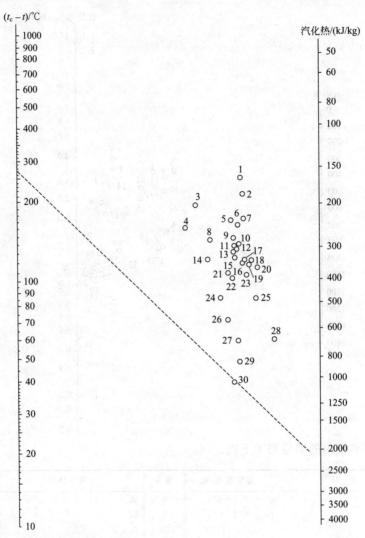

蒸发潜热共线图的编号列于下表。

编号	化合物	范围(t_c-t) /℃	临界温度 t_c/℃	编号	化合物	范围(t_c-t) /℃	临界温度 t_c/℃
18	乙酸	100~225	321	2	氟利昂-12(CCl_2F_2)	40~200	111
22	丙酮	120~210	235	5	氟利昂-21($CHCl_2F$)	70~250	178
29	氨	50~200	133	6	氟利昂-22($CHClF_2$)	50~170	96
13	苯	10~400	289	1	氟利昂-113($CCl_2F\text{-}CClF_2$)	90~250	214
16	丁烷	90~200	153	10	庚烷	20~300	267
21	二氧化碳	10~100	31	11	己烷	50~225	235
4	二硫化碳	140~275	273	15	异丁烷	80~200	134
2	四氯化碳	30~250	283	27	甲醇	40~250	240
7	三氯甲烷	140~275	263	20	氯甲烷	70~250	143
8	二氯甲烷	150~250	216	19	一氧化二氮	25~150	36
3	联苯	175~400	527	9	辛烷	30~300	296
25	乙烷	25~150	32	12	戊烷	20~200	197
26	乙醇	20~140	243	23	丙烷	40~200	96
28	乙醇	140~300	243	24	丙醇	20~200	264
17	氯乙烷	100~250	187	14	二氧化硫	90~160	157
13	乙醚	10~400	194	30	水	10~500	374
2	氟利昂-11(CCl_3F)	70~250	198				

三、管子和设备型号规格

1. 管子规格

(1) 无缝钢管 (摘自 YB 231—70)

公称直径 DN/mm	实际外径 /mm	管壁厚度/mm						
		$p_g=15$	$p_g=25$	$p_g=40$	$p_g=64$	$p_g=100$	$p_g=160$	$p_g=200$
15	18	2.5	2.5	2.5	2.5	3	3	3
20	25	2.5	2.5	2.5	2.5	3	3	4
25	32	2.5	2.5	2.5	3	3.5	3.5	5
32	38	2.5	2.5	3	3	3.5	3.5	6
40	45	2.5	3	3	3.5	3.5	4.5	6
50	57	2.5	3	3.5	4.5	6	6	9
70	76	3	3.5	3.5	4.5	6	6	9
80	89	3.5	4	4	5	6	7	11
100	108	4	4	4	6	7	12	13
125	133	4	4	4.5	6	9	13	17
150	159	4.5	4.5	5	7	10	17	—
200	219	6	6	7	10	13	21	—
250	273	8	7	8	11	16	—	—
300	325	8	8	9	12	—	—	—
350	377	9	9	10	13	—	—	—
400	426	9	10	12	15	—	—	—

注：表中的 p_g 为公称压力，指管内可承受的流体表压力。

(2) 水、煤气输送钢管 (有缝钢管) (摘自 YB 234—63)

公称直径		外径/mm	壁厚/mm	
in(英寸)	mm		普通级	加强级
1/4	8	13.50	2.25	2.75
3/8	10	17.00	2.25	2.75
1/2	15	21.25	2.75	3.25
3/4	20	26.75	2.75	3.60
1	25	33.50	3.25	4.00
1¼	32	42.25	3.25	4.00
1½	40	48.00	3.50	4.25
2	50	60.0	3.50	4.50
2½	70	75.00	3.75	4.50
3	80	88.50	4.00	4.75
4	100	114.00	4.00	6.00
5	125	140.00	4.50	5.50
6	150	165.00	4.50	5.50

（3）承插式铸铁管（摘自 YB 428-64）

公称直径/mm	内径/mm	壁厚/mm	公称直径/mm	内径/mm	壁厚/mm
低压管，工作压力≤0.44MPa					
75	75	9	300	302.4	10.2
100	100	9	400	403.6	11
125	125	9	450	453.8	11.5
150	151	9	500	504	12
200	201.2	9.4	600	604.8	13
250	252	9.8	800	806.4	14.8
普通管，工作压力≤0.735MPa					
75	75	9	500	500	14
100	100	9	600	600	15.4
125	125	9	700	700	16.5
150	150	9	800	800	18.0
200	200	10	900	900	19.5
250	250	10.8	1100	997	22
300	300	11.4	1100	1097	23.5
350	350	12	1200	1196	25
400	400	12.8	1350	1345	27.5
450	450	13.4	1500	1494	30

2. 常用离心泵规格（摘录）

（1）IS 型单级单吸离心泵

泵型号	流量 /(m³/h)	扬程 /m	转速 /(r/min)	汽蚀余量 /m	泵效率 /%	功率/kW	
						轴功率	配带功率
IS50-32-125	7.5	22	2900	2.0	47	0.96	2.2
	12.5	20	2900	2.0	60	1.13	2.2
	15	18.5	2900	2.5	60	1.26	2.2
	3.75	5.4	1450	2.0	43	0.13	0.55
	6.3	5	1450	2.0	54	0.16	0.55
	7.5	4.6	1450	2.5	55	0.17	0.55
IS50-32-160	7.5	34.3	2900	2.0	44	1.59	3
	12.5	32	2900	2.0	54	2.02	3
	15	29.6	2900	2.5	56	2.16	3
	3.75	8.5	1450	2.0	35	0.25	0.55
	6.3	8	1450	2.0	48	0.28	0.55
	7.5	7.5	1450	2.5	49	0.31	0.55
IS50-32-200	7.5	52.5	2900	2.0	38	2.82	5.5
	12.5	50	2900	2.0	48	3.54	5.5
	15	48	2900	2.5	51	3.95	5.5
	3.75	13.1	1450	2.0	33	0.41	0.75
	6.3	12.5	1450	2.0	42	0.51	0.75
	7.5	12	1450	2.5	44	0.56	0.75

泵型号	流量 /(m³/h)	扬程 /m	转速 /(r/min)	汽蚀余量 /m	泵效率 /%	功率/kW	
						轴功率	配带功率
IS50-32-250	7.5	82	2900	2.0	28.5	5.67	11
	12.5	80	2900	2.0	38	7.16	11
	15	78.5	2900	2.5	41	7.83	11
	3.75	20.5	1450	2.0	23	0.91	15
	6.3	20	1450	2.0	32	1.07	15
	7.5	19.5	1450	2.5	35	1.14	15
IS65-50-125	15	21.8	2900	2.0	58	1.54	3
	25	20	2900	2.5	69	1.97	3
	30	18.5	2900	3.0	68	2.22	3
	7.5	5.35	1450	2.0	53	0.21	0.55
	12.5	5	1450	2.0	64	0.27	0.55
	15	4.7	1450	2.5	65	0.30	0.55
IS65-50-160	15	35	2900	2.0	54	2.65	5.5
	25	32	2900	2.0	65	3.35	5.5
	30	30	2900	2.5	66	3.71	5.5
	7.5	8.8	1450	2.0	50	0.36	0.75
	12.5	8.0	1450	2.0	60	0.45	0.75
	15	7.2	1450	2.5	60	0.49	0.75
IS65-40-200	15	53	2900	2.0	49	4.42	7.5
	25	50	2900	2.0	60	5.67	7.5
	30	47	2900	2.5	61	6.29	7.5
	7.5	13.2	1450	2.0	43	0.63	1.1
	12.5	12.5	1450	2.0	55	0.77	1.1
	15	11.8	1450	2.5	57	0.85	1.1
IS65-40-250	15	82	2900	2.0	37		15
	25	80	2900	2.0	50	10.3	15
	30	78	2900	2.5	53		15
IS65-40-315	15	127	2900	2.5	28	18.5	30
	25	125	2900	2.5	40	21.3	30
	30	123	2900	3.0	44	22.8	30
IS80-65-125	30	22.5	2900	3.0	64	2.87	5.5
	50	20	2900	3.0	75	3.63	5.5
	60	18	2900	3.5	74	3.93	5.5
	15	5.6	1450	2.5	55	0.42	0.75
	25	5	1450	2.5	71	0.48	0.75
	30	4.5	1450	3.0	72	0.51	0.75
IS80-65-160	30	36	2900	2.5	61	4.82	7.5
	50	32	2900	2.5	73	5.97	7.6
	60	29	2900	3.0	72	6.59	7.5
	15	9	1450	2.5	66	0.67	1.5
	25	8	1450	2.5	69	0.75	1.5
	30	7.2	1450	3.0	68	0.86	1.5
IS80-50-200	30	53	2900	2.5	55	7.87	15
	50	50	2900	2.5	69	9.87	15
	60	47	2900	3.0	71	10.8	15
	15	13.2	1450	2.5	51	1.06	2.2
	25	12.5	1450	2.5	65	1.31	2.2
	30	11.8	1450	3.0	67	1.44	2.2

泵型号	流量/(m³/h)	扬程/m	转速/(r/min)	汽蚀余量/m	泵效率/%	功率/kW 轴功率	功率/kW 配带功率
IS80-50-160	30	84	2900	2.5	52	13.2	22
	50	80	2900	2.5	63	17.3	22
	60	75	2900	3	64	19.2	22
IS80-50-250	30	84	2900	2.5	52	13.2	22
	50	80	2900	2.5	63	17.3	22
	60	75	2900	3.0	64	19.2	22
IS80-50-315	30	128	2900	2.5	41	25.5	37
	50	125	2900	2.5	54	31.5	37
	60	123	2900	3.0	57	35.3	37
IS100-80-125	60	24	2900	4.0	67	5.86	11
	100	20	2900	4.5	78	7.00	11
	120	16.5	2900	5.0	74	7.28	11
IS100-80-160	60	36	2900	3.5	70	8.42	15
	100	32	2900	4.0	78	11.2	15
	120	28	2900	5.0	75	12.2	15
	30	9.2	1450	2.0	67	1.12	2.2
	50	8.0	1450	2.5	75	1.45	2.2
	60	6.8	1450	3.5	71	1.57	2.2
IS100-65-200	60	54	2900	3.0	65	13.6	22
	100	50	2900	3.5	78	17.9	22
	120	47	2900	4.8	77	19.9	22
	30	13.5	1450	2.0	60	1.84	4
	50	12.5	1450	2.0	73	2.33	4
	60	11.8	1450	2.5	74	2.61	4
IS100-65-250	60	87	2900	3.5	81	23.4	37
	100	80	2900	3.8	72	30.3	37
	120	74.5	2900	4.8	73	33.3	37
	30	21.3	1450	2.0	55	3.16	5.5
	50	20	1450	2.0	68	4.00	5.5
	60	19	1450	2.5	70	4.44	5.5
IS100-65-315	60	133	2900	3.0	55	39.6	75
	100	125	2900	3.5	66	51.6	75
	120	118	2900	4.2	67	57.5	75

（2）Sh 型单级双吸离心泵

型号	流量/(m³/h)	扬程/m	转速/(r/min)	汽蚀余量/m	泵效率/%	功率/kW 轴功率	功率/kW 配带功率	泵口径/mm 吸入	泵口径/mm 排出
100S90	60	95			61	23.9			
	80	90	2950	2.5	65	28	37	100	70
	95	82			63	31.2			
150S100	126	102			70	48.8			
	160	100	2950	3.5	73	55.9	75	150	100
	202	90			72	62.7			
150S78	126	84	2950	3.5	72	40	55	150	100

续表

型号	流量 /(m³/h)	扬程 /m	转速 /(r/min)	汽蚀余量 /m	泵效率 /%	功率/kW		泵口径/mm	
						轴功率	配带功率	吸入	排出
150S78	160	78	2950	3.5	75.5	46	55	150	100
	198	70			72	52.4			
150S50	130	52	2950	3.9	72.0	25.4	37	150	100
	160	50			80	27.6			
	220	40			77	27.2			
200S95	216	103	2950	5.3	62	86	132	200	125
	280	95			79.2	94.4			
	324	85			72	96.6			
200S95A	198	94	2950	5.3	68	72.2	110	200	125
	270	87			75	82.4			
	310	80			74	88.1			
200S95B	245	72	2950	5	74	65.8	75	200	125
200S63	216	69	2950	5.8	74	55.1	75	200	150
	280	63			82.7	59.4			
	351	50			72	67.8			
200S63A	180	54.5	2950	5.8	70	41	55	200	150
	270	46			75	48.3			
	324	37.5			70	51			
200S42	216	48	2950	6	81	34.8	45	200	150
	280	42			84.2	37.8			
	342	35			81	40.2			
200S42A	198	43	2950	6	76	30.5	37	200	150
	270	36			80	33.1			
	310	31			76	34.4			
250S65	360	71	1450	3	75	92.8	160	250	200
	485	65			78.6	108.5			
	612	56			72	129.6			
250S65A	342	61	1450	3	74	76.8	132	250	200
	468	54			77	89.4			
	540	50			65	98			

（3）D 型节段式多级离心泵

型号	流量 /(m³/h)	扬程 /m	转速 /(r/min)	汽蚀余量 /m	泵效率 /%	功率/kW		泵口径/mm	
						轴功率	配带功率	吸入	排出
D6-25×3	3.75	76.5	2950	2	33	2.37	5.5	40	40
	6.3	75		2	45	2.86			
	7.5	73.5		2.5	47	3.19			
D6-25×4	3.75	102	2950	2	33	3.16	7.5	40	40
	6.3	100		2	45	3.81			
	7.5	98		2.5	47	4.26			
D6-25×5	3.75	127.5	2950	2	33	3.95	7.5	40	40
	6.3	12.5		2	45	4.77			
	7.5	122.5		2.5	47	5.32			
D12-25×2	12.5	50	2950	2.0	54	3.15	5.5	50	40
D12-25×3	7.5	84.6	2950	2.0	44	3.93	7.5	50	40
	12.5	75		2.0	54	4.73			
	15.0	69		2.5	53	5.32			
D12-25×4	7.5	112.8	2950	2.0	44	5.24	11	50	40
	12.5	100		2.0	54	6.30			
	15.0	92		2.5	53	7.09			
D12-25×5	7.5	141	2950	2.0	44	6.55	11	50	40
	12.5	125		2.0	54	7.88			
	15.0	115		2.5	53	8.86			
D12-50×2	12.5	100	2950	2.8	40	8.5	11	50	50
D12-50×3	12.5	150	2950	2.8	40	12.75	18.5	50	50
D12-50×4	12.5	200	2950	2.8	40	17	22	50	50
D12-50×5	12.5	250	2950	2.8	40	21.7	30	50	50
D12-50×6	12.5	300	2950	2.8	40	25.5	37	50	50
D16-60×3	10	186	2950	2.3	30	16.9	22	65	50
	16	183		2.8	40	19.9			
	20	177		3.4	44	21.9			
D16-60×4	10	248	2950	2.3	30	22.5	37	65	50
	16	244		2.8	40	26.6			
	20	236		3.4	44	29.2			
D16-60×5	10	310	2950	2.3	30	28.2	45	65	50
	16	305		2.8	40	33.3			
	20	295		3.4	44	36.5			
D16-60×6	10	372	2950	2.3	30	33.8	45	65	50
	16	366		2.8	40	39.9			
	20	354		3.4	44	43.8			
D16-60×7	10	434	2950	2.3	30	39.4	55	65	50
	16	427		2.8	40	46.6			
	20	413		3.4	44	51.1			

（4）F型耐腐蚀离心泵

型 号	流量 /(m³/h)	扬程 /m	转速 /(r/min)	汽蚀余量 /m	泵效率 /%	功率/kW		泵口径/mm	
						轴功率	配带功率	吸入	排出
25F-16	3.60	16.00	2960	4.30	30.00	0.523	0.75	25	25
25F-16A	3.27	12.50	2960	4.30	29.00	0.39	0.55	25	25
25F-25	3.60	25.00	2960	4.30	27.00	0.91	1.50	25	25
25F-25A	3.27	20.00	2960	4.30	26	0.69	1.10	25	25
25F-41	3.60	41.00	2960	4.30	20	2.01	3.00	25	25
25F-41A	3.27	33.50	2960	4.30	19	1.57	2.20	25	25
40F-16	7.20	15.70	2960	4.30	49	0.63	1.10	40	25
40F-16A	6.55	12.00	2960	4.30	47	0.46	0.75	40	25
40F-26	7.20	25.50	2960	4.30	44	1.14	1.50	40	25
40F-26A	6.55	20.00	2960	4.30	42	0.87	1.10	40	25
40F-40	7.20	39.50	2960	4.30	35	2.21	3.00	40	25
40F-40A	6.55	32.00	2960	4.30	34	1.68	2.20	40	25
40F-65	7.20	65.00	2960	4.30	24	5.92	7.50	40	25
40F-65A	6.72	56.00	2960	4.30	24	4.28	5.50	40	25
50F-103	14.4	103	2900	4	25	16.2	18.5	50	40
50F-103A	13.5	89.5	2900	4	25	13.2		50	40
50F-103B	12.7	70.5	2900	4	25	11		50	40
50F-63	14.4	63	2900	4	35	7.06		50	40
50F-63A	13.5	54.5	2900	4	35	5.71		50	40
50F-63B	12.7	48	2900	4	35	4.75		50	40
50F-40	14.4	40	2900	4	44	3.57	7.5	50	40
50F-40A	13.1	32.5	2900	4	44	2.64	7.5	50	40
50F-25	14.4	25	2900	4	52	1.89	5.5	50	40
50F-25A	13.1	20	2900	4	52	1.37	5.5	50	40
50F-16	14.4	15.7	2900	4	62	0.99		50	40
50F-16A	13.1	12	2900	4	62	0.69		50	40
65F-100	28.8	100	2900	4	40	19.6		65	50
65F-100A	26.9	89	2900	4	40	15.9		65	50
65F-100B	25.3	77	2900	4	40	13.3		65	50
65F-64	28.8	64	2900	4	57	9.65	15	65	50
65F-64A	26.9	55	2900	4	57	7.75	18.5	65	50
65F-64B	25.3	48.5	2900	4	57	6.43	18.5	65	50

（5）Y 型离心油泵

型　号	流量 /(m³/h)	扬程 /m	转速 /(r/min)	功率/kW		效率/%	汽蚀余量/m	泵壳许用应力/Pa	结构型式	备　注
				轴	电机					
50Y-60	12.5	60	2950	5.95	11	35	2.3	1570/2550	单级悬臂	泵壳许用应力内的分子表示第Ⅰ类材料相应的许用应力数，分母表示Ⅱ、Ⅲ类材料相应的许用应力数
50Y-60A	11.2	49	2950	4.27	8			1570/2550	单级悬臂	
50Y-60B	9.9	38	2950	2.39	5.5	35		1570/2550	单级悬臂	
50Y-60×2	12.5	120	2950	11.7	15	35	2.3	2158/3138	两级悬臂	
50Y-60×2A	11.7	105	2950	9.55	15			2158/3138	两级悬臂	
50Y-60×2B	10.8	90	2950	7.65	11			2158/3138	两级悬臂	
50Y-60×2C	9.9	75	2950	5.9	8			2158/3138	两级悬臂	
65Y-60	25	60	2950	7.5	11	55	2.6	1570/2550	单级悬臂	
65Y-60A	22.5	49	2950	5.5	8			1570/2550	单级悬臂	
65Y-60B	19.8	38	2950	3.75	5.5			1570/2550	单级悬臂	
65Y-100	25	100	2950	17.0	32	40	2.6	1570/2550	单级悬臂	
65Y-100A	23	85	2950	13.3	20			1570/2550	单级悬臂	
65Y-100B	21	70	2950	10.0	15			1570/2550	单级悬臂	
65Y-100×2	25	200	2950	34	55	40	2.6	2942/3923	两级悬臂	
65Y-100×2A	23.3	175	2950	27.8	40			2942/3923	两级悬臂	
65Y-100×2B	21.6	150	2950	22.0	32			2942/3923	两级悬臂	
65Y-100×2C	19.8	125	2950	16.8	20			2942/3923	两级悬臂	
80Y-60	50	60	2950	12.8	15	64	3.0	1570/2550	单级悬臂	
80Y-60A	45	49	2950	9.4	11			1570/2550	单级悬臂	
80Y-60B	39.5	38	2950	6.5	8			1570/2550	单级悬臂	
80Y-100	50	100	2950	22.7	32	60	3.0	1961/2942	单级悬臂	
80Y-100A	45	85	2950	18.0	25			1961/2942	单级悬臂	
80Y-100B	39.5	70	2950	12.6	20			1961/2942	单级悬臂	
80Y-100×2	50	200	2950	45.4	75	60	3.0	2942/3923	单级悬臂	
80Y-100×2A	46.6	175	2950	37.0	55	60	3.0	2942/3923	两级悬臂	
80Y-100×2B	43.2	150	2950	29.5	40				两级悬臂	
80Y-100×2C	39.6	125	2950	22.7	32				两级悬臂	

注：与介质接触的且受温度影响的零件，根据介质的性质需要采用不同性质的材料，所以分为三种材料，但泵的结构相同。第Ⅰ类材料不耐腐蚀，操作温度在 -20～200℃ 之间；第Ⅱ类材料不耐硫腐蚀，操作温度在 -45～400℃ 之间；第Ⅲ类材料耐硫腐蚀，操作温度在 -45～200℃ 之间。

3. 4-72-11 型离心式通风机的规格

机号	转速/(r/min)	全风压		流量/(m³/h)	效率/%	所需功率/kW
		mmH₂O	Pa			
6C	2240	248	2432.1	15800	91	14.1
	2000	198	1941.8	12950	91	9.65
	1800	160	1569.1	12700	91	7.3
	1250	77	755.1	8800	91	2.53
	1000	49	480.5	7030	91	1.39
	800	30	294.2	5610	91	0.73
8C	1800	285	2795	29900	91	30.8
	1250	137	1343.6	20800	91	10.3
	1000	88	863.0	16600	91	5.52
	630	35	343.2	10480	91	1.5
10C	1250	227	2226.2	41300	94.3	32.7
	1000	145	1422.0	32700	94.3	16.5
	800	93	912.1	26130	94.3	8.5
	500	36	353.1	16390	94.3	2.34
6D	1450	104	1020	10200	91	4
	950	45	441.3	6720	91	1.32
8D	1450	200	1961.4	20130	89.5	14.2
	730	50	490.4	10150	89.5	2.06
16B	900	300	2942.1	121000	94.3	127
20B	710	290	2844.0	186300	94.3	190

4. 列管式换热器规格

(1) 固定管板式

公称直径/mm	159			273				400			600		800		
公称压力/MPa	2.5			2.5				1.6			1.0、1.6、2.5		0.6、1.0、1.6、2.5		
公称面积/m²	1	2	3	3	4	5	7	10	20	40	60	120	100	200	230
管子排列方法	△①	△	△	△	△	△	△	△	△	△	△	△	△	△	△
管长/m	1.5	1.5	1.5	1.5	1.5	2	3	1.5	3	6	3	6	3	6	6
管子外径/mm	25	25	25	25	25	25	25	25	25	25	25	25	25	25	25
管子总数	13	13	13	32	38	38	32	102	86	86	269	254	456	444	501
管程数	1	1	1	2	1	1	2	2	4	4	1	2	4	6	1
壳程数	1	1	1	1	1	1	1	1	1	1	1	1	1	1	1
管程流通截面积/m²	0.00408	0.00408	0.00408	0.00503	0.01196	0.01196	0.00503	0.0160	0.00692	0.00692	0.0845	0.0399	0.0358	0.02325	0.1574
壳程流通截面积/m² 折流板间距150 a型	0.01024	0.01296	0.01223	0.0156	0.01435	0.0144	0.01705	0.0214	0.0208	0.0196	—	—	—	—	—
折流板间距150 b型	0.01325	0.015	0.0143	0.0165	0.0161	0.0176	0.0181	0.0267	0.0196	0.0137	—	—	—	—	—
折流板间距300 a型	—	—	—	0.0273	0.0232	0.0266	0.0316	0.0231	0.0363	0.036	0.0377	0.0378	0.0662	0.0724	0.0594
折流板间距300 b型	—	—	—	0.029	0.0282	0.0323	0.0332	0.0332	0.0466	0.05	0.053	0.0534	0.0977	0.0898	0.08364
折流板间距600 a型	—	—	—	—	—	—	—	0.036	—	—	0.0504	0.0553	0.0718	0.094	0.0774
折流板间距600 b型	—	—	—	—	—	—	—	0.05	—	—	0.0707	0.0782	0.105	0.14	0.01092
折流板切去的弓形缺口高度/mm a型	50.5	50.5	50.5	85.5	80.5	85.5	93.5	104.5	104.5	104.5	132.5	138.5	188	188	177
b型	46.5	46.5	46.5	71.5	71.5	71.5	86.5	86.5	86.5	86.5	122.5	122.6	152	162	158

① △表示管子正三角形排列。

注：a型为折流板缺口上、下排列；b型为折流板缺口左、右排列。

（2）浮头式

公称直径/mm	325	325	325	400	400	400	500	500	500	600	600	600	600	600
公称压力/MPa	4.0	4.0	4.0	4.0	4.0	2.5	1.6,2.5,4.0	1.6,2.5,4.0	1.6,2.5,4.0	1.6,2.5	1.6,2.5,4.0	1.6,2.5	1.6,2.5,4.0	1.6,2.5,4.0
公称面积/m²	10	10	20	15	25	32	32	65	65	50	50	95	130	130
管子排列方法	△①	◇②	◇	◇	△	◇	◇	◇	△	◇	◇	◇	◇	△
管长/m	3	3	6	3	3	6	3	6	6	3	3	6	6	6
管子外径/mm	19	25	25	25	19	25	25	25	25	25	25	25	19	19
管子总数	76	36	44	72	138	72	140	124	120	208	208	192	372	368
管程数	2	2	2	2	2	4	2	2	4	2	4	4	2	4
壳程数	1	1	1	1	1	1	1	1	1	1	1	1	1	1
管程流通截面积/m²	0.0067	0.00566	0.00691	0.0113	0.01216	0.00566	0.022	0.01948	0.00942	0.03265	0.01634	0.0151	0.0329	0.0162
壳程流通截面积/m² 折流板间距150/mm	0.0155	0.0198	0.01584	0.0269	0.01843	0.02575	0.0359	0.0315	—	0.0456	0.0452	0.0402	0.0398	0.03015
折流板间距200/mm	0.0177	0.0201	0.0174	0.0284	0.0207	0.0283	0.0380	0.0358	—	0.0484	0.0487	0.044	0.0438	0.0342
折流板间距300/mm	0.0224	0.02225	0.0201	0.0315	0.0246	0.0327	0.0420	0.0437	—	0.0534	0.0538	0.0510	0.0051	0.0414
折流板间距450/mm	—	—	—	—	—	—	—	—	—	0.0599	0.0603	0.0614	0.0614	—
折流板间距480/mm	0.027	—	0.0242	0.0352	—	0.0394	0.0475	0.0543	—	0.0614	—	0.0614	0.0614	0.0518
折流板切去的弓形缺口高度/mm	79	—	61	70	79	79	99	113.5	119	119	118	119	119	117.5

① △表示管子为正三角形排列管子中心距为25mm;◇表示管子为正方形斜转45°排列,管子中心距为25mm;② ◇表示管子为正方形斜转45°排列,管子中心距为32mm。

5. 冷凝器规格

序号	DN/mm	公称压力/MPa	管程数	壳程数	管长/m	管径/m	管束图型号	公称换热面积/m²	计算换热面积/m²	规格型号	设备质量/kg
1	400	2.5	2	1	3	19	A	25	23.7	FL$_A$400-25-25-2	1300
						25	B	15	16.5	FL$_B$400-15-25-2	1250
2	500	2.5	2	1	3	19	A	40	39.0	FL$_A$500-40-25-2	2000
						25	B	30	32.0	FL$_B$500-30-25-2	2000
3	500	2.5	2	1	6	19	A	80	79.0	FL$_A$500-80-25-2	3100
						25	B	65	65.0	FL$_B$500-65-25-2	3100
4	500	2.5	4	1	6	19	A	80	79.0	FL$_A$500-80-25-4	3100
						25	B	65	65.0	FL$_B$500-65-25-4	3100
5	600	1.6	2	1	6	19	A	130	131	FL$_A$600-130-16-2	4100
						25	B	95	97.0	FL$_B$600-95-16-2	4000
6	600	1.6	4	1	6	19	A	130	131	FL$_A$600-130-16-4	4100
						25	B	95	97.0	FL$_B$600-95-16-4	4000
7	600	2.5	2	1	6	19	A	130	131	FL$_A$600-130-25-2	4500
						25	B	95	97.0	FL$_B$600-95-25-2	4350
8	600	2.5	4	1	6	19	A	130	131	FL$_A$600-130-25-4	4500
						25	B	95	97.0	FL$_B$600-95-25-4	4350
9	700	1.6	2	1	6	19	A	185	187	FL$_A$700-185-16-2	5500
						25	B	135	135	FL$_B$700-135-16-2	5250
10	700	1.6	4	1	6	19	A	185	187	FL$_A$700-185-16-4	5500
						25	B	135	135	FL$_B$700-135-16-4	5250
11	700	2.5	2	1	6	19	A	185	187	FL$_A$700-185-25-2	5800
						25	B	135	135	FL$_B$700-135-25-2	5550
12	700	2.5	4	1	6	19	A	185	187	FL$_A$700-185-25-4	5800
						25	B	135	135	FL$_B$700-135-25-4	5550
13	800	1.6	2	1	6	19	A	245	246	FL$_A$800-240-16-2	7100
						25	B	180	182	FL$_B$800-185-16-2	6850
14	800	1.6	4	1	6	19	A	245	246	FL$_A$800-245-16-4	7100
						25	B	180	182	FL$_B$800-185-16-4	6850
15	800	2.5	2	1	6	19	A	245	246	FL$_A$800-245-25-2	7800
						25	B	180	182	FL$_B$800-180-25-2	7550
16	800	2.5	4	1	6	19	A	245	246	FL$_A$800-245-25-4	7800
						25	B	180	182	FL$_B$800-180-25-4	7550
17	900	1.6	4	1	6	19	A	325	325	FL$_A$900-325-16-4	8500
						25	B	225	224	FL$_B$900-225-16-4	7900
18	900	2.5	4	1	6	19	A	325	325	FL$_A$900-325-25-4	8900
						25	B	225	224	FL$_B$900-225-25-4	8300
19	1000	1.6	4	1	6	19	A	410	412	FL$_A$1000-410-16-4	10500
						25	B	285	285	FL$_B$1000-285-16-4	10500
20	1100	1.6	4	1	6	19	A	500	502	FL$_A$1100-500-16-4	12800
						25	B	365	366	FL$_B$1000-365-16-4	12300
21	1200	1.6	4	1	6	19	A	600	604	FL$_A$1200-600-16-4	14900
						25	B	430	430	FL$_B$1200-430-16-4	13700
22	800	1.0	2	1	6	25	B	180	182	FL$_B$800-180-10-2	6600
23	800	1.0	4	1	6	25	B	180	182	FL$_B$800-180-10-4	6600
24	900	1.0	4	1	6	25	B	225	224	FL$_B$900-225-10-4	7500
25	1000	1.0	4	1	6	25	B	285	285	FL$_B$1000-285-10-4Ⅲ	9400
26	1100	1.0	4	1	6	25	B	365	366	FL$_B$1100-365-10-4Ⅲ	11900
27	1200	1.0	4	1	6	25	B	430	430	FL$_B$1200-430-10-4Ⅲ	13500

参 考 文 献

[1] 冷士良. 化工单元过程及操作. 北京：化学工业出版社，2002.

[2] 刘爱民，王壮坤. 化工单元操作技术. 北京：高等教育出版社，2006.

[3] 张洪流. 流体流动与传热. 北京：化学工业出版社，2002.

[4] 柴诚敬，张国亮. 化工流体流动与传热. 北京：化学工业出版社，2000.

[5] 陈敏恒，丛德滋，方图南，齐鸣斋. 化工原理·上册. 北京：化学工业出版社，2004.

[6] 刘佩田，闫晔. 化工单元操作过程. 北京：化学工业出版社，2004.

[7] 张麦秋. 化工机械安装修理. 北京：化学工业出版社，2004.

[8] 崔继哲，陈留栓. 化工机械检修技术问答. 北京：化学工业出版社，2001.

[9] 王绍良. 化工设备基础. 北京：化学工业出版社，2002.

[10] 马秉骞. 化工设备使用与维护. 北京：高等教育出版社，2007.

[11] 李和平. 精细化工工艺学. 第2版. 北京：科学出版社，2007.

[12] 元英进. 制药工艺学. 北京：化学工业出版社，2007.

[13] 刘振河. 化工生产技术. 北京：高等教育出版社，2007.

[14] 刘金银. 尿素生产工. 北京：化学工业出版社，2005.

[15] 刘金银. 硝酸铵生产工. 北京：化学工业出版社，2005.

[16] 潘学行. 传热、蒸发与冷冻操作实训. 北京：高等教育出版社，2006.

[17] 中华人民共和国职业技能鉴定规范（化工行业特有工种考核大纲）. 北京：化学工业出版社，2001.

[18] 许宁，徐建良. 化工技术类专业技能考核试题集. 北京：化学工业出版社，2007.

[19] 中华人民共和国职业技能鉴定规范. 北京：化学工业出版社，2001.

[20] 张裕萍. 流体输送与过滤操作实训. 北京：高等教育出版社，2006.

[21] 韩玉墀，王慧伦. 化工工人技术培训读本. 第2版. 北京：化学工业出版社，2014.

[22] 李晓东. 制冷基本操作技能实训. 北京：化学工业出版社，2007.

[23] 杨祖荣. 化工原理实验. 北京：化学工业出版社，2004.

[24] 邝生鲁. 化学工程师技术全书（上册）. 北京：化学工业出版社，2002.

[25] 中国石油化工集团公司职业技能鉴定指导中心. 常减压蒸馏装置操作工. 北京：中国石化出版社，2006.

[26] 王志魁. 化工原理. 第3版. 北京：化学工业出版社，2009.

[27] 夏清，贾绍义. 化工原理. 第2版. 天津：天津大学出版社，2012.

[28] 张柏钦，王文选. 环境工程原理. 第2版. 北京：化学工业出版社，2010.